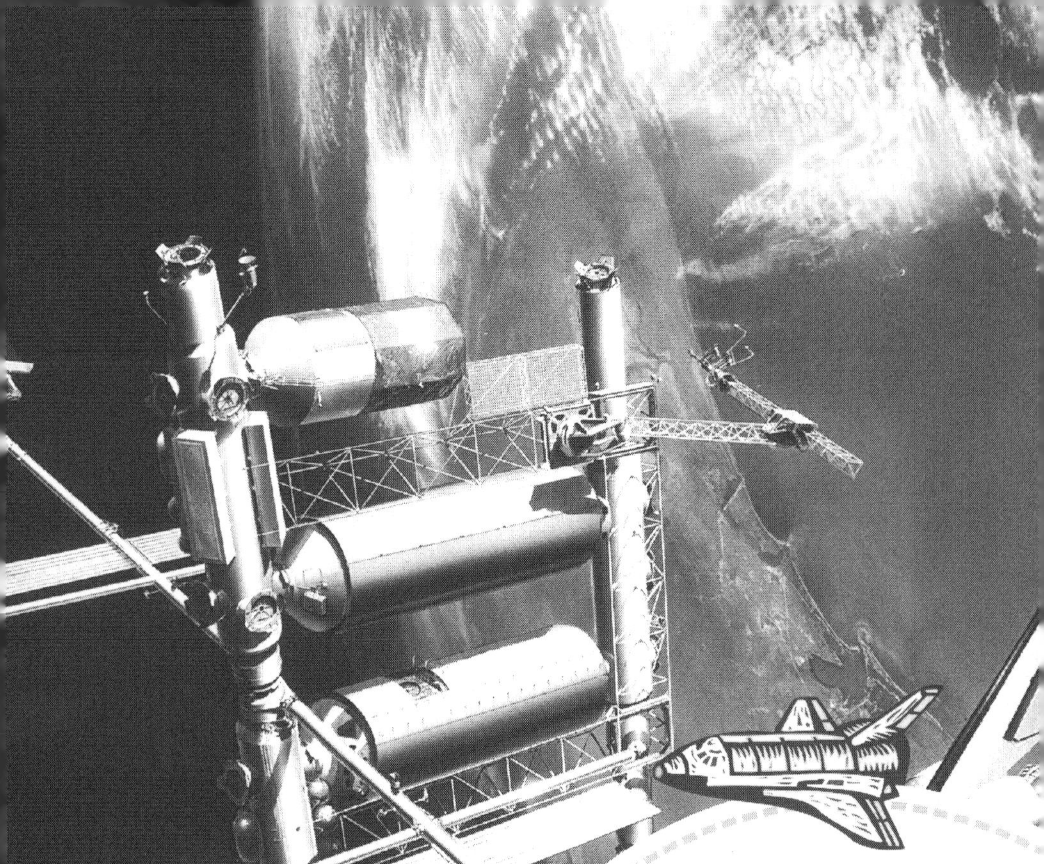

재미있는 항공우주 이야기

임달연 저

東明社

저자소개

임달연

▌약력

1928년 경기도 김포에서 출생
서울대학교 공과대학 항공공학과 졸업
6 · 25 참전, 공군기술학교 교관
한국항공대학교 및 인하대학교 항공공학과 교수
항공경영관리연구소 소장
인하공업전문대학 학장
한국항공우주학회 회장 등 역임
국가유공자, 국민훈장 동백장 수상

▌저서

- 항공개론(1964년)
- 내연기관(1973년)
- 최신전투기(1987년)
- 비행기 이야기(1991년)
- 항공우주이야기(1993년)
- 항공종사자가 되는 길(1994년)
- 한국항공우주사(2001년)
- 항공기 이야기(2003년)
- 이름날린 항공기 125+@(2006년)
- 재미있는 항공우주 이야기(2010년)

재미있는 항공우주 이야기

2판 1쇄 발행 2010년 8월 30일
2판 5쇄 발행 2017년 12월 29일

편저자 임달연
펴낸이 최국주
펴낸곳 동명사
출판등록 1950년 11월 1일(제1-76호)
주소 (우 10881) 경기도 파주시 회동길 50(문발동)
전화 031-955-7200(대표)~2, 7203(편집부), 7204(물류)
팩스 031-955-7205
전자우편 webmaster@dmsbook.com
홈페이지 www.dmsbook.com

ISBN 978-89-411-0922-8 93550
값 17,000원

東明社

머 리 말

현재 우리들은 항공우주시대에 살고 있습니다. 항공기의 발달로 넓고 넓은 지구촌이 1일 생활권화되고 우주기를 타고 멀고 먼 달나라 여행까지, 인간의 생활무대가 한없이 확대되어 가고 있습니다.

그러나 웅대한 우주가 언제 어떻게 생겨났으며, 우리 인간이 살고 있는 지구를 위시한 수 많은 별들의 자연환경은 어떠한지, 또 그동안 우리 인간이 이룩한 항공우주기술의 현황과 앞으로의 꿈은 무엇인지, 교양과학기술적인 입장에서 그 실상을 한번 살펴보는 것은 대단히 유익한 일이라 여겨집니다.

이 책은 꿈 많은 우리 젊은 학생들과 하늘을 좋아하는 일반 국민들을 위하여, 파헤쳐져 가고 있는 미지의 우주세계와 지구를 둘러싸고 있는 대기의 상태, 그리고 하늘로 우주로 날고자 했던 인간 노력의 발자취와 여러 가지 항공기의 발달과 지구촌의 발전, 나아가 로켓의 발달과 우주개발사업의 이모저모 등 항공우주과학기술 전반에 걸친 내용을 되도록 알기 쉽게, 그림을 많이 넣고 재미있게 엮어 보도록 노력한 교양과학기술 도서입니다.

항공우주과학기술은 첨단 종합 과학기술로서 그 나라의 국력을 가늠하는 척도의 하나로 되어 있습니다. 그래서 선진화를 지향하고 있는 우리나라에서는 항공우주과학기술의 국제경쟁력을 보다 높이 향상시키기 위하여 새로운 종류의 항공기와 인공위성 등에 관한 여러 가지 연구 개발사업을 적극적으로 추진시켜 나가고 있습니다.

내용면에서 전문적인 용어나 좀 어려운 대목, 그리고 서투르게 엮어진 내용도 있겠지만 앞으로 더욱 알기 쉽고 재미있는 교양과학기술 도서가 되도록 노력할 것을 다짐하고, 독자 여러분에게 다소나마 도움이 되었으면 합니다.

끝으로 이 책을 펴내는 데 있어 우리 가족을 위시하여 여러 가지 면에서 애쓰고 도와주신 여러분께 깊이 감사드립니다.

2007년 3월

임 달 연

목　차

1. 파헤쳐저 가고 있는 미지의 우주세계

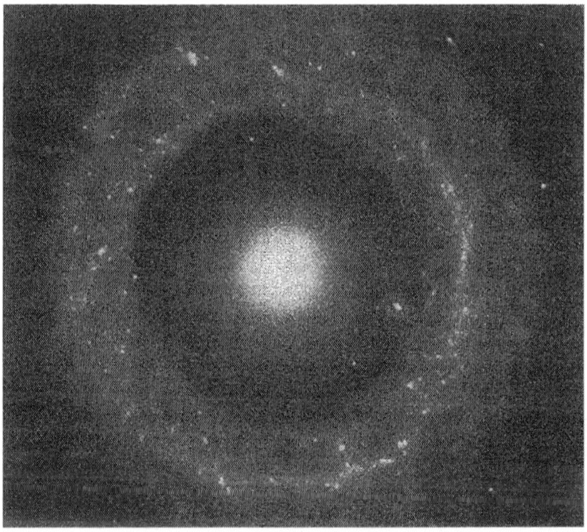

1 우주속의 작은 별 지구

수많은 별들의 집단, 우주

우리 인간이 살고 있는 지구는 태양의 주위를 돌고 있는 태양계의 한 혹성에 지나지 않고, 태양은 그 은하계 속에 있는 하나의 항성이며, 우주는 수많은 은하계로 구성되어 있다고 합니다.

그러나 일반적으로 은하계 하면 태양계를 포함하고 있는 별들의 집단, 즉 성운을 말하는 것인데, 캄캄한 암흑세계인 넓은 우주공간에는 크

지구에서 가장 가까이 있는 안드로메다 은하의 모습, 수많은 별들의 집단

고 작은 규모의 은하계가 1천억 개?, 또 그렇게 많은 은하계 속에 있는 항성의 수도 약 1천억 개? 나 된다고 합니다. 그러니까 우주에는 1천억 개의 별들의 집단이 1천억 개나 있다는 셈이 되는데, 상상조차 하기 어려운 막대한 수의 별들의 집단입니다.

최근(04년 6월) 보도된 자료에 의하면 미 항공우주국 NASA와 우리 한국의 연구진(연세대 자외선 우주 망원경 연구팀)이 공동으로 우주관측 위성 '갤럭스(GALEX)'에 의하여 우리 은하계에서 가장 가까운 은하계의 하나인 안드로메다 은하(약 250만 광년 거리)의 모습 전체를 자외선으로 관측하는데 성공했다고 합니다.

시간당 30만 km의 속도로 우리 은하계에 가까워지고 있기 때문에 앞으로 50억년 뒤에는 우리 은하계와 합병되어 새로운 타원형 은하를 형성하게 될 것이라고 합니다.

우주의 형성과정, 빅뱅으로

우주 공간에 수많은 별들의 집단이 생겨나게 된 우주의 형성과정을 과학기술자들은 다음과 같이 설명하고 있습니다.

우주진화론

지금부터 약 150억년 전에 1백억도 정도나 되는 미지의 고온·고밀도의 불덩어리가 대폭발 현상을 일으켰는데, 이것을 빅뱅(Big Bang)이라고 합니다(1950년대의 불덩어리 우주론).

그 후 고온상태이던 우주공간의 온도가 점점 내려감에 따라 미지의 가스구름들이 서로 당기는 힘, 즉 인력에 의하여 농축되면서 에너지가 증대되어 그 중심부의 온도가 2백만도 수준까지 올라가면서 수소폭탄의 원리와 같이 핵융합현상이 발생하여 거대한 에너지를 사방으로 방출하기 시작했답니다.

이렇게 해서 밝은 빛을 내는 제1세대 빛별들이 생겨났고, 그 후 그 빛별들이 또 폭발·수축을 거듭하여 제2, 제3, …세대의 새로운 별들이 탄생, 현재와 같이 수많은 별들이 생겨나게 되었는데 태양도 그 중의 하나라고 합니다.

그러나 강력한 핵융합 현상을 일으킬 정도로 농축되지 못한 비교적 적은 량의 가스구름 덩어리들은, 자체 에너지만으로는 빛을 제대로 내지 못하고 강한 빛별의 방사광선에 의하여 희미하게 반짝이는 '위성'이나 '혜성'이 되었다고 합니다.

우리 은하계의 구상성단

안드로메다 은하계의 구상성단

위의 사진은 2002년 9월 17일, 미 항공우주국(NASA)에서 공개한 것인데, 허블망원경으로 촬영한 블랙홀 존재 추정 구상성단(수십만 개의 별들이 둥글게 구형으로 모여 있는 집단)의 모습입니다.

왼쪽은 우리 은하계에 있는 구상성단이고, 오른쪽은 지구에서 약 250만 광년이나 멀리 떨어져 있는 안드로메다 은하계에 있는 구상성단의 모습입니다.

이들 구상성단에는 중간 크기의 블랙홀이 존재하고 있는 것이 밝혀졌다고 하는데, 지금까지는 거대한 무거운 별이 마지막 단계에서 블랙홀이 되거나 은하 중심부에만 큰 규모의 블랙홀이 존재하는 것으로만 알려지고 있었습니다.

지구의 탄생과 여러 가지 생물의 등장

우주의 형성과정에서 가스구름의 일부는 별들이 서로 당기는 인력에 의하여 별들 주위로 몰려들어 대기권을 형성하게 되었는데, 이 과정에서 일부 응축된 가스구름은 물이 되어 호수와 바다가 되었다고 합니다.

이렇게 해서 약 40억년 전에 우리 지구가 탄생하게 되었고, 그 후 지구를 둘러싸고 있던 대기와 물 속에서 아주 복잡한 화학반응이 일어나 수많은 유기분자를 생성하게 되었다고 합니다.

그 중에서 똑같은 모양의 유기분자를 생성하는 시스템, 즉 생물들이 많이 생겨나게 되었는데, 우리 인간도 그 재생 시스템의 하나라고 합니다.

이와 같은 우주의 형성/진화 과정에서 우주공간의 온도가 점점 내려가 절대온도 3도 정도로 아주 낮아지게 되었고, 지금도 계속 우주공간은 팽창되어 가고 있다고 합니다(1965년 미국의 별 연구소 발표)

이러한 아주 광대한 우주공간의 크기를 빛의 속도로 계산해 보면 약 150억 광년에 해당되는 먼 거리라고 하는데, 점점 팽창되어 가고 있다고 하니까 우주는 영원히 끝없는 광대한 미지의 세계가 될 것 같습니다.[1)]

---

1) 1광년＝빛(광파)이 1년 동안에 지나가는 거리＝9.46×10^{12} km

우리 인간이 살고 있는 지구의 모습. 복잡한 구름과 오스트레일리아 대륙의 모습이 잘 보이고 있다.

2 별들의 일생, 블랙홀까지

원자성에서 중성자성까지

그간의 많은 연구결과에 의하면 우주를 형성하고 있는 원소는 수소(H)가 72 %, 헬륨(He)이 25 %, 기타 3 %로 구성되어 있고, 그 수많은 별들은 수소가스의 미립자가 상호 인력에 의하여 뭉쳐진 덩어리라고 합니다.

처음에는 빛이 약한 '원시성'상태에서 수소원자의 핵반응을 일으키는 '원자성'으로 발전하여 밝은 '빛별'이 되고, 그 표면온도가 점점 저하되면서 붉은 빛을 내는 큰 별 '적색거성'이 됩니다. 그래서 빛의 밝기 정도로 그 별의 지난 역사와 현재 상태를 알 수 있는 것입니다.

원자성이 적색거성으로 전환되는 과정에서, 일부는 수소원자의 핵융합으로 생기는 헬륨의 심이 성장·수축(폭축 현상)되면서 고온·고밀도화되어 시리우스의 반성과 같이 약한 빛을 내는 작은 흰별 '백색왜성'이 된다고 합니다.

또 그 중의 일부는 헬륨의 핵융합 반응으로 탄소(C)화 되고 산소(O_2)화된 다음 중원자화 반응이 일어나 다시 폭발현상을 일으켜 우주 공간에다 가스를 비산시킴으로써 또 다시 이 가스가 수축되어 새로운 별이 탄생되는데 이것을 '초생성'이라고 합니다(1987년, 지구에서 약 15만 광년 떨어져 있는 미세한 성운 속에서 발견).

이러한 폭축 과정에서 지름이 10 km, 온도가 1억도 정도로 수축이 아주 잘 된 별을 'X선성'이라고 하는데, 이 별은 빛이 아닌 X선을 방출하고 있다고 합니다. 1960년 아폴로 계획에 의한 관측결과 확인된 것인데, 그 후부터 이 X선성 관측로켓이 많이 발사되고 있습니다.

또 1967년에는 펄스전파 관측에 의하여 약 350개에 달하는 '중성자성'을 발견했는데, 이 중성자성이란 별의 형성물질은 원래 원자, 즉 전자, 양자, 중성자 등 세 가지 소립자로 구성되어 있었는데, 폭축 현상으로 고온·고밀도화 되는 과정에서 양자가 전자를 흡수하여 중성자가 되어 인력과 반력이 없는 중성화된 별이 된 것이라고 합니다.

암흑 천체, 블랙홀

일반적으로 폭축 현상으로 수축, 고온, 고밀도화 된 별일수록 원심력보다 인력이 더 강화되기 때문에 자체회전이 가능하며, 중성자성은 자전주기가 0.033~3.75초 정도로 아주 초고속 자전을 하고 있답니다.

태양이나 지구도 그러하지만 질량이 큰 회전체가 거의 진공상태인 우주공간에서 자전할 때의 그 속도, 즉 자전주기는 아주 정확/일정하기 마련입니다. 그래서 태양의 자전주기는 27일, 지구의 자전주기는 1일로 확정되어 있는 것입니다.

한편 우주공간에서 초음속으로 회전하고 있는 중성자성에서는 펄스전파를 발생하고, 우주에다 강한 자장을 형성하고 있기 때문에 X선이나 전파의 명멸로 관측이 가능합니다.

이와 같은 중성자성이 더욱 수축되어 중력이 붕괴되면 밀도가 무한대에 가까운 점의 상태가 되어 별의 일생을 마감하게 된답니다. 그러나 밀도 무한대의 점의 상태가 되면 그 주위의 중력이 아주 강화되어 인력이 커지기 때문에 그 주위에 있는 전자파나 빛 등을 빨아들이게 되는데, 이와 같은 상태를 압축천체, '블랙홀(Black Hole)'이라고 합니다.

다음 그림은 600 km 상공에서 허블망원경으로 촬영된 별을 삼키고 있는 블랙홀의 모습인데, 시속 40만km의 속도로 우리 은하계를 통과하면서 작은 별들을 삼켜버리고 있다고 합니다. 왼쪽 원반 가운데 검은 부분이 블랙홀입니다.

이론적인 추정에 의하면, 태양의 3배 이상의 질량을 가진 별이 수축되면 중성자성을 지나 '블랙홀'이 된다고 합니다. 또 최근에는 은하계의 중심부에서 강한 X선이나 자외선, 기타 전파와 같은 대량의 에너지가 방출되고 있는 것이 확인되고, 그 중심부근에서는 다량의 미지의 물질이 고속회전하고 있다는 것도 관측되고 있습니다.

그래서 천문학자들은 은하계 중심부에도 거대한 규모의 블랙홀이 있다고들 하고 있습니다.

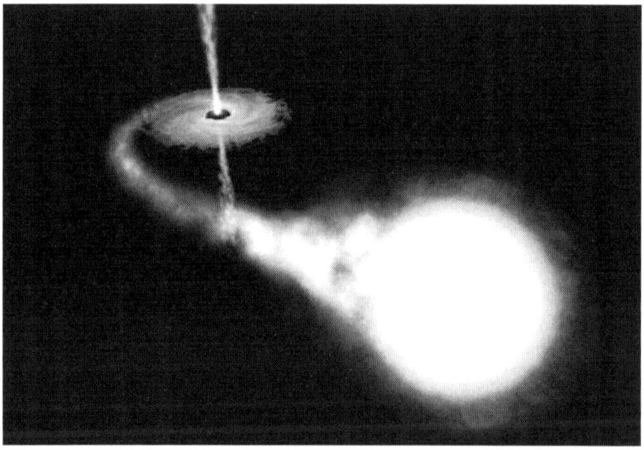

별을 삼키고 있는 블랙홀의 모습

그러니까 우주에는 일반 별이 노화 폭발되는 과정에서 생기는 갖은 규모의 블랙홀과 은하계 중심부에 있는 거대한 규모의 블랙홀이 공존하고 있다고 하는데 아직 그 정확한 실태는 확인되지 못하고 있는 실정입니다.

그러나 미확인 비행체 UFO나 우주인이 있다는 이야기와 같이 "원인 모르게 우주공간에서 어떤 물체가 빨려 들어가고 있다." 또는 "빨려 들어갔다"는 등 블랙홀의 신비성이 꼬리의 꼬리를 물고 화제로 등장하고 있습니다.

최근(04년 7월 21일) 보도된 자료에 의하면, 지금까지 지구상에서 우주를 가장 잘 이해하고 있다는 평가를 받고 있던 영국의 천체물리학자 스티븐 호킹박사가 1975년에 발표한 '호킹 복사(Hawking Radiation)'이론 즉 "무엇이든 빨려 들어간 블랙홀이 오랜 시간이 지나면 빛을 내뿜고 모두 증발시켜 버린다."는 자신의 이론이 틀렸다고 자인하고, 이를 반대해오던 미국 캘리포니아 공대의 존 프레스 킬 교수의 손을 들어주고, 약속했던 대로 크리켓 백과사전을 선사하였다고 합니다.

자신이 주장해 온 블랙홀 이론의 오류를 인정하고 있는 영국의 스티븐 호킹박사

존 프레스 킬 교수는 '블랙홀 정보 패러독스(역설)'에서, "미세 세계를 지배하는 양자역학에 따라 블랙홀로 빨려 들어간 것이 완전히 소멸되는 현상은 있을 수 없다"고 주장해 왔었습니다. 앞으로 블랙홀에 관한 보다 자세한 연구결과가 어떻게 나올지 두고 볼만한 일이 되겠습니다.

우주의 나이 137억년

전술한 바와 같은 결과는 20세기에 들어서면서부터 대형 광학망원경에 의한 정밀한 관찰과, 전파나 우주선을 이용한 관측 또는 우주로켓이나 인공위성에 의한 적외선, 자외선, X선 관측방법 그리고 컴퓨터 기술의 급속한 발달로 얻어진 결과입니다.

2003년 2월 11일, 미 항공우주국(NASA)의 발표에 의하면, 우주탐사위성 WMAP(Wilkinsoro Microwave Anisotropy Probe)에 의해 빅뱅 38만년 후의 우주의 초기 모습이 그림과 같이 확인되었는데, 온도에 따라 색깔의 차이가 분명하게 드러나고 있으며, 이를 분석해 본 결과 우주의 나이가 현재 약 137억년 이라는 것을 알게 되었습니다.

이와 같은 결과는 WMAP가 약 1년간에 걸쳐 우주공간의 온도분포상태를 1도 이하의 정밀한 관측/연구를 실시한 결과 얻어진 것입니다.

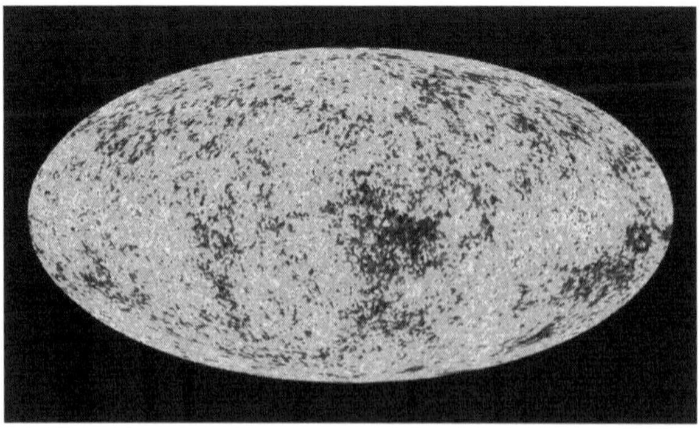

빅뱅 38만년 후의 초기 우주의 모습

지구에서 약 150만km 떨어진 관측지점(라그란쥬점)으로 향하고 있는 우주탐사위성 WMAP의 모습

또한 우주공간에 있는 수많은 별들을 모두 합쳐봐야 우주 전체 밀도의 겨우 1% 정도 밖에 되지 않고, 그 나머지 99%에 해당되는 넓은 우주공간의 상태는 기하학적으로 아주 평탄한 상태이며, 그의 성분은 암흑에너지가 73%, 암흑물질이 23%, 그리고 수소원자나 헬륨과 같은 바리온(Baryon) 물질이 4% 등으로 구성되어 있다는 것도 알게 되었다고 합니다. 그래서 우주공간은 캄캄한 암흑세계라는 것이 실제로 확증된 것입니다

풀리지 않고 있는 수수께끼, UFO

과학기술 문명이 발달된 오늘날에 있어서도 지구를 중심으로 한 작은 우주공간은 신비에 가득 찬 미지의 세계로 알려지고 있습니다. 그간 많은 과학기술자들이 이 신비한 우주세계를 해명하기 위하여 많은 노력을 해오고 있지만, 아직 우리 인간이 살고 있는 지구 이외의 어느 별에 인간과 같은 고등생물이 살고 있는지는 모르고 있습니다.

최근에도 아리송한 접시비행기 UFO(Unidentified Flying Object ; 미

확인 비행체)의 사진이 공개되고, 우주의 방송소리 CRN(Cosmic Radio Noise)와 우주인 ET(Extra Terrestrial) 등에 관한 이야기가 심심치 않게 나오고 있는데, 이는 모두 우주세계의 신비성을 말하고 있는 것들입니다.

자고로 지구를 비롯한 수성, 금성, 토성 등 태양계의 별들은 세계 공통적으로 신화나 민화에 많이 등장하고 있고, 종교의 모체인 신으로 숭상되어 왔습니다. 또 태양이나 달의 움직임이 농업과 불가분의 관계가 있으며, 7일마다 흉일이 닥쳐온다고 믿었습니다(바빌로니아시대, 기원전 3천년 경).

현재 1주일이 일 월 화 수 목 금 토 7일로 되어 있는 것은 이와 같은 연유 때문이며, 달의 운동을 토대로 한달을 30일, 1년을 12개월, 수년에 한번씩 윤달을 두어 1년을 평균 366일로 한 태음력 등 아직도 우리 생활속에는 옛사람들의 생각이 그대로 살아 숨쉬고 있는 것이 많이 남아 있습니다(태양력은 지구가 해의 둘레를 1회전 하는 동안을 1년, 365일로 한 달력).

신앙과 결부되었던 점성술, 즉 천문학이 현대과학적인 학문으로 발전되어온 과정을 살펴보면, 1543년 코페르니쿠스(1473~1543년)의 '천체의 회전에 대하여'란 '지동설'을 기점으로, 이와 같은 사실을 천체망원경으로 관측 증명한 갈릴레이(1564~1642년)의 '천문학 대화', 그 후 케플러(1571~1630년)와 뉴턴(1642~1727년)이 이를 이론적으로 증명했고, 만유인력의 법칙으로 유명한 물리학자 아인슈타인(1879~1955년)의 '상대성 이론', 그리고 핫프르(1889~1953년)의 관측증명인 '우주 팽창론', 또 최근에 와서는 인공위성에 의한 '근접촬영' 또는 '실제 답사'등으로 이어져 오늘에 이르고 있는 것입니다.

이상과 같이 정성적인 이론과 정량적인 관측 실증에 의하여 지구를 중심으로 한 우주세계의 실태가 어느 정도 정확하게 파악되고 있지만 아직 미지의 수수께끼가 많이 남아있는 실정입니다.

3 지구를 중심으로 한 작은 우주세계

태양계의 작은 별, 지구

태양은 우리 은하계 속에 있는 1천억 분의 1개에 해당되는 항성의 하나인데, 온 지름이 140만 km, 질량은 1.99×10^{33} gr, 밀도는 140 gr/cm^3, 중심부의 온도가 1,500만도, 표면온도는 6,000도, 그리고 그 중심부에서 수소를 헬륨 원자핵으로 변환시키는 열핵융합반응의 에너지량이 무려 매초 50억 kg이나 된다고 합니다.

이와 같은 고온의 가스덩어리인 태양의 주위를 지구를 비롯한 9개의 혹성, 즉 수성, 금성, 지구, 화성, 목성, 토성, 천왕성, 해왕성, 명왕성이 돌고 있는데, 이 태양계의 전체 지름은 약 120억 km, 빛이 지나가는데 14시간이나 걸리는 먼 거리라고 합니다.

태양계의 9개 혹성들이 태양에서 떨어져 있는 거리는 대략 다음과 같습니다.

[태양과의 거리]

태양	수성	금성	지구	화성	목성	토성	천왕성	해왕성	명왕성
0.00	0.58	1.08	1.50	2.28	7.78	14.3	28.7	45.0	59.1

(단위 : 1억 km)

또 지구의 지름을 1로 했을 때 태양과 혹성들의 크기는 대략 다음과 같이 되어 있습니다.

[태양계의 혹성들의 크기]

태양	수성	금성	지구	화성	목성	토성	천왕성	해왕성	명왕성
109	0.4	0.9	1	0.5	11	9	4	4	0.2

(단위 : 지구의 지름 = 1)

우리 인간이 살고 있는 지구의 온 지름은 1만 2900 km(태양의 109분의 1), 질량은 6×10^{21} 톤(태양의 33만분의 1), 중심부의 온도는 약 6,000도(태양의 표면온도와 같음), 그러니까 아주 거대한 우주의 입장에서 보면 우리 지구는 너무나도 미소한 정도의 아주 작은 존재입니다.

그러나 이렇게 작은 지구상에 70억에 가까운 많은 인구가 살고 있습니다. 게다가 세계는 지금 급속적인 인구 증가와 더불어, 식량과 자원의 고갈 위협을 받고 있습니다. 그래서 우주개발, 즉 우주도시의 건설 등 우주로의 인간 대이동의 필요성이 점점 절실해져 가고 있는 실정입니다. 따라서 이를 과학기술적으로 해결해 나가기 위한 항공우주과학기술의 적극적인 육성발전이 필수적으로 요구되고 있는 것입니다.

명왕성 76년만에 태양계에서 '아웃'

1930년 발견된 후 76년 동안 태양계의 행성으로 자리 잡고 있던 명왕성이 2006년 8월 24일 체코 프라하에서 열린 국제천문연맹(IAU) 총회에서 '아웃'되어 '왜소행성'으로 전락되고 말았습니다. 그래서 태양계의 행성이 9개에서 8개로 줄어들었습니다.

명왕성이 태양계 행성대열에서 퇴출된 것은 질량이 너무 적고, 해왕성의 궤도와 일부 겹쳐있고, 주변에 비슷한 크기의 행성들이 있어, 지배적인 위치를 갖지 못하고 있기 때문입니다.

수·금·지·화·목·토·천·해·명, 태양계 행성들의 크기 비교

인간의 노력, 우주관측기술의 발달

로켓기술의 발달로 대기권 외의 비행이 가능해 짐으로써 우리 인간은 강력한 태양 자외선이나 X선 그리고 반알렌대의 고속 입자군, 전파, 자기파 등등 모르고 있던 우주세계의 신비성이 하나하나 확인되어가고 있습니다. 그러나 지금까지 관측 확인된 내용은 150억년에 가까운 긴 우주 역사의 입장에서 보면 아주 미미한 과거지사에 지나지 않는 것입니다.

현재 미 항공우주국 NASA는 물론 여러 과학기술자들이 생각하고 있는 것은 "약 150억년 전에 우주가 어떻게 해서 생겨났는지는 모르지만, 초기의 우주는 고온·고밀도 상태에서 대폭발, 즉 빅뱅현상이 일어나 양자와 중성자 그리고 헬륨의 원자핵이 생기고 38만년 후에 원자가 그리고 2억년 후에 제1세대의 별이 생기고 또 폭발 추축현상이 거듭되면서 제2, 제3, … 세대의 많은 별들이 생기게 되었다."라는, 우주의 형성과정 예측을 현대 과학적으로 실증하는데 초점이 모아지고 있습니다.

그 방법으로서는 빛의 차단현상이 없는 우주공간에 높이 떠 올라가서 큰 망원경으로 실측해 보는 것이 가장 확실한 방법이 되겠습니다. 천문학자를 위시한 과학기술자 입장에서는 지구를 둘러싸고 있는 대기권이 우주관측을 하는데 큰 장애물이 되고 있는 것입니다. 우주로부터 오는 자외선, X선, 기타 우주선을 대기권이 가로 막고 있기 때문입니다.

미 항공우주국 NASA에서 쏘아 올린 적외선 관측위성들은 이와 같은 목적을 실현시키기 위한 하나의 시도인데, 원래 빅뱅 당시의 별빛은 가시광선이었는데 지속적인 우주의 팽창으로 서로 멀어지면서 그 파장이 늘어나 붉게 보이는 '적색편의현상'에 의하여 점점 파장이 길어져 지금의 전자파가 되었다고 합니다.

실제로 이 전자파를 파장 순으로 살펴보면 자외선, 가시광선, 적외선, 초단파, 단파, 중파, 장파 등으로 나누어지고 있는데, 150억년 가까운 긴 세월동안 파장이 점점 길어져 적외선 영역을 지나 현재는 초단파로 변하고 있다는 것입니다.

따라서 우주공간에 존재하는 적외선을 관측해 봄으로써 우주의 형성과정의 보다 오랜 과거를 탐지할 수 있을 것이라는 기대 속에 적외선 관측위성이 등장하게 된 것입니다. 이와 같은 노력은 빅뱅 이래 오늘날까지 미지의 우주역사를 과학기술적으로 해명해 보자는 작업의 일환이라 하겠습니다.

20세기에 들어와서부터 과학기술의 급진적인 발달로 천체관측 수단이 광학적인 방법에서 대형 전자망원경에 의한 전파관측, 그리고 정밀 레이더를 이용한 우주진의 관측 등으로 발전되어, 지구 주변 공간의 자장구조, 나아가 태양계 공간의 가스상태, 은하계나 태양 표면에서의 폭발 현상 등의 내용이 상세하게 해명되어 가고 있습니다.

이와 같은 관측기술을 효과적으로 뒷받침해 주고 있는 것이 바로 우주로켓입니다. 우주로켓의 발달이야 말로 우주의 신비성을 파헤치는 유일한 수단인 것입니다. 그동안 세계 각국에서 개발한 대표적인 우주로켓의 모양과 그 크기를 비교해 보면 다음 그림과 같습니다. 맨 우측의 스페이스셔틀의 길이가 56.2 m입니다.

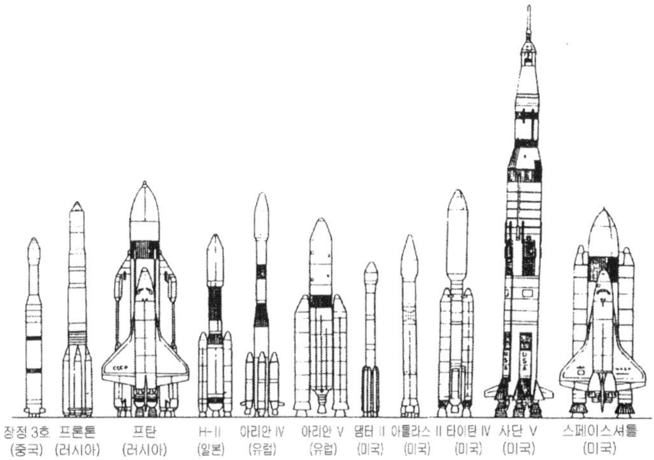

세계 각국에서 개발한 대표적인 우주로켓의 모양과 크기 비교

지구 궤도를 돌면서 정밀한 관측을 하는 우주 망원경

우주탐험의 실적

역사적으로 우리 인간이 제일 먼저 지구 이외의 문명의 존재를 기대했던 곳은 지구 바로 옆에 있는 화성이었습니다. 웰스의 소설에서 나오는 '화성인'이 실제로 있을 것이라고 온 세계를 떠들썩하게 한 것은 지금부터 약 100년 전의 일이였습니다.

그러나 1964년 미국이 쏘아올린 인공위성 마리너 4호가 화성주위를 돌면서 사진촬영을 해 본 결과 사람이 사는데 꼭 필요한 물, 즉 운하 같은 것이 전혀 없었고, 달의 표면과 같이 무수히 많은 그레이더(화상)뿐이었습니다.

그 후 1972년 화성에 도착한 마리너 9호에 의하여 화성의 표면온도가 －140℃, 대기는 대부분 탄산가스이고, 그 밀도는 지구의 2분의 1 정도밖에 되지 않는 것이 확인되었습니다. 따라서 화성인은 물론 기타 생물이 존재할 가능성이 전혀 없는 것입니다.

금성도 대기압이 90기압, 고도 100km까지 짙은 황산운으로 둘러싸여져 있으며, 그 내부의 온도가 약 500℃밖에 안 되는 지옥과 같은 세계라는 것이 확인되고 있습니다.

또, 지구의 10배 이상의 지름을 가지고 있는 목성도 대기의 평균밀도가 극히 적고, 비중이 1.34이며 대부분 수소가스라는 것, 기타 수성이나 토성 등도 생물이 존재할 만한 환경이 아니라는 것이 확인되고 있습니다.

토성 탐사 작업

최근 보도된 자료에 의하면 미 항공우주국 NASA의 토성 탐사선 '카시니호'가 토성 궤도에 안착한 뒤 매일 100~200장의 사진을 촬영 전송해 오고 있어, 토성의 고리무늬와 위성들의 실상이 조금씩 드러나고 있다고 합니다.

NASA의 과학자들은 카시니호가 보내온 사진을 통해, 지금까지 막연

먼지와 얼음으로 만들어진 토성의 아름다운 물결같은 고리모양

하게 짐작해 오던 토성고리의 움직임을 눈으로 확인하고, 또 지금까지 확인된 토성의 위성 31개 중 40억년 전의 지구 모습과 비슷한 것으로 예측되는 '타이탄' 위성의 비밀도 머지않아 풀릴 수 있을 것으로 기대하고 있습니다. 즉 카시니호에 실린 탐사선 '호이겐스호'가 2005년 1월 타이탄 위성에 착륙해 여러 가지 정보를 수집하고 있다고 합니다.

다음 그림은 2004년 7월 7일 공개된 토성탐사선 카시니호가 토성에 접근하면서 1250만 달러짜리 자외선 카메라로 촬영한 토성의 고리 모양이랍니다. 고리의 바깥 부분은 얼음으로 되어 있고, 고리 내부에는 먼지분자들로 만들어진 고리와 얼음으로 된 고리가 서로 물결모양으로 보기 좋게 배열되어 있습니다.

결과적으로 태양계에서 우리 인간이 살고 있는 지구 이외에는 생물이 살고 있지 않다는 것입니다. 따라서 UFO와 같은 우주인에 관한 이야기는 수수께끼일 수밖에 없습니다. 왜냐하면 UFO가 실제로 존재한다면 우리 태양계 이외의 다른 별이라야 되는데, 지구에서 가장 가까운 태양 이외의 다른 항성까지의 거리는 4~5광년 정도 멀리 떨어져 있습니다.

1광년이란 빛의 속도(초속 3×10^5 km)로 1년 걸리는 거리(약 9.5×

10^{12} km)입니다. 빛의 속도와 같은 빠른 속도로 날으면 그 무게가 무한대로 증가되기 때문에(아인슈타인의 법칙) 실제적으로는 광속의 10분의 1정도의 느린 속도로 우주비행을 해야 된답니다.

따라서 지구에서 가장 가까운 항성에서 우주인이 지구까지 날아오려면 적어도 40~50년 이란 긴 세월이 걸려야 된다는 셈이 됩니다. 그러나 UFO를 보았다, 우주인으로부터 이상한 전파가 날아왔다는 등 여러 가지 이야기가 심심치 않게 나오고 있습니다. 과연 우주인이 존재하고 있는 것인지, 발달된 현대 과학기술로서도 입증을 할 수 없는 수수께끼라 아니할 수 없습니다.

그러나 실제로 우주인의 존재를 확인하기 위하여 1960년부터 미국에서는 우주인을 향한 전파발신(중성수소가 발신하는 1420 메가 Hz)이 있었고 1972년에는 파이어니어 10~11호에 의한 우주인에 보내는 그림으로 된 편지 등이 있었습니다.

금으로 도금된 알루미늄판(229×152×1.27 mm)인데, 윗부분의 두 원은 우주공간에 많이 존재하는 중성수소를, 아랫부분 왼쪽의 큰 원은 태양, 세 번째 혹성인 지구에서 파이오니어호 발사, 중앙부분 왼쪽의 방사

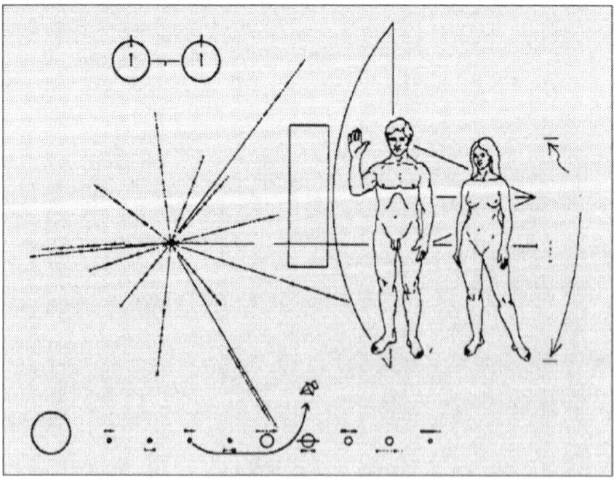

파이어니어 10~11호에 실어 우주에 보낸 그림편지

형 선도는 태양을 중심으로 한 14개의 펄스전파의 방향과 거리를 그리고 오른쪽에 우리 인간 남녀와 파이어니호의 크기, 모양 등을 그림으로 표시한 것이었습니다.

150억년 가까이나 되는 아주 긴 우주역사 속에서 겨우 1만년 정도 밖에 되지 않은 인간문명의 역사는 한 순간 정도밖에 되지 않기 때문에 이와 같은 방법이 우주인에게 통할는지는 모를 일입니다. 그러나 광대한 우주 속에는 우리 태양계 보다 훨씬 먼저 또는 나중에 태어난, 우리 인간과 같은 지적생물이 존재하고, 별과 별사이의 우주통신을 서로 하고 있을지는 모르는 일입니다. 따라서 앞으로도 우주인과의 교신을 하기 위한 즉 우주의 신비를 파헤치기 위한 인간의 노력은 지속될 것입니다.

정성적인 발상과 정량적인 입증

원래 과학기술이란 정성적인 발상과 정량적인 입증이 서로 일치됨으로써 발전하는 것입니다. 좋은 예로 1589년 갈릴레이가 '모든 물체는 그 무게에 관계없이 동시에 떨어질 것이다'라고 생각한 것은 정성적인 발상이고, 피사의 사탑에서 무게가 다른 대포알을 동시에 떨어뜨려 보는 실험을 한 것은 정량적인 입증이 되는 것입니다.

그래서 '물체의 낙하 속도는 그 무게에 비례한다.'라고 천수백년간 믿어왔던 아리스토텔레스의 법칙이 하루아침에 무너지고 말았습니다. 왜냐하면 아리스토텔레스의 주장은 정성적인 발상에 불과했기 때문입니다.

따라서 현대의 과학기술은 정성적인 발상 즉 과학적인 아이디어가 우선 중요하고, 이를 정량적으로 실증하는 기술적인 이론과 실험방법이 뒷받침 되어야 합니다. 그러나 훌륭한 아이디어나 실증기술이 하루아침에 생기는 것은 아닙니다. 그래서 어릴 때부터 독창성을 기르는데 힘써야 되는 것입니다. 이것이 과학기술의 진리이기 때문에 우리나라 교육에서 깊이 고려해야 할 문제라고 봅니다.

다행히 요즘에 와서 과학기술 교육의 중요성을 강조하고, 교과서의 개편, 나아가 실험실습 시설의 확충 및 보완 문제 등이 실천에 옮겨지고 있는 것은 대단히 바람직한 일이라고 여겨집니다. 현대사회에서 과학기술의 수준은 IT 산업이나 자동차 산업에서 보듯이 곧 국력의 척도가 되고 있기 때문입니다.

2. 지구를 둘러싸고 있는 대기

1 만유인력과 무중량상태

지구와 달의 인력권 범위

우주공간에 떠 있는 수많은 별들 사이에는 서로 당기는 '인력'이 작용하고 있습니다. 지구와 태양, 지구와 달 할 것 없이 모든 별들은 이 인력에 의하여 서로 의지되어 나름대로의 회전운동을 하고 있는 것입니다.

그래서 '만유인력'이라 하고, 특히 우리 지구에 작용하고 있는 인력을 '중력'이라고 합니다. 공중에서 모든 물체가 지구의 중심방향으로 떨어지는 것은 바로 이 중력 때문인데, 이 때 작용하는 중력의 크기는 그 물체의 질량에 비례하고 떨어져 있는 거리 자승에 반비례합니다(만유인력의 법칙, 1687년 뉴턴).

그래서 지구에서 거리가 멀어질수록, 즉 높이 올라갈수록 중력이 점점 감소되어 어느 정도 높이 올라가면 그 중력이 0이 되는 "무중력상태"가 되는데, 여기까지를 '지구의 중력범위' 또는 '지구의 영향권'이라고 합니다.

고도에 반비례하여 감소되고 있는 중력(G)의 변화상태를 살펴보면 다음과 같이 되어 있습니다.

고도에 반비례해서 감소되는 지구의 중력

고도(km)	0	2,260	6.380	12.760	19.140	25.520
중력(G)	1	1/2	1/4	1/9	1/16	1/25

1 G≒9.8 m/s^2의 중력가속도

지구와 태양 사이의 거리는 약 1.5억 km, 지구의 질량은 6×10^{21}톤, 태양의 질량은 지구의 33만 배이므로 지구의 중력범위는 지구에서 아주 가까운 곳이 됩니다. 계산해 보면 약 93만 km가 되는데, 여기까지가 지구의 영향권, 즉 인력권이 되는 것입니다.

지구와 달 사이의 거리는 약 38만 km이므로 달은 지구의 위성으로써 지구의 인력권 내를 운행하고 있는 것입니다. 그러나 달 주위에도 인력권이 있게 마련인데, 계산결과 달의 인력권은 달의 반지름 1740 km의 38배인 6만 6천 km가 된답니다. 15야 둥근 달을 쳐다보면서 그 반지름의 38배 되는 원을 그려보면 달의 인력권 범위를 실감할 수 있을 것입니다.

무중력상태와 무중량상태

지구와 달 사이를 생각해 보면, 서로 당기는 인력이 균형을 이루어 0이 되는 상태를 생각할 수 있는데 이러한 상태를 '무중력상태(Gravity Free State)'라고 합니다.

인력의 작용이 없는 것이 아니고, 서로 인력이 반대방향으로 균형을 이루고 있는 것입니다. 따라서 만일 이러한 무중력 상태인 우주공간에 인공위성과 같은 물체가 떠 있다고 생각해보면, 그 물체의 질량은 언제나 변함없이 그대로이지만(질량불변의 법칙, 1774년 라보이셔) 그 물체에 작용하는 중력, 즉 무게는 0의 상태가 되는 것입니다.

그러나 인공위성은 거의 진공상태에 가까운 높은 우주공간 궤도를 아주 빠른 속도로 비행하고 있지만 이와 같은 무중력 지대에서 비행하고 있는 것은 아닙니다. 다만 고속회전에 의한 원심력과 중력이 서로 상쇄되어 그 무게가 0인 '무중량상태(Weightlessness)'로 비행하고 있는 것입니다. 그래서 인공위성은 비행궤도를 바꿔주기 위하여 로켓엔진을 작동시킬 때 이외에는 '자유비행'이 가능하다는 특징을 가지고 있는 것입니다.

따라서 '무중력상태'와 '무중량상태'는 구분되어야 하는데 무중량상태가 되면 실제로 무중력상태와 똑같은 상태가 되기 때문에 흔히 무중력상태란 말을 많이 쓰고 있습니다.

달 표면의 중력은 지구 표면 중력의 약 6분의 1 정도 밖에 안 됩니다. 그래서 체중이 60 kg인 우주비행사가 달 표면에 가면 6분의 1로 체중이 줄어 10 kg이 되고, 지구표면에서 2 m 점프를 할 수 있다면 달 표면에서는 6배인 12 m까지 뛰어 오를 수가 있고, 착지할 때의 속도는 6 m/sec, 지구에서 2 m 높이에서 뛰어내릴 때의 충격 밖에는 되지 않는답니다.

그러나 우주비행사가 입고 있는 우주복의 무게가 달 표면에서 10 kg 이상이나 되기 때문에 실제는 그렇게 많이 뛰어오를 수는 없습니다. TV를 통해서 우주비행사가 달 표면에서 껑충껑충 뛰어다니는 것을 보고, 우리는 '무중력상태'를 실감할 수 있었습니다. 그러니까 인공위성이 무중량상태에서 자유비행을 한다는 것을 바로 이해할 수 있을 것입니다.

거미가 무중량상태에서 집을 짓는 데 성공했다. 1973년 8월 4일 스카이랩 3호 우주선 안에서 미국 내의 고교생으로부터 공모한 19건의 실험 아이디어중의 하나였다.

무중력상태에서 훈련을 받고 있는 여성 우주비행사의 모습. 대형수송기의 자유낙하 비행을 이용, 무중력 상태의 우주유영, 선외활동 기타 우주 환경에 적응하기 위한 훈련을 실시한다.

그러나 항공기는 인공위성에 비하면 지구표면에서 아주 가까운 낮은 고도에서, 대기의 성질을 이용하여 비행을 하고 있습니다. 즉 엔진에 의한 추진력에 의하여 공기의 저항을 물리치고, 날개에서 생기는 양력(뜨는 힘)과 기체의 무게가 균형을 이루는 상태에서 전진비행을 하는 것입니다.

따라서 항공기의 경우는 언제나 지구의 중력과 공기의 저항력이 같이 작용하고 있기 때문에, 인공위성과 같은 자유비행이 불가능하고 엔진에 의한 추진력이 계속 있어야만 양력을 얻어 공중을 날 수가 있는 것입니다.

2 지구를 둘러싸고 있는 대기의 상태

대류권에서 열권까지

약 400톤 가까이 되는 무거운 747점보여객기가 안전하게 전 세계의 하늘을 날아다닐 수 있는 것은, 지구를 둘러싸고 있는 공기의 성질을 잘 이용하고 있기 때문입니다. 지구를 둘러싸고 있는 이 공기를 대기(大氣)라고 하는데 다음 그림은 지구 표면에서 1천 km 상공까지의 대기의 밀도와 온도의 변화상태 등을 나타낸 것입니다.

지구표면에서 고도 약 10 km까지를 '하층대기' 또는 '대류권'이라고 하는데, 아주 복잡한 기상변화가 일어나고 있는 영역입니다. 고도 약 10~50 km까지는 온도가 거의 일정하게 안정되어 있는 '성층권'이고, 다음 85 km까지는 조고층대기로 바뀌는 '중간권'으로, 성층권과 중간권을 합해 '중층 대기권'이라고 합니다. 이 중층 대기권 밑 부분에는 우리에게 잘 알려지고 있는 '오존층'이 자리 잡고 있습니다.

100 km에서 1,000 km 범위에서는 태양의 자외선에 의하여 고온상태가 되어 전리층이 형성되고 있는데, 이와 같은 초고층 대기부분을 '열권' 또는 '전리권'이라고 합니다. 이 전리권에서는 대기의 성분에 따라 전리시키는 빛의 파장이 다르기 때문에 D, E, F층으로 구분하고 있는 데, 각 층별로 전파를 반사시키는 것이 다릅니다. 그래서 이와 같은 성질을 이용하여 파장이 서로 다른 원거리 전파통신을 할 수 있게 된 것입니다.

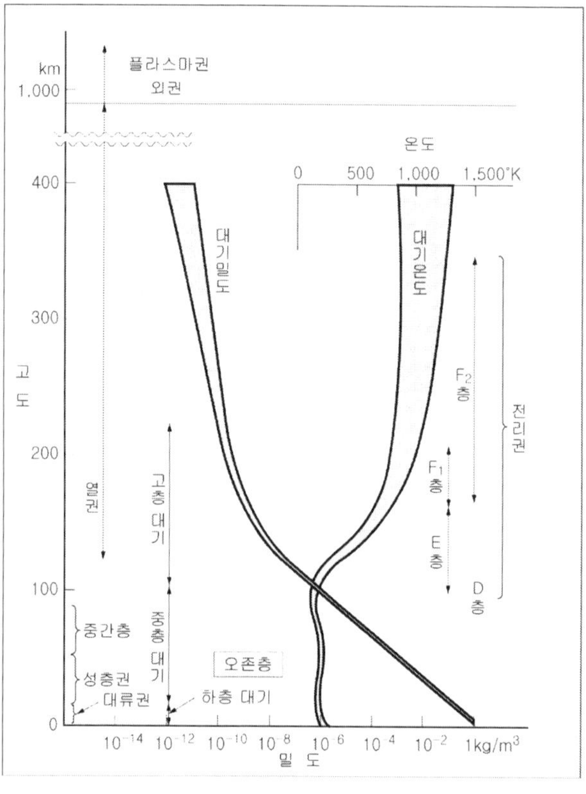

고도 1천km까지의 대기의 밀도와 온도의 변화상태 등

대기의 밀도와 온도, 그리고 압력

일반적으로 대기의 상태는 밀도, 온도 및 압력 등으로 나타내고 있습니다. 여기서 밀도란, 단위체적당 공기의 입자가 얼마나 밀집되어 있는가를 나타내는 단위인데, 고도 120 km까지는 16 km마다 10^{-1} 정도씩 거의 직선적으로 일정하게 감소되어, 120 km 상공에 가면 10^{-8} km/cm^3 즉 지구표면 밀도의 1억분의 1 정도로 아주 희박한 진공에 가까운 상태가 됩니다. 그래서 우주공간은 진공상태라고 흔히들 말하고 있는 것입니다.

이와 같은 대기밀도의 분포상태는 항공기나 우주비행체의 비행과 아주 밀접한 관계가 있는 것입니다. 밀도가 높아질수록 공기의 저항력과 마찰에 의한 열의 발생률이 점점 높아지기 때문입니다.

특히 밀도가 100분의 1 정도밖에 감소되지 않은 고도 30 km까지가 우주비행에서 어려운 고비가 되는데, 마찰열까지를 생각한다면 고도 100 km를 넘어설 때까지는 안심할 수가 없는 것입니다. 왜냐하면 공기의 저항력은 속도 자승에 비례하지만, 열의 발생률은 단위시간당 저항력에 해당되는 일의 량에 비례해서 증가되기 때문입니다.

고도가 120 km를 넘어서면 밀도의 감소비율이 급격히 줄어들고 그 반면 밀도의 변화폭이 점점 커지고 있습니다. 고도 약 100 km에서 1,000 km까지의 범위를 '열권'이라고 하는데, 이는 태양에너지에 의하여 대기가 점점 가열되는 영역이기 때문에 열권이라고 하는 것입니다.

그래서 이 열권내의 대기상태는 태양의 활동상태와 계절 그리고 밤낮의 변화, 지자기의 활동상태 변화 등에 의하여 크게 변화되고 있는데, 그 중에서 가장 크게 영향을 받는 것이 태양의 활동상태입니다. 즉 태양의 활동이 심해지면 대기가 팽창되어 자연히 아래 부분의 밀도가 올라가게 됩니다.

보통 저궤도 인공위성은 200~300 km 상공궤도를 돌고 있는데, 이와 같은 대기밀도 변화에 의한 저항력 때문에 시간이 경과할수록 점점 고도가 떨어져, 결국 밀도가 높은 대기권으로 빠져들어 마찰열이 점점 많이 생겨 얼마 안가서 소멸되고 마는 것입니다.

인공위성의 수명은 이와 같이 대기의 밀도변화에 의하여 결정되는 것이기 때문에 11년 주기로 변화하고 있는 태양의 활동상태에 따라 그 수명을 예측할 수가 있습니다. 실제로 태양의 활동이 전성기일 때에는 위성궤도의 원지점 고도가 많이 저하하는 현상을 나타내고 있습니다.

'기체 분자 운동론'에 의하면 모든 기체분자는 서로 충돌을 거듭하면서 활발히 움직이고 있는데, 그 운동 에너지량은 거시적으로 '온도'로 측정할 수 있고 또 용기 벽에 부딪히는 운동량의 변화에 의한 '압력'으로 측정될 수가 있습니다. 즉 밀도가 높아져 분자간의 거리가 좁아질수록 기체분자의 충돌이 활발해져서 온도와 압력이 올라가게 되는 것입니다.

그러나 만일 1기압(지구표면)하에서 분자간의 거리가 0.1 마이크로미터(10^{-6} m)라면 고도 120 km 상공에서는 그 거리가 10 m로 넓어져서 서로 충돌을 하지 않고 아주 고요한 상태, 즉 균질하고 희박한 기체상태가 된다고 합니다.

앞에서 설명했듯이 우주공간에서는 수소(H)가 72 %, 헬륨(He)이 25 %, 기타 원소가 3 % 등으로 구성되어 있는데, 희박한 상층대기일수록 수소성분이 많아지고 있다고 합니다. 실제 탐사결과에서도 120 km 상공의 대기가 수소성분을 보다 많이 포함하고 있다는 것이 확인되고 있습니다.

태양풍과 지자기권

고도가 1,000 km이상 되는 공간을 '외권'이라고 하는데, 이 영역에서는 기체분자가 태양열에 의하여 전리되어 이온과 양자로 전자화된 '프라즈마' 상태로 존재합니다.

이와 같이 전리된 입자들은 또 강한 태양열에 의하여 활발한 운동을 하면서, 지구를 위시한 기타 혹성에 영향을 미치게 되는데 이와 같은 현상을 '태양풍'이라고 합니다.

지금까지의 관측결과에 의하면 지구가 공전하고 있는 궤도 부근의 대기 밀도는 보통 입자수로 따져 10개/cm^3 정도이고, 태양풍의 속도는 약 500 km/sec, 그리고 입자의 온도는 약 10만도 정도가 된다고 합니다.

지구가 받는 태양에너지란 바로 이와 같은 태양풍이 가지는 에너지량을 말하는 것인데, 태양활동이 약할 때도 매초 2×10^{27} 에르그 정도가 된다고 합니다(1 erg = 1 dyn · cm).

그러나 지구 부근에서는 지구의 자장이 강한 태양풍을 막아주는 '지자기권'을 형성하고 있기 때문에 직접적인 영향은 일단 차단되어 있는 상태입니다.

원래 태양풍은 전리된 입자들이어서 자장에 빨려드는 성질을 가지고 있기 때문입니다. 그러나 변화무쌍한 태양풍의 강도가 심해질 때는 가끔씩 태풍현상과 같은 돌연변이 현상을 일으키기도 합니다. 이러한 돌연변이 현상을 '자기태풍' 또는 '지구태풍'이라고 하는데, 기상변화의 근본적인 요인이 되고 있습니다.

요즘 환경보호 차원에서 '오존층' 파괴 문제가 심각한 문제로 대두되고 있는 것도 강한 태양풍의 내습을 두려워하고 있기 때문입니다. 태양에너지가 있음으로써 모든 생물이 생존하는 것이지만, 그 에너지를 너무 강하게 받게 되면 살아남을 수가 없는 것입니다. 이것이 대자연의 진리이기 때문에 우리 인간은 자연을 잘 보호해 가면서 살아나가야 되겠습니다.

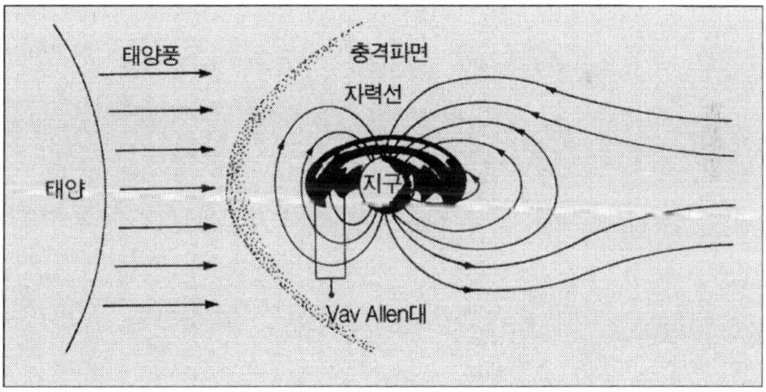

태양풍과 지자기권 그리고 도넛 모양의 반알렌대

3 기상변화의 요인과 기상관측, 예보

기상변화의 요인

항공기나 우주비행체가 하늘을 날 수 있는 것은 눈에 보이지 않는 대기, 즉 공기의 성질을 잘 이용하고 있기 때문입니다. 선박이 물의 성질을, 자동차가 땅의 성질을 잘 이용하여 운행되고 있는 것과 같이 항공기는 주로 10 km 남짓한 낮은 대류권 범위 내에서 밀도가 높은 대기의 성질을 잘 이용하고, 우주비행체는 그 밖의 높은 범위의 공간에 존재하는 아주 희박한 대기의 성질을 잘 이용하여 비행하고 있는 것입니다.

그러나 우주비행체도 이착륙을 할 때는 밀도가 높은 대기의 영향을 받아야 하고, 높은 궤도 비행을 할 때도 완전한 진공상태인 공간이 아니기 때문에 희박한 대기의 밀도나 온도, 기타 기상변화의 영향을 무시할 수가 없습니다.

기상변화의 요인은 태양열과 지열, 그리고 기타 열에 의한 공기의 대류현상이 주된 요인으로 되고 있지만, 실제로는 기온, 기압, 습도, 바람, 구름, 비, 눈 등 여러 가지 요소가 복합적으로 작용되어 아주 복잡한 변화양상을 나타내고 있는 것입니다.

그래서 그 변화상태를 시시각각으로 파악하여 '기상예보'를 해 주고 있습니다. 제아무리 잘 만들어진 항공기나 우주비행체라 할지라도 기상상태를 무시하고 무모하게 비행할 수는 없기 때문입니다.

고도에 따라 모양이 다른 구름의 종류

기상관측과 예보방식

일반적으로 기상관측이란, 여러 가지 기상변화의 요소를 기상관측 레이더로 측정하는 것을 말하는 것인데, 지상에서 측정하는 '지상 기상관측'과 고공에서 측정하는 '고공 기상관측' 두 가지 방법이 있습니다. 또 측정하는 시기에 따라 정시적으로 하는 '정시관측'과 특별한 경우에만 실시하는 '특별관측'이 있습니다.

항공기의 안전운항, 특히 이착륙 할 때의 안전을 기하기 위하여 실시하는 기상관측을 '항공기상관측'이라고 하는데, 매시간 또는 매 30분마다 공항에 있는 기상관측소에서 관측을 하고 있습니다. 그러나 규모가 작은 지방공항에서는 공항의 운용시간과 항공기의 이착륙 빈도에 따라 관측시간 간격이 좀 다르고, 야간관측은 하지 않는 경우도 있습니다.

특별관측은 태풍이나 짙은 안개 등 기상요소의 급격한 변화로 항공기의 운항, 특히 이착륙에 지장을 초래할 만한 급격한 기상변화가 예상될 때 실시하는 방법인데, 특별관측을 해야 할 급격한 변화의 정도는 국제적으로 정해진 기준에다 국내 실정을 감안하여 그 기준이 정해지고 있습니다.

고공기상관측은 고공의 기온, 기압, 풍향, 풍속 등을 관측하는 것인데 10 km 상공까지는 항공기로, 그 이상의 고도에 대해서는 기상위성을 이용하고 있습니다. 고공관측의 결과는 대기의 입체적인 구도에 관한 내용, 즉 등온면, 등압면, 수직단면, 그리고 이를 종합한 전체적인 기상도 작성 등 기상예보 자료를 만드는데 아주 유효하게 활용되고 있습니다.

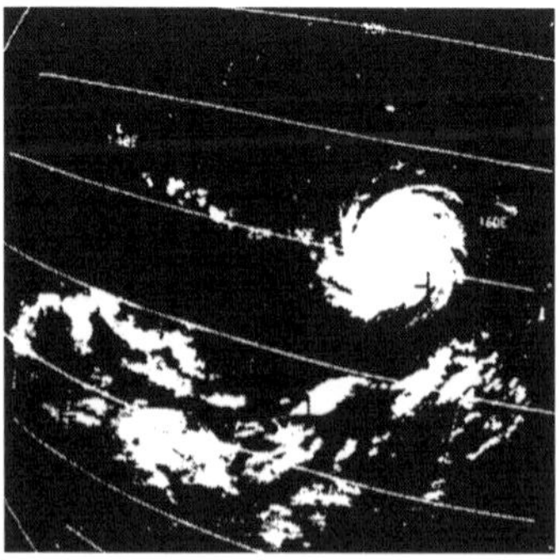

기상위성이 찍은 태풍의 모습

항공기에 의한 기상관측은 정기 운송 여객기나 기상 정찰기가 규칙적으로 정해진 항로를 비행하면서 기상상태를 관측하고 지상관제소에 보고하는 것인데, 관측위치, 시간, 풍량, 풍속, 시정, 운량, 운고, 기온 등을 정시적으로 통보하는 '정시 항공실황 기상통보방식'과 특별히 태풍의 위치나 강도를 정확하게 관측하여 통보하는 '지정 특별 항공실황 기상통보방식'이 있습니다.

한편 항공기 이착륙에 직접적으로 관계되는 공항주변의 기상요소를 관측 예보하는 업무를 '비행장 예보(TAF)'라고 하는데, 활주로 상의 풍향, 풍속, 지상 시정, 구름 상태 등 관련 정보를 국제적으로 기상관측 기관끼리 1일 4회씩(00, 06, 12, 18시, 24시간 유효) 교환하고 있습니다. 그러나 국내에서는 1일 8회씩 교환하고 있는데 이 정보는 6시간 유효한 것으로 되어 있습니다.

기상위성 관측

기상위성 관측은 국제기상관측기구인 WMO(World Meterological Organization)에서 그 업무를 총괄하고 있는데, 기상위성에는 정지위성과 극궤도위성 두 가지가 있습니다. '정지위성'은 여러 개의 위성을 적도 상공 약 3만 6000 km 상공에다 등간격으로 배치하여 위성 직하점을 중심으로 반지름 약 6000 km(60°N에서 60°S) 범위의 기상상태를 항상 감시 관측하고 있습니다. 즉 구름의 분포상태와 각 지점의 온도 등을 정확하게 관측하고, 태풍이나 저기압전선 등의 세기와 활동상황을 감시하며 모든 정보를 지상국에다 전송해 주고 있습니다.

'극궤도위성'은 남북 또는 북남 방향으로 적도를 통과하는 시간이 일정한 여러 궤도를 돌면서 관측하는 태양동기 위성인데, 보통 2개가 한 조가 되어 1일 4회씩 관측된 정보를 보내주고 있습니다. 그 중에는 1000 km 이하의 저고도 궤도의 이점을 이용하여 정지위성이 감시하지 못하는 고위도 지방의 기상상태를 감시 관측하는 극궤도위성도 있답니다.

지구의 환경변화 상황을 샅샅이 감시·관측하는 기상관측 위성의 일종

4 국제표준대기표

항공기의 성능비교, 국제표준대기표

항공기는 언제나 대기의 밀도가 높은 대류권(약 11 km 이하) 내에서만 운항하고 있는 비행체입니다. 이 대류권 내에서는 고도가 높아질수록 자연적으로 기온이 점점 내려가고 있기 때문에(1 m 높아질수록 0.0065℃ 만큼씩 떨어져 11 km 이상이 되면 거의 일정하게 −56.5℃가 됨) 언제나 열에너지의 대류현상이 발생하게 마련입니다. 그래서 대기는 일정불변한 상태를 유지하지 못하고 항상 변동하게 마련이고, 이로 인하여 아주 복잡한 기상변화가 일어나고 있는 것입니다.

항공기는 이와 같이 항상 변화하고 있는 대기의 상태, 즉 기온, 기압, 밀도 등의 변화영향을 받아가면서 비행하고 있는 것입니다. 그래서 고도 2000 m에서 시속 500 km로 날 수 있는 항공기가 같은 파워로 고도 1000 m에서는 같은 속도로 날 수가 없고, 또 다른 지역에 가서는 같은 고도에서 같은 속도로 날 수가 없는 것입니다.

이와 같은 비행성능의 변화 이외에도 항공기의 비행 안전성과 운동성 같은 것도 변화무궁한 대기상태의 영향을 언제나 받게 마련입니다. 그래서 항공기의 성능을 제대로 표시하려면, 그때그때의 대기상태를 일일이 표시해 주어야 하는데 대단히 복잡하고 또 서로의 성능을 비교하는 데에도 불편하기 때문에, 마치 길이를 재기위한 '자'가 있듯이 대기에 대해서도 고도 2만 m까지의 그 표준상태를 가상적으로 나타내는 방법을 정해 놓고 있는데 '국제표준대기표'라고 합니다.

1952년, 따뜻한 온대지방에서 관측된 기상자료의 평균치를 종합하여 국제 민간항공기구인 ICAO에서 이를 만들어 현재까지 온 세계에서 공통적으로 활용되고 있습니다. 우리나라 항공법에서도 1961년부터 이 표준대기표를 사용하도록 규정하고 있고, 한국산업규격에서도 1976년에 항공부문(KS - W)의 'W0211 - 79 표준대기'로 KS 규격화되고 있습니다.

[국제표준대기표]

고도 H(m)	온도 t (℃)	압력 P (mmHg)	압력비 δ (P/P_0)	밀도 γ (kg/m^3)	밀도비 σ (γ/γ_0)	동점성계수 v (m^2/sec)	음속 a (m/se)
0	15.0	760.00	1.00000	1.2250	1.00000	1.4683 $\times 10^{-5}$	340.429
1,000	8.5	674.11	0.88699	1.1117	0.90746	1.5841	336.567
2,000	2.0	596.26	0.78456	1.0065	0.82162	1.7171	332.661
3,000	− 4.5	525.86	0.69192	0.90913	0.74214	1.8648	328.709
4,000	− 11.0	462.34	0.60834	0.81914	0.66867	2.0289	324.708
5,000	− 17.5	405.18	0.53313	0.73612	0.60091	2.2119	320.657
10,000	− 50.0	198.29	0.26091	0.41271	0.33690	3.5221	299.583
11,000	− 56.5	169.75	0.22336	0.36392	0.29707	3.8948	295.188
15,000	− 56.6	90.341	0.11887	0.19367	0.15810	7.3185	295.188
20,000	− 56.6	41.065	0.05403	0.088035	0.07186	16.100	295.188

이 국제표준대기표는 항공기 기타 관련 장비품의 성능을 비교 평가하고 안전성을 확보하기 위한 기술상의 기본기준으로서, 모든 기술 자료에서 그 성능을 나타내고 있는 숫자는 모두 이 표준대기상태를 기준으로 한 것입니다.

앞에서도 설명했듯이 모든 과학기술은 '정성적인 발상'과 '정량적인 실증'이 겸비되어야 하는 것입니다. 정성적인 발상을 흔히 정량적인 실증을 하기 위한 '가정'이라고 하는데 국제표준대기표를 만드는데 있어서도 다음과 같은 여러 가지 가정사항을 전제로 하여 만들어진 것입니다.

국제표준대기표의 가정사항

(1) 대기는 수증기가 포함되어 있지 않은 건조한 공기, 즉 완전가스와 같은 것이라고 가정하고 이것을 '표준대기'라고 한다.

(2) 대기의 온도는 따뜻한 온대지방의 해면상의 온도 15℃를 기준으로 하고, 이것을 '표준온도'라고 한다.

(3) 해면상의 대기압력은 수은주의 높이 760 mm를 기준으로 하고, 이것을 '1 표준기압'이라고 하며 1 atm으로 표시한다.

1 atm = 760 mmHg = 10.3332 mAg = 1.0332 kg/cm^2

(표준기압) (수은주의 높이) (수주의 높이) (공업기압 또는 기압)

(4) 해면상의 대기밀도는 1.2250 kg/m^{3}을 기준으로 한다. 밀도 ρ는 단위체적당 질량, 따라서 그 무게(비중량) γ은 지구의 중력 가속도 g를 곱한 $\gamma = \rho g$ kg/cm^3, 또 그 부피(비체적) v는 $v = 1/\gamma$이 된다. 그러나 대기의 부피는 온도 및 압력에 의하여 팽창·수축됨으로 서로 비교할 때는 표준상태(760 mmHg, 15℃)일 때의 비체적 v_0 Nm^3/kg으로 표시한다(Nm^3 ; 표준상태일 때의 대기의 부피).

(5) 고도에 따른 온도강하 구배는 −56.5℃(−69.7°F)가 될 때까지는 −0.0065°/m이고 그 이상 고도에서는 변함없이 일정(−56.5℃)하다고 가정한다.

5 대기의 성질과 과학적인 표현방법

대기의 성분과 기본적인 성질

표준대기표에서 보는 바와 같이 지구를 둘러싸고 있는 대기의 상태는 온도, 압력, 밀도 및 음속 등으로 표시되고 있는데, 고공으로 올라갈수록 이들의 값이 점점 떨어지고 있습니다.

한편 관측결과에 의하면 지상에서 약 30 km까지는 그 성분의 구성비가 대략 다음과 같이 거의 일정한 상태로 되어 있습니다.

[대기의 성분]

	O_2	N_2	Ar	CO_2	H_2	기타
부피(%)	21	78	0.9	0.03	0.01	0.06
무게(%)	23	75	1.3	0.05	0.001	0.65

앞에서 설명한 바와 같이 항공기는 대기의 성질을 잘 이용하면서 공중을 나는 날틀인데, 일반적으로 대기의 성질하면 그의 온도, 압력, 밀도, 점성 등이 어떻게 변화하여 물체에 어떠한 영향을 미치느냐 하는 것을 말하는 것입니다.

물도 그렇지만 대기가 가만히 정지하고 있을 때는 별 문제가 없지만, 일단 움직이기 시작하면 그 흐름속도에 따라 물체에 미치는 영향력이 크게 나타나는 것입니다.

홍수나 태풍의 경우를 생각하면 물이나 대기와 같은 유체가 고속으로 유동할 때는 대단한 압력에너지를 발휘하고 있다는 것을 우리는 경험을 통하여 잘 알고 있습니다. 무거운 항공기가 공중을 날 수 있는 것은 바로 이와 같은 대기가 가지고 있는 압력에너지를 잘 이용하고 있기 때문입니다.

스위스의 과학자 베르누이(1700~1782)는 1738년 물이 흘러갈 때, 그 흐름속도에 따라 변화하는 압력에 대하여 연구한 '베르누이의 정리'로 유명하고, 이탈리아의 벤투리(1746~1822)는 베르누이의 정리를 이용하여 파이프 속을 흐르고 있는 물의 속도와 압력을 측정하는 '벤투리계'를 발명한 유명한 사람들입니다.

대기도 물과 같은 유체이기 때문에 언제나 연속적으로 흐르는 성질(연속의 법칙)을 가지고 있고 또 4방 모든 방향으로 작용하는 힘 '정압'과 흐르는 방향으로 작용하는 힘 '동압'이 언제나 같이 작용하고 있는데, 이 두 가지 압력을 합한 값은 그 흐름속도가 변화하더라도 언제나 같다라는 베르누이의 정리가 적용되고 있습니다. 다만 이때 대기의 흐름상태는 언제나 정상적이고 점성과 흐르는 통로에 의한 마찰손실은 무시한다는 가정이 전개된다는 것입니다.

따라서 대기의 흐름속도가 빨라질수록 그 곳의 정압(물체가 받는 압력)

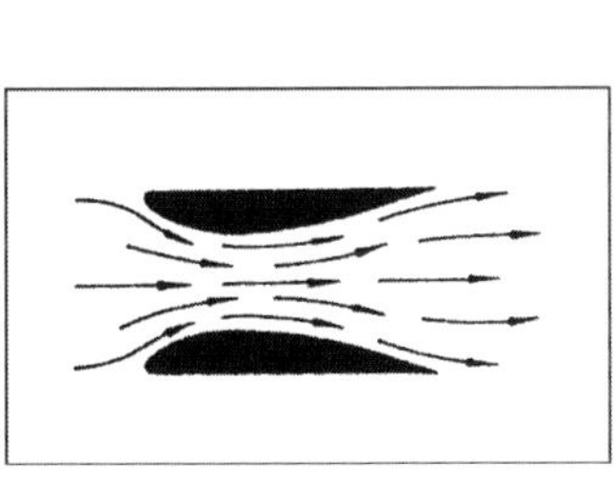

유체는 넓은 데에서는 느리게, 좁은 데에서는 빠르게 연속적으로 흐르는 성질을 갖고 있다.

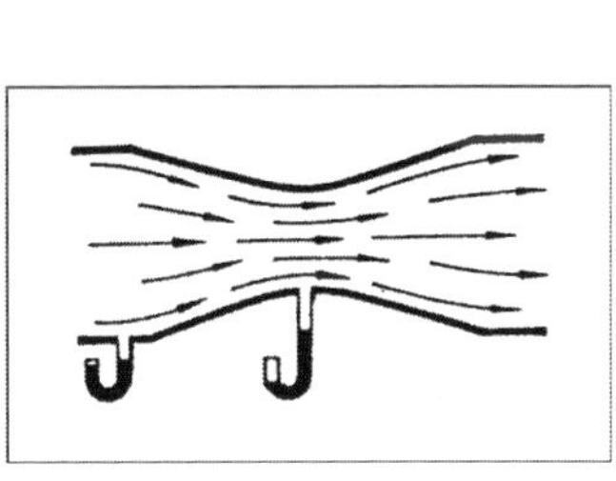

유속이 빨라질수록 정압은 떨어지고, 동압은 높아진다.

은 떨어지고, 동압(흐르는 대기의 운동에너지)은 올라가게 마련입니다. 원래 물체가 받는 압력이란 그 물체표면에 작용하는 대기의 분자력의 크기(총합)인데, 대기의 흐름속도가 빨라질수록 분자간의 간격이 커지기 때문에 물체에 미치는 분자력의 총합, 즉 압력은 떨어지는 것입니다.

항공기가 엔진의 힘에 의하여 대기 속을 빠른 속도로 전진할 때 그 항공기 날개에 뜨는 힘, 즉 '양력'이 생기는 것은 바로 이와 같은 원리에 따라 날개의 윗면과 밑면에 작용하는 대기 압력의 차이 때문입니다.

그래서 날개 윗면을 스쳐 흐르는 대기의 속도를 되도록 빠르게 하고, 날개 밑면의 속도를 느리게 하기 위하여 날개골(익형)의 모양이 둥글게

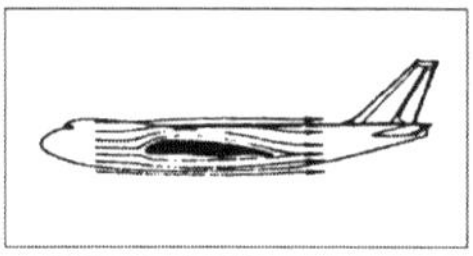

항공기 날개를 스쳐 흐르는 공기의 흐름 상태

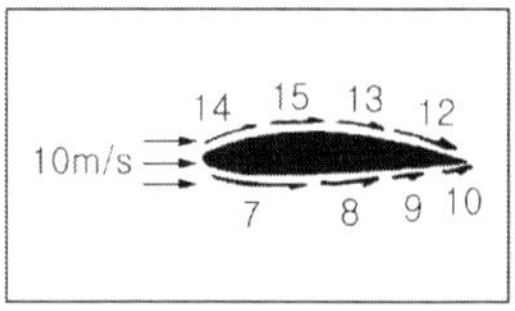

항공기 날개를 스쳐 흐르는 공기 속도의 변화. 윗면의 속도는 빨라지고 밑면의 속도는 느려진다.

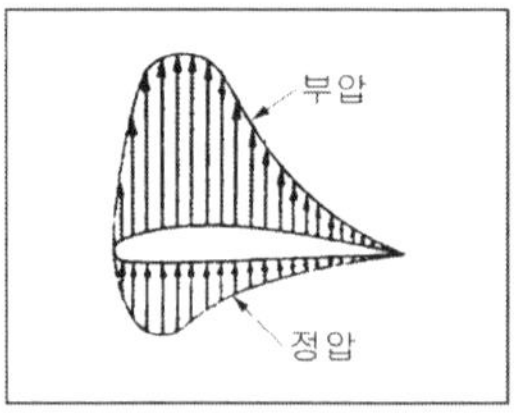

항공기 날개에 작용하는 압력의 분포. 양력이 발생하는 원리(정압-부압=양력). 날개골의 모양에 따라 압력분포가 달라진다.

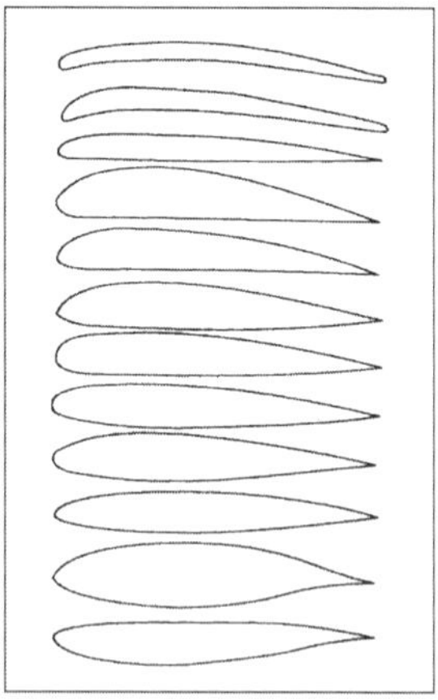

항공기 날개골의 여러 가지 모양

위로 휘어져 있는 것입니다.

여기서 중요한 것은 비행속도가 변화하더라도 언제나 대기의 흐름이 날개의 위, 아래 표면을 고루 잘 스치고 지나가야 한다는 것입니다. 따라서 비행속도에 따라 그에 적합한 모양의 날개가 있게 마련입니다.

그러나 항공기는 언제나 일정한 속도와 같은 자세로 비행하는 것도 아니고 또 주위의 대기상태(기상상태)가 항상 변하고 있기 때문에 대기의 흐름이 언제나 항공기 날개의 위, 아래 표면을 고루 잘 스치고 지나가도록 하는 것은 아주 어려운 일입니다. 따라서 항공기 설계에서 날개의 모양이 제일 중요한 과제로 되어 있는 것입니다.

그래서 항공기의 발달 과정에서 여러 가지 모양의 날개골이 연구개발되고 있는데, 아주 잘 설계된 것은 앞으로 전진할 때 생기는 저항력에 비하여 30배 만큼이나 더 큰 뜨는 힘(양력)을 얻을 수 있는 것도 있습니다. 온 무게가 400톤 가까이 되는 747점보여객기가 힘차게 이륙 상승하여 고속(마하 0.85)으로 비행하고 있는 것을 보더라도 날개에 작용하는 대기의 압력이 그 얼마나 큰 것인가를 실감할 수 있을 것입니다.

연속으로 흐르는 성질, 연속의 방정식

그림에서 보는 바와 같이 수도꼭지에다 홀쭉한 호스를 끼고 물을 통과시키면, 물줄기가 가늘고 유속은 빨라지지만 나오는 물의 양은 같다는 것을 쉽게 알 수 있을 것입니다. 수도꼭지 부분의 단면적을 S_1, 유속을 v_1라 하고, 호스 끝부분의 단면적을 S_2, 유속을 v_2라 하면, 단위 시간당 수도꼭지 부분을 흐를 때의 물의 양 Q_1은 $S_1 v_1$이 되고 호스 끝부분을 흐를 때의 물의 양 Q_2는 $S_2 v_2$가 됩니다(물의 밀도는 변화하지 않고 일정하다고 가정).

이 때 물은 연속적으로 흐르고 있기 때문에 '질량불변의 법칙'에 의하여 $Q_1 = Q_2$가 됩니다. 따라서 다음과 같은 방정식이 성립되는데 이것을 '연속의 방정식'이라고 합니다.

$$S_1 v_1 = S_2 v_2 = \text{일정} \quad \text{또는} \quad \frac{S_2}{S_1} = \frac{v_1}{v_2}$$

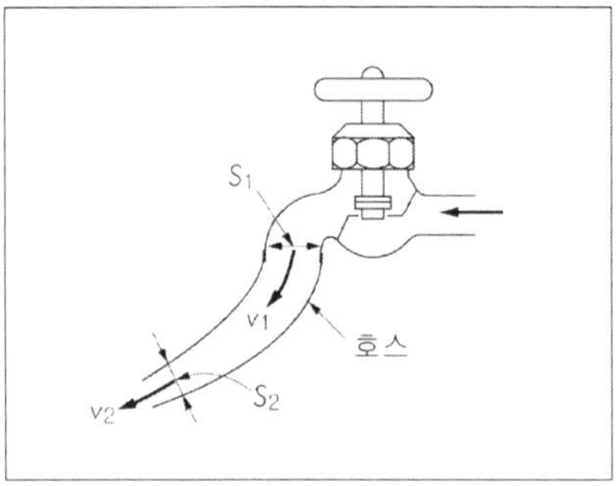

물의 연속적인 흐름. 통로의 단면적에 따라 유속이 달라지지만 흐르는 물의 양은 언제나 일정하다. 대기도 같은 성질을 가지고 있다.

그러니까 단면적이 다른 파이프 속을 물이 연속적으로 흐를 때, 단면적이 작아지면 그에 따라 유속이 빨라지고, 반대로 단면적이 커지면 그만큼 유속이 느려진다는 것을 알 수 있습니다.

이상과 같은 관계는 밀도가 일정한 물의 경우지만, 대기의 경우도 흐름의 상태가 정상적인 경우에는 이 연속의 방정식이 그대로 적용되고 있습니다. 그러나 대기의 속도가 음속 가까이 또는 음속이상으로 빨라지는 경우에는 밀도의 변화까지를 생각해야 합니다.

흐름속도에 따라 변화하는 압력, 베르누이의 방정식

대기나 물과 같은 유체의 흐름에서 그 유체가 가지고 있는 에너지는 위치 에너지(P_E)와 운동 에너지(K_E), 그리고 압력 에너지(P) 등 세 가지로 구분하여 생각하면 됩니다. 그러면 에너지 보존의 법칙에 의하여 S_1의 단면에서 S_2의 단면으로 흐를 때 이 세 가지 에너지를 합한 값은 같아야 하는 것입니다. 즉,

$$P_{E1}+K_{E1}+P_1=P_{E2}+K_{E2}+P_2=\text{일정(전체 에너지량 불변)}$$

유체의 통로가 수평한 경우에는 위치 에너지 P_E를 무시해도 되므로 위의 식은 다음과 같이 간단하게 표시될 수 있습니다.

$$K_{E1}+P_1=K_{E2}+P_2=\text{일정}$$

또, 단위체적 v에 대한 운동 에너지량은 $K_E=\frac{1}{2}\rho v^2$이니까 위의 식은 다음과 같이 쓸 수 있습니다(g는 밀도).

$$\underset{\text{(동압)}}{\frac{1}{2}\rho {v_1}^2}+P_1=\frac{1}{2}\rho {v_2}^2+P_2=\text{일정}$$

(동압) (정압) (전압)

이 식을 '베르누이의 방정식'이라고 하는데 밀도 ρ의 변화가 없다고 가정하는 비압축성 유체에서 적용되고 있습니다.

위의 방정식에서 $\frac{1}{2}\rho v^2$은 유체가 흐르는 방향으로 작용하는 '동압'이라 하고, P는 사방 모든 방향으로 작용하는 '정압', 이를 합한 전체 에너지를 '전압'이라고 합니다. 그래서 베르누이의 방성식은 '유체의 흐름에서 동압+정압은 언제나 일정하며 전압과 같다'는 결과가 되는 것입니다. 따라서 유체의 흐름속도가 빨라지면 정압이 적어지고, 반대로 흐름속도가 느려지면 그만큼 정압이 커진다는 것을 알 수 있습니다.

이와 같은 베르누이의 방정식이 성립되는 데는 다음과 같은 세 가지 조건을 가정으로 하고 있습니다.

(1) 비압축성 유체로서 점성을 무시한다.
(2) 중력의 영향을 무시한다.
(3) 흐르는 도중에 외부에서 다른 에너지를 받지 않는다.

대기의 압축성과 점성, 마하수(M)와 레이놀즈수(R)

대기의 압축성과 마하수(M)

현재 항공기는 지구 주위의 대기 속을 시속 300 km이하의 낮은 속도에서부터 음속의 3배 정도나 되는 아주 빠른 속도 범위에서 비행을 하고 있습니다. 이러한 항공기들의 비행성능은 항공기의 속도, 즉 기체의 표면을 스쳐 흐르는 대기의 흐름이 그 속도에 따라서 변화하는 압력, 온도, 밀도, 점성 등과 같은 물리적 상태 변화량에 따라서 달라지게 마련입니다.

기본적으로 대기(기체)나 물(액체)과 같은 유체는 어느 정도 이상의 압력을 받으면 그 부피가 줄어들면서 밀도가 높아지는 성질을 가지고 있는데, 이와 같은 성질을 '유체의 압축성'이라고 합니다.

대기와 같은 기체는 액체에 비하여 이 압축성이 아주 큽니다. 그러나 흐름속도가 느릴 때는 이 압축성이 무시될 정도로 아주 적게 나타나기 때문에 언제나 밀도가 일정한 '비압축성 흐름'으로 취급되고 있습니다.

압축성 흐름에 대해서는 1895년 오스트리아의 물리학자이며 철학자인 마하(1838~1916년)가 대기흐름에서의 압축성을 나타내는 방법을 연구해 냈는데 이것이 바로 '마하수' (Mach Number) M이라는 것입니다.

이 마하수 M은 다음과 같이 비행속도(V)를 그 고도에 해당되는 음속(a)으로 나눈 값으로 정의되고 있습니다.

$$\text{마하수}(M) = \frac{\text{비행속도}(v)}{\text{음속}(a)}$$

일반적으로 항공기가 아음속, 천음속 또는 초음속으로 비행한다는 것은 이 마하수 M으로 구분한 것인데, M의 값에 따라 대기의 압축성의 영향이 다르게 나타나는 것입니다.

[마하스(M)에 의한 속도의 구분]

마하수(M)	속도의 구분	해당되는 항공기의 종류
0.5 이하	저속	경항공기, 헬리콥터
0.5 ~ 0.8	아음속	보잉 747, A300등 대형 여객기
0.8 ~ 1.2	천음속	F104 등 전투기
1.2 ~ 5.0	초음속	F－16, SR－71등 초음속기
5.0 이상	극초음속	앞으로 등장할 극초음속기

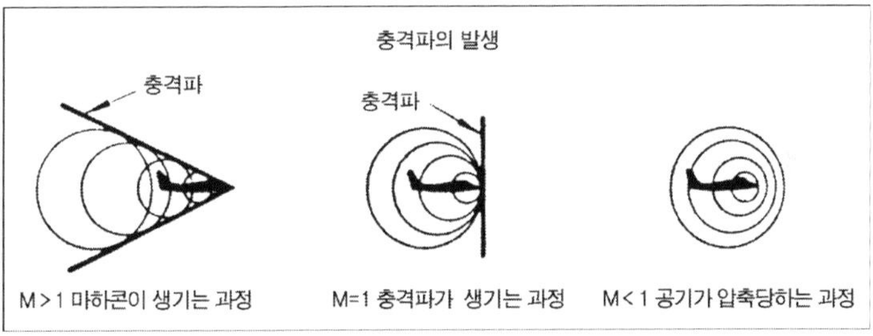

마하수(M)에 따라 달라지는 대기의 압축성, $M=1$에서 충격파가 생기고 $M>1$에서는 충격파의 모양이 큰 모양으로 된다(마하 콘의 발생).

대기의 점성과 레이놀즈수(R)

대기의 흐름속도가 점점 빨라져 비압축성 흐름에서 압축성 흐름상태로 변하게 되면, 대기는 압축성과 더불어 '점성'이란 성질이 생기게 됩니다. 점성이란 끈끈한 성질, 즉 물체에 달라붙는 성질로서 대기가 항공기 날개 표면을 고속으로 스쳐 흘러갈 때, 마찰저항을 받아 압축(밀도 증대)되면 대기입자의 흐름속도가 떨어지고 입자간의 인력이 증대되면서 날개표면에 달라붙는 점성이 생기게 되는 것입니다. 그래서 날개표면에서는 대기의 흐름속도가 거의 0이 됩니다.

그러나 날개표면에서 차츰 멀어지면 압축성이 약해지면서 점성의 영향이 줄어들기 때문에 흐름속도가 점점 빨라지고, 어느 정도 이상 멀어지게 되면 원래의 일정한 흐름속도가 되는 것입니다.

이와 같이 점성의 영향으로 날개 표면의 흐름속도가 거의 0상태에서 다시 정상적인 흐름속도로 변화하는 영역을 '경계층'이라고 합니다. 대기는 눈으로 볼 수 없기 때문에 실험해 보기가 어렵지만, 물이 경사진 평판 위를 빠른 속도로 흐를 때 잘 관찰해 보면 평판 표면에 아주 얇은 경계층이 생기는 것을 쉽게 확인할 수가 있습니다. 이와 같은 경계층의 두께나 경계층 내에서의 흐름상태는 그 흐름의 속도와 점성에 따라 여러 가지 양상으로 변하는 것입니다.

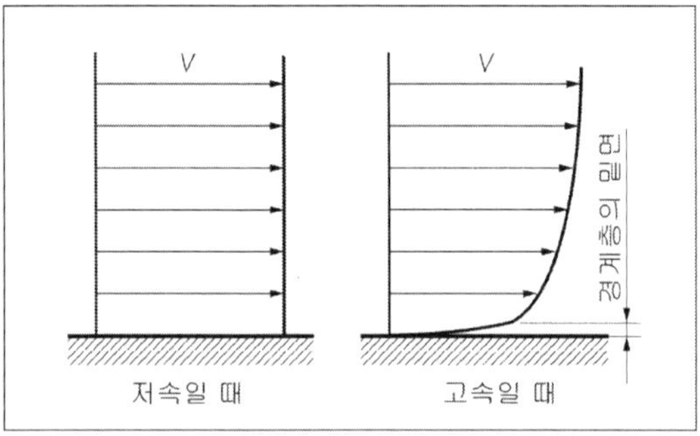

저속상태에서는 날개 표면의 흐름속도 V가 일정하지만, 고속상태에서는 점성의 영향으로 경계층이 생기고, 그 밑면의 흐름속도가 거의 0이 된다.

일반적으로 대기의 입자가 흐름의 방향을 항상 일정하게 유지하면서 고르게 흐르는 것을 '층류'라 하고, 서로 뒤섞이면서 불규칙하게 흐르는 상태를 '난류'라고 하는데, 날개 표면을 스쳐 흐르는 대기의 흐름은 처음에는 층류상태이다가 뒤로 가면 난류상태로 바뀝니다. 이와 같이 층류상태에서 난류상태로 바뀌는 부분을 '전이면'이라고 합니다.

또 난류상태가 심해지면 대기의 흐름 자체가 날개 표면에서 아주 떨어져 나가는 현상이 생기는데 이와 같은 현상을 '분리현상'이라고 합니다.

이상과 같이 대기의 흐름속도가 아주 빠른 경우에는, 즉 압축성 유체에서는 점성의 영향으로 경계층이 생기고 분리현상 등 아주 복잡한 흐름상태가 되는 것입니다. 그래서 압축성에 의한 영향을 마하수 M으로 표시한 것과 같이, 점성에 의한 영향을 나타내는 데는 다음과 같은 "레이놀즈수"(Reynold Number) R이라는 것을 이용하고 있습니다.

$$\text{레이놀즈수}(R) = \frac{\text{관성력}}{\text{점성력}} = \frac{\rho v^2}{\mu V/L} = \frac{\rho VL}{\mu}$$

이 레이놀즈수 R은 1879년 영국의 레이놀즈(1842~1912년)란 사람이 연구해낸 것인데, 밀도 ρ, 점성계수 μ인 점성유체가 길이 L인 물체표면을 따라 속도 V로 흐를 때, 관성력은 ρv^2에 비례하고 점성력은 $\frac{\mu V}{L}$에 비례한다는 내용입니다.

이 레이놀즈수 R이 작은 흐름은 층류상태이고 R의 값이 점점 커지면 난류상태가 되는데, 일반적으로 대기나 물과 같은 점성유체가 흘러갈 때 경계층의 두께나 흐름의 변화상태 등 여러 가지 역학적인 상사성을 나타내는 바로미터로 많이 사용되고 있습니다.

항공기는 아주 넓은 영역의 비행속도와 고도범위에서 비행하고 있기 때문에 날개와 기타 기체부분에서의 대기의 흐름상태가 아주 복잡한 것입니다. 따라서 압축성과 점성의 영향, 즉 마하수 M과 레이놀즈수 R의 변화량이 아주 다양하기 마련입니다.

3. 지구에서 하늘로! 우주로!
인간의 꿈과 노력

1 항공시대의 개막, 대기의 위대한 힘

하늘을 날았다는 신화와 전설 이야기

옛부터 우리 사람들은 하늘을 좋아하고 하늘로 날고 싶은 꿈을 이루기 위하여 많은 노력을 해 왔습니다. 그러나 땅이나 바다 위를 수레나 배를 타고 달리는 것에 비하여 하늘을 난다는 것은 아주 어려운 일이였습니다.

그래서 예로부터 전해 내려오는 신화나 전설 또는 소설에서는 하늘을 날아보고자 했던 옛사람들의 꿈이 담긴 이야기가 많이 나오고 있습니다. 날개를 단 '천사'나 구름을 타고 다니는 '신선'이야기, 새들의 힘을 빌어 달까지 날아간다는 내용의 공상소설 등 여러 가지 내용의 이야기가 많이 전해져 내려오고 있습니다. 우리나라의 서산대사(임진왜란 때 승병을 지휘했던 명승, 본명 휴정대사, 1520~1604년)도 구름을 타고 하늘을 날아 다녔다고 합니다.

옛날 사람들은 하늘, 즉 대기에 대한 과학적인 지식이 거의 없었기 때문에 하늘을 날고자 했던 욕망을 새의 날개나 구름에다 의지하는 정도의 생각뿐 이였습니다.

이와 같은 공상시대를 거쳐 사람들이 실제로 하늘을 나는 수단으로 생각해낸 것은, 여러 가지 모양의 날틀을 만들어 타고 나는 방법과 새모양 날개를 퍼덕이며 나는 방법 두 가지였습니다.

그 중에서 날틀은 오늘날 여러 가지 종류의 비행체(항공기, 우주선 등)로 발전되어 우리 인간의 욕망을 충족시켜 주고 있지만, 사람의 힘만으로 날개를 퍼덕이며 나는 방법은 아직까지 그 꿈을 이루지 못하고 있습니다. 아마 하늘을 나는 문제에 대해서는 사람의 기술이 새보다 모자라기 때문인 것 같습니다. 그러나 모형항공기 분야에서는 날개를 퍼덕이며 나는 여러 가지 모델이 요즘 많이 등장하고 있습니다.

중국신화에 나오는 구름을 타고 하늘을 나는 방법

'달의 사나이'란 소설에서처럼 새의 힘을 빌어 달까지 날아가는 방법

희랍의 신화, 다이달로스의 새털날개 이야기

사람이 하늘을 날았다는 신화 중에서 가장 유명한 것은 희랍신화에 나오는 '다이달로스'와 '이카로스'부자의 새털날개 이야기입니다. 아테네의 왕가 출신인 다이달로스는 아주 천재적인 재능가였는데 여신 아테네의 도움으로 유명한 기계장이가 되었습니다. 그러나 그의 조카가 나무를 자르는 '톱'을 발명하여 명성이 높아지자 이를 질투한 나머지 높은 신전에서 조카를 밀어 떨어뜨려 죽이고 말았습니다.

이 죄로 다이달로스는 아들 이카로스와 함께 그리스 남쪽에 있는 섬나라인 '크레타'로 쫓겨나 미노스왕 밑에서 일을 하게 되었는데, 왕비의 매혹에 말려들어 왕의 노여움을 사서 아들과 함께 감옥에 갇히게 되었습니다.

감옥에 갇힌 부자는 궁리 끝에 새의 날개털을 모아 큰 날개를 만들어 몸에 달고 날아서 탈출하기로 하였습니다. 그런데 아들 이카로스는 날개를 퍼덕이며 하늘을 나는 것이 얼마나 좋았던지 '초가 녹으면 안 되니까 너무 태양 가까이 높이 올라가면 안 된다'는 아버지의 말을 잊고, 그만 높이 날아올라 태양열에 의하여 초가 녹아 날개가 부서져 바다에 떨어져 죽고 말았습니다. 그러나 아버지 다이달로스는 낮게 날아서 무사히 섬을 탈출하는 데 성공했습니다. 새와 같이 날개를 퍼덕이며 하늘을 날았다는 꿈과 같은 이야기입니다.

런던 박물관에 소장되어 있는 목각판화. 1493년 제작. 이카로스 신화의 내용을 잘 묘사하고 있다.

날틀 연구의 길잡이들

하늘을 나는 날틀 연구의 선구자는 15세기 르네상스시대에 만능 천재로 알려진 유명한 이탈리아의 레오나르도 다 빈치(1452~1519년)입니다. 그는 1500년경 새를 해부해서 공중에 뜨는 힘(양력)과 대기의 저항력(항력)과의 관계를 과학적으로 조사 연구하고, 여러 가지 종류의 날틀을 설계하였습니다.

그 중에서 유명한 것이 사람의 팔과 다리로 날개를 퍼덕이며 나는 '날개치기 비행기'와 나사못의 원리를 이용해 수직상승 비행

날틀에 대한 과학적인 연구의 선구자 레오나르도 다 빈치

레오나르도 다 빈치가 설계한 나사모양의 날개를 단 헬리콥터의 설계도

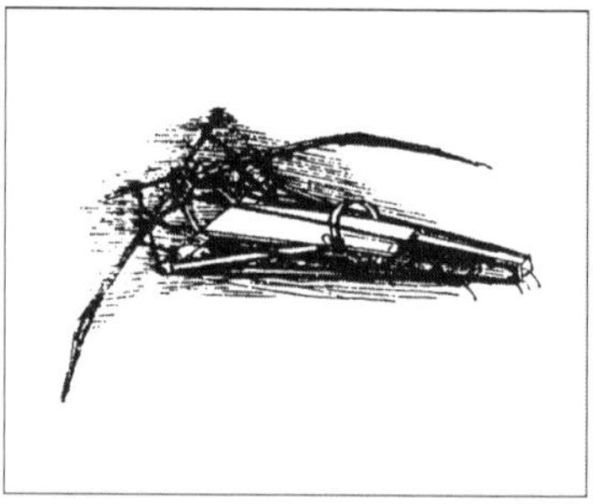

두 팔과 다리의 힘으로 날개를 퍼덕이며 나는 날틀

을 하는 '헬리콥터'의 설계도입니다. 또 이들의 모형도 만들어 비행실험까지 하였다고 하는데, 실제로 하늘을 나는 꿈을 이루지는 못했다고 합니다.

그 후 17세기에 이르기까지 여러 발명가들이 여러 가지 모양의 날개치기 비행기를 만들어 하늘을 날아보려고 무진 애를 썼습니다. 그 중에서 가장 유명한 사람이 프랑스에서 철물상을 하던 '버스니에'란 사람인데, 그는 2개의 긴 막대에다 4개의 날개를 경첩으로 매달고, 높은 언덕 위에서 그 날개를 팔과 다리의 힘으로 퍼덕이며 날아 내리는데 성공하고, 세느 강을 날아서 건너려다 실패했다고 합니다.

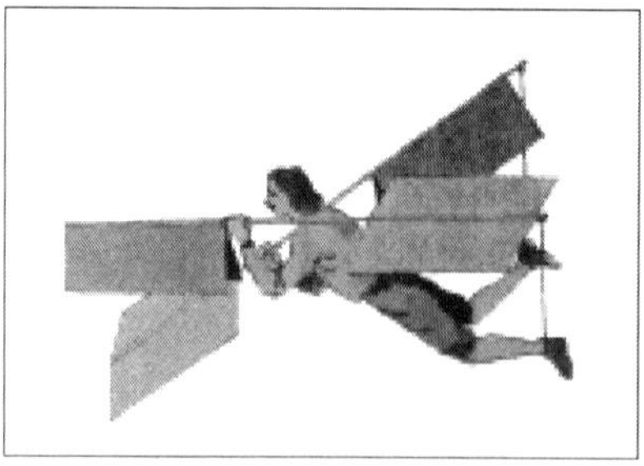

긴 막대에다 경첩으로 날개를 달고 팔과 다리의 힘으로 날개를 퍼덕이며 하늘을 날았다는 '버스니에'이야기

이 때가 1742년, 이 시절에는 이와 유사한 모험비행을 하다가 다치거나 죽은 사람도 많이 있었다고 합니다.

우리의 날틀, 비차(飛車)이야기

우리나라에서도 일찍이 날틀을 만들어 타고 하늘을 날았다는 자랑스러운 이야기가 전해져 내려오고 있습니다. 이조 제24대 현종 시절(1834~1849년)의 고증학자 이규경(李圭景) 선생이 쓴 백과전서(백과사전)인 '오주연문장전(五州衍文長箋)'2)이란 책에 실린 '비차변증설(飛車辨證說)'이 바로 그것인데 그 내용은 대략 다음과 같이 되어 있습니다.

'원주(原州)에 사는 정평구(鄭平九)선생이 따오기 모양을 한 비차(飛車)를 만들어 날개로 배를 차며 바람을 일으켜 공중에 떠올라 백척(약

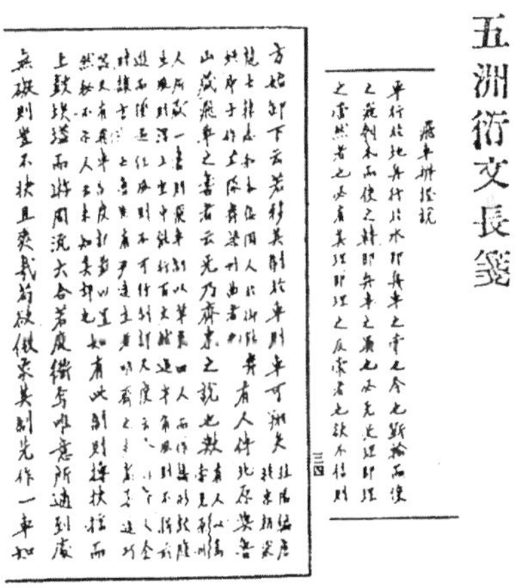
五洲衍文長箋

우리의 자랑'비차'이야기. 이규경 선생이 쓴 "오주연문장전"에 나오는 '비차변증설'

2) 오주연문장전(五州衍文長箋) : 고금의 여러 가지 사물에 관한 전설내용을 알기 쉽게 해설한 백과전서(백과사전), 모두 60권. 오주=이규경 선생의 호, 연문=격식없이 쓴 글, 장전=긴 글

300 m)을 능히 날을 수 있었다. 그러나 양각풍(羊角風, 맞바람)이 불 때는 앞으로 날아갈 수가 없었으며, 광풍(狂風, 회오리바람)이 불 때는 날지 못하고 떨어졌다.'

또 '호서지방의 노성(魯城)에 사는 윤달규(尹達圭)란 사람도 비차를 만들어 타고 날았다.' 또한 '임진왜란 때 영남의 어느 성(진주성 ?)이 왜군에게 포위당했을 때, 그 성주와 친분이 아주 두터웠던 사람이 비차를 타고 성 안으로 날아 들어가 성주를 태우고 30리 밖으로 날아 나왔다.'는 등

이와 같은 내용의 기록은 그 연대로 보아 선진국에서 새를 모방한 날개치기 비행기, 오니숍터(Ornithopter)에 대한 연구가 한참이던 시절인데, 우리나라 항공역사 자료로서 아주 자랑할 만한 것입니다.

그러나 보다 자세한 내용의 기록은 찾지 못하고 있어 안타깝기 그지없습니다.

꿈을 먼저 실현시킨 열기구

현재 우리나라에서도 열기구를 타고 하늘을 나는 기쁨을 만끽하고 있는 사람들이 점점 늘어나고 있습니다. 하늘을 날고자 했던 우리 인간의 꿈을 제일 먼저 실현시킨 것은 바로 이 열기구였습니다.

레오나르도 다 빈치 이래 많은 사람들이 나름대로의 날틀을 만들어 타고 하늘을 날아 보려고 열중하고 있는 사이에, 아주 간단한 원리에 의하여 프랑스의 몽골피에 형제(형 ; 1740~1810년, 아우 ; 1745~1799년)가 드디어 하늘을 나는데 성공하였습니다.

제지업자의 아들로 태어난 조셉 몽골피에(형)는 화롯불을 피웠을 때 불똥이나 재 같은 것이 뜨거운 열기와 함께 힘차게 하늘 높이 치솟아 올라가는 것을 보고 "옳지! 뜨거운 연기를 큰 주머니에 담으면 그 주머니도 하늘 높이 떠 올라갈 수 있을 거야"라고 생각했습니다.

일설에는 부엌에서 불을 때고 있는 그의 하숙집 아주머니의 치마가

화롯불을 피웠을 때 뜨거운 검은 연기가 하늘 높이 치솟아 올라가는 것을 보고 '열기구'를 발명하게 되었다.

아궁이에서 나오는 뜨거운 열기에 의하여 공과 같이 부풀어 오른 것을 보고, "아! 이거다"라고 깨달았다고 합니다.

어찌됐든 조셉 몽골피에는 당장 질긴 종이로 큰 주머니를 만들어 뜨거운 연기를 넣어 보았더니 그 종이주머니가 금방 하늘로 둥실둥실 떠올라갔습니다. 그래서 아우와 함께 천에다가 아주 질긴 종이를 발라 지름이 10 m나 되는 큰 주머니, 즉 '기구'를 만들어 프랑스 남쪽 아노네이에서 공개실험을 실시하였습니다.

이 때가 1783년 6월 4일이였는데, 몽골피에 형제는 '검은 연기 속에 신비한 가스가 들어 있다'고 믿고 있었기 때문에, 검은 연기를 보다 많이 얻기 위해서 젖은 짚과 양털을 같이 태웠다고 합니다. 연기에 대한 신비성 때문에 한 때는 상한 고기를 태워 검은 연기를 더 많이 내는 것까지 시도했었다고 합니다.

이날 공개실험에서 기구 내부의 온도가 87.5℃까지 올라갔을 때 200 kg 이상의 부력(뜨는 힘)이 생겨, 서로 받쳐 들고 있던 8명의 남자가 손을 놓자마자 힘차게 떠올라 약 200 m 상공까지 올라가 사람들을 크게 놀라게 했다고 합니다.

또 그 해 9월 19일에는 그 열기구에다 양과 닭 그리고 오리를 태우고 실험하는 데 성공하였는데 이 때는 루이 16세와 왕비까지 참석하여 크게 성황을 이루었다고 합니다. 현대적인 우주왕복선 개발과정에서 개나 원숭이를 먼저 태웠던 것과 서로 상통되는 것입니다.

그 후 약 2개월이 지난 11월 21일, 드디어 용감하게 열기구를 타보겠다고 나선 물리학자인 '파라들 데 로제'와 '마르키 다 란드' 두 사람을 태운 대형 열기구가 많은 사람들이 열광하는 가운데, 검은 연기를 밑으로 내뿜으면서 볼로뉴 숲 상공에 떠올라, 우리 인간의 오랜 꿈을 실현시키

몽골피에 형제가 발명한 열기구의 모습. 1783년 11월 21일, 사람이 처음으로 이 열기구를 타고 하늘 높이 떠올라 가는데 성공했다.

는데 성공하였습니다. 이 때 떠오른 높이는 약 900 m, 체공시간은 약 25분, 바람에 쓸려 날아간 비행거리는 약 900 m였다고 합니다.

최초로 사람을 하늘 높이 떠올려 보낸 마법의 연기를 '몽골피에의 가스'라고 했는데, 열기구가 상승하게 된 원리는 '열팽창에 의하여 비중이 낮아진 공기를 기구에다 채웠기 때문이다.'라는 과학적인 결론을 얻은 것은 그 후 1년 이상이 지나고 나서였답니다. 과학기술 발달의 역사가 겨우 200여년 정도밖에 안 된다는 것을 실감할 수 있을 것입니다.

상기한 바와 같이 몽골피에 형제가 열기구를 개발하는 데 성공한 것은 아주 간단한 원리에 의한 것이었지만, 그 때 당시로서는 아주 크게 빛나는 대발명이였습니다. 그래서 이에 자극을 받은 프랑스에서는 기구에 대한 연구 열기가 크게 높아져 여러 가지 종류의 기구가 많이 만들어지게 되었습니다.

수소기구의 등장

열기구와 더불어 1783년 같은 시기에 수소기구에 대한 연구가 파리에서 물리학자인 샤틀(1746~1823년)교수 형제에 의해 '불타는 공기풍선'이란 이름으로 연구되고 있었습니다.

샤틀 교수가 개발한 수소기구의 모습. 몽골피에 열기구보다 불과 10일 후에 두 번째로 성공했다.

불타는 공기란 수소가스를 말하는 것인데 1766년 영국의 과학자 헨리 캐번디시가 수소가스 분리에 성공하고, 아주 가벼운 가스라는 것을 알게 되었습니다. 그러나 수소가스는 인화성이 아주 강한 가스랍니다.

이 수소기구에 대한 본격적인 비행실험이 1783년 8월 23일부터 이루어졌는데, 이 때 철조각에다 황산을 조금씩 부어 수소가스를 발생시켜, 지름이 3.6 m인 기구에다 채워 넣는데 무려 3일간이나 걸렸다고 합니다.

몽골피에 형제의 열기구보다 불과 10일 늦은 10월 1일, 샤틀 형제는 환호성을 외치는 많은 군중을 밑으로 내려다보며 힘차게 떠올라 약 2시간 동안 43 km나 되는 먼 거리를 날았다고 합니다.

또 그날 해질 무렵에는 형인 샤틀 교수가 혼자서 타고 10분 동안에 약 300 m까지 높이 떠 올라갔는데, 저물어가는 붉은 태양이 지평선에서 다시 거꾸로 떠오르는 것을 보았다고 합니다. 하루에 두 번지는 해를 본 최초의 사람이 된 것입니다.

이 날 구경나온 사람의 수는 당시 파리 인구의 약 반수가 되는 40만명 정도였다고 하는데, 인류 역사상 한 장소에 이렇게 많은 사람이 모인 것은 처음이었다고 합니다. 그 때 당시 사람들이 하늘을 날고자 했던 욕망이 얼마나 강했었는지를 나타내 주는 증거입니다. 현재 올림픽 경기장 같은 데서 수많은 관중들이 열광적인 응원을 하는 모습과 상통하는 것 같습니다.

비행선의 눈부신 활약, 여객운송의 시조

기구를 타고 사람이 하늘 높이 떠 올라갈 수는 있었지만, 기구는 바람이 부는 데에 따라 밀려서 떠다니는 것이었기 때문에, 사람이 원하는 비행을 마음대로 할 수는 없었습니다. 이를 해결하기 위해서는 기구에다가 엔진을 달고 앞으로 추진하는 힘을 얻어야 되는데 그 때 당시에는 가볍고 힘이 센 엔진이 없었기 때문에 이 문제를 해결하는데 무려 70년 가까운 긴 세월이 지나고 나서야 겨우 가능하게 되었습니다.

즉 1852년에 이르러 프랑스의 지파르(1825~1882년)가 공기의 저항을 되도록 적게 하기 위해서 유선형으로 만든 큰 기구에다 35마력짜리 증기엔진을 달고 프로펠러를 회전시켜, 어느 정도 마음대로 비행할 수 있

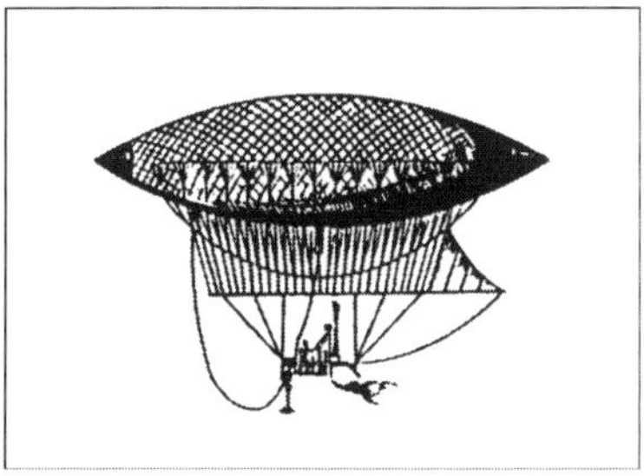

1852년 최초 비행에 성공한 앙리 지파르의 비행선. 35마력 증기엔진으로 프로펠러 회전, 어느 정도 마음대로 비행이 가능하게 되었다.

는 '비행선'을 만들어 내는데 성공했습니다.

또 1884년에는 러나드란 사람이 전기모터를 단 비행선을 만들기도 했는데, 이들은 모두 가벼운 수소가스를 충전한 유선형 기구에다 그물망을 씌우고 여러 가닥의 끈으로 엔진과 사람이 타는 배를 매다는 형식의 비행선이었습니다.

그 후 가볍고 힘이 센 가솔린엔진이 나오고, 비행선의 제작기술이 발달되면서 여러 가지 종류의 비행선이 많이 만들어졌습니다. 그 중에서

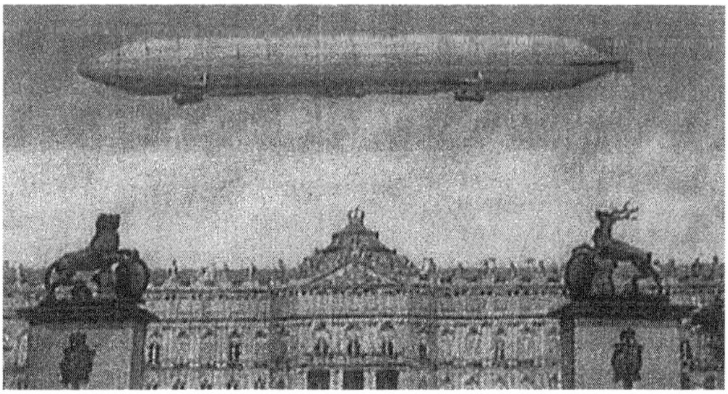

최초의 여객운송용 비행선, 체페린호. 1900년대 초 독일의 담배갑에 그려져 있는 우아한 모습

유명했던 것은 독일에서 1900년에 만든 '체페린호'와 1936년에 만든 '힌덴부르크호'였는데, 체페린호는 최초의 여객운송용 항공기였다는 점에서 유명하고, 힌덴부르크호는 747점보여객기보다도 훨씬 큰 거대한 비행선(길이 245 m, 지름 41 m)으로 피아노까지 있는 오락실과 호화로운 객실(100석 규모)을 갖추고, 대서양을 수십 번이나 왕복하면서 하늘 여행을 뽐냈었다고 합니다.

그러나 이 호화 비행선은 1937년 5월 6일, 수소가스 폭발사고로 많은 희생자를 낸 후부터 점차 그 빛을 잃었고, 날개가 달린 성능 좋은 비행기가 많이 개발되면서 완전히 밀려나는 신세가 되고 말았습니다. 그러나 현재도 가끔 요란한 소리를 내며 날아다니고 있는 비행선은 수소가스 대신에 안전한 헬륨가스를 쓰고 있는데, 선전용이나 기타 특별한 목적으로만 사용되고 있습니다. 화려했던 옛 모습과는 달리 그저 덩치 큰 놈이 큰 소리를 내며 꾸물꾸물 날아다니고 있구나하는 인상만을 주고 있습니다.

날개가 달린 글라이더의 등장

물속에서 뜨는 힘, '부력'이 생기는 원리는 B.C 200년경 희랍의 수학자 아르키메데스(B.C 287~212년)가 발견해 냈습니다. 그러나 공기속에서의 뜨는 힘, '양력'이 생기는 원리는 그보다 2000년이나 지난 1809년 조지 케일리(1773~1857년)가 '공중비행에 대하여'란 책을 펴내고 나서부터 학문적인 연구가 시작되었습니다.

이 책에서 케일리는 날틀, 특히 날개에 관한 기본적인 공기 역학적인 내용과 비행의 안전성과 조종성에 관한 내용까지를 과학적으로 해명하여 후세들에게 크게 도움을 주었습니다.

특히 그 때 당시 많은 사람들이 새와 같이 날개를 퍼덕이며 하늘을 날고자 애를 쓰고 있었는데, "새가 날개를 퍼덕이는 힘은, 그 몸무게와

1849년 케일리가 설계 제작한 3층 날개 글라이더

크기에 비하면 사람의 팔 다리의 힘보다 7~8배나 더 세기 때문에 사람이 새를 흉내내서 날개를 퍼덕이며 날 수는 없다"라는 이론을 제시하여, 무모한 모험을 하지 못하게 하였습니다.

또 날개에서 양력이 생기는 원리에 대해서는 "공기중에다 연을 날리는 것과 같다. 적당한 받음각으로 맞바람을 받게 하면 잘 떠오르고 맞바람이 약할 때는 실을 잡고 뛰어서 맞바람을 많이 받게 하면 된다. 따라서 날틀의 날개는 동력을 이용하여 공기저항을 이겨가며 적당한 받음각으로 빠른 속도로 전진시켜, 맞바람을 받게 하면 수직방향으로 날틀의 무게(중력)를 이겨낼 수 있는 양력이 생기게 된다."라고 했습니나.

이와 같은 케일리의 이론은 참 값진 것으로, 실제 비행기를 만들어 날리는데 과학적인 길잡이가 되었습니다. 그래서 케일리를 '항공학의 원조'라고들 하고 있습니다. 뿐만 아니라 케일리는 1849년 3층 날개 글라이더를 만들어 10살 난 소년을 태워 최초로 유인활공비행에 성공하여 글라이더 시대의 문을 열었습니다.

2000회 이상 비행실험을 한 활공왕, 오토 릴리엔탈

그 후 많은 사람들이 케일리의 이론을 토대로 여러 가지 모양의 글라이더를 만들어 실험을 해 보았는데, 제대로 날기란 그리 쉬운 일이 아니었습니다. 애써 만든 글라이더가 조종이 잘 안 되어 바람에 날려 중심을 잃고 땅에 추락하거나 나무에 부딪혀 사상자가 많이 생겼습니다.

2000회 이상 비행실험을 했다는 독일의 유명한 오토 릴리엔탈(1848~1896년)도 그 중의 한 사람이었습니다. 애석하게도 비행실험 중 약 50 m 높이에서 떨어져 크게 다쳐 다음 날 45세의 생애를 마쳤다고 합니다.

릴리엔탈은 6년 동안에 여러 가지 모양의 글라이더를 13대나 만들어 실험했는데, 그것들은 모두 오늘날의 행글라이더와 비슷한 것이었습니다. 큰 날개 중앙에다 구멍을 뚫어 머리를 내밀고, 몸을 움직여 무게중심을 이동시켜 가며 조종을 했다고 합니다. 2000회 이상 비행실험을 하는 동안 최고 비행거리가 250 m정도였는데 가장 어려웠던 것이 세로방향의 안정성이었다고 합니다.

꼬리날개에다 승강기를 달지 않고 공중에서 두 다리를 움직여 세로 안정을 잡아주는 방식이었는데 바로 이것이 사람의 힘으로서는 무리였던 것입니다. 그의 묘비에는 그가 평소에 했던 말과 같이 '희생은 불가

2000회 이상 비행실험을 한 독일의 활공왕, 오토 릴리엔탈이 만든 2층 날개 글라이더

피한 것이다.'라고 새겨져 있습니다.

릴리엔탈에 이어 프랑스 태생인 미국의 '샤노트'와 영국의 '필처' 등도 글라이더의 비행실험을 많이 했습니다. 이와 같은 글라이더의 비행실험이 1900년부터 시작되는 라이트 형제의 글라이더 실험과 연계되어 세계 최초의 동력비행으로 발전시킨 밑거름이 되었습니다.

엔진을 단 비행기의 비공식 기록

19세기 후반에 이르러 글라이더에 의한 비행기술이 점점 발달하고, 증기엔진이 등장함에 따라 사람들은 이 증기엔진을 단 비행기를 만들기 시작했습니다. 흔히 엔진을 단 비행기를 처음 만들어 비행에 성공한 사람은 1903년 미국의 라이트 형제라고 알려져 있지만, 이미 그 이전에 여러 사람들이 증기엔진을 단 비행기를 만들어 날렸다는 기록이 남아 있습니다.

그러나 그때 당시의 증기엔진은 너무 크고 무거웠기 때문에 제대로 비행을 하지 못하여 세계적으로 인정을 받지 못했던 것입니다. 즉 1874년에는 프랑스의 해군장교인 '휘릭크스 듀 답프루'가 그의 아우 '루이'와 같이 증기엔진을 단 홑날개 비행기를 만들어 언덕에서 조금 떠오르는데 성공했고 또 1884년에는 구소련의 '구루베후'란 사람이 '모자이스키'가 만든 증기엔진기를 타고 비행하는데 성공하였습니다. 구소련에서는 이것이 세계 최초의 동력비행이라 하여 그의 모형을 만들어 모스크바 박물관에 전시해 놓고 있다고 합니다.

그 후 1890년 프랑스의 '아테르'란 사람이 또 증기엔진을 단 '에어르' 즉 '바람의 신'이란 홑날개 비행기를 만들어 약 50 m 높이까지 날았다고 합니다. 비행기의 바퀴자국이 없어진 것이 떠 올라간 증거라고 전해지고 있는데 프랑스에서는 이것이 세계 최초의 동력비행이라고 하고 있습니다. 그 후 아테르는 1892년에는 20마력짜리 증기엔진 두 대를 단 에

어르의 개량형을 만들어 200 m 거리를 날았다고도 하고 있습니다.

그러나 이와 같은 이야기들은 모두 확실한 비행실적이 없었기 때문에 세계적으로는 공인되지 못하고 있는 것입니다. 19세기 후반 자동차용으로 증기엔진이 많이 사용되었었는데 당시 경주용 자동차는 시속 20 km 이상 달릴 수 있었다고 합니다. 따라서 이 증기엔진을 달고 날아보고자 했던 것은 아주 당연한 일이였습니다.

그러나 증기엔진은 그 출력에 비하여 너무 무겁고 부피가 컸기 때문에 비행기용 엔진으로서는 적합하지 않았던 것입니다. 결국 그 후에 부피가 작고 가벼우며 출력이 센 가솔린엔진이 나오고 나서부터 비행기용 엔진의 길이 트이고, 이에 따라 동력비행기에 관한 기술이 급속히 발달하게 되었습니다. 라이트 형제가 1903년에 최초로 동력비행에 성공한 것도 시대적으로 보아 가볍고 파워가 센 가솔린엔진이 개발되었기 때문입니다.

현재 점보여객기가 400명 이상을 태우고 세계의 하늘을 누비다시피 날아다니고 있고, 전투기가 초음속으로 힘차게 날 수 있는 것도 새로운 제트엔진이 개발되었기 때문입니다. 새로운 엔진의 개발과 더불어 항공기는 발달하게 마련입니다.

1903년 드디어 성공한 라이트 형제 59초 동안 260 m 비행, 그리고 양산하기까지

1903년 12월 17일은 미국의 라이트 형제가 노스캐롤라이나 주 키티호크 해안의 킬데빌이란 밋밋한 모래언덕에서 역사적인 인류 최초의 동력비행에 성공한 날입니다.

형제가 교대로 날았는데 먼저 아우인 오빌(1871~1948년)이 타고 12초 동안 36 m를 날았고, 네 번째는 형인 웰버(1867~1912년)가 59초 동안 260 m 를 나는데 성공했습니다. 라이트 형제의 이와 같은 성공은 우연한 일이 아니라 오랜 기간에 걸친 과학적인 연구와 뛰어난 기술, 그리고 피나는 노력의 결과로 얻어진 값진 것이었습니다.

이 때 라이트 형제가 만들어 비행에 성공한 날틀은 '플라이어(Flyer)'란 이름의 날개가 2층으로 된 겹날개 비행기였습니다. 날개의 온 폭이 12.29 m, 기체의 길이가 5.9 m, 무게는 274 kg, 엔진은 4기통 12마력짜리 가솔린엔진 1대, 자동차용 체인으로 감속시켜 좌우 2개의 프로펠러를 서로 반대로 회전시켜 기체의 자세가 바르게 유지되도록 하였습니다.

1903년 12월 17일, 인류 최초의 동력비행에 성공한 라이트 형제의 플라이어 1호기의 모습

이·착륙에 필요한 바퀴다리는 기체의 무게를 되도록 가볍게 하기 위해 달지 않았고, 그 대신 작은 바퀴가 달린 수레에다 기체를 얹어 놓고 나무로 만든 레일 위를 달려 이륙하고, 착륙할 때는 기체 밑에 달려있는 썰매장치를 이용하였다고 합니다.

라이트 형제는 일찍이 두 겹으로 된 큰 연을 만들어 실험을 하고, 겹

날개 비행기의 모형을 만들어 연을 날릴 때와 같이 끈을 매어 날려 보는 실험연구부터 시작했습니다. 그리고 1900년부터는 실물 글라이더를 3대나 만들어 공기역학적인 실험연구를 철저히 하는 한편 조종기술을 연마하였습니다.

다행히도 키티호크의 킬데빌 모래언덕은 언제나 바람이 알맞게 부는 아주 조건이 좋은 곳이었기 때문에 1년 동안에 약 1,000회에 가까운 비행실험을 할 수 있었다고 합니다. 독일의 오토 릴리엔탈이 바람이 거의 없는 땅 언덕에서 5년 동안 약 2,000회의 비행실험을 한 것과는 아주 대조적입니다.

형, 윌버 라이트(1867~1912년)

아우, 오빌 라이트(1871~1948년)

라이트 A형기의 양산 보급

한편 라이트 형제는 공기역학적인 실험을 보다 과학적으로 실시하기 위한 '풍동'실험장치를 만들어 여러 가지 모형에 대한 공기역학적인 실험연구를 하고, 비행기의 자세를 변화시키기 위해서는 조종날개(방향키와 승강키)가 있어야 된다는 것도 알아냈습니다.

또 라이트 형제는 비행기의 기체(몸체)를 만드는 기술은 물론, 자동차용 엔진을 개조해서 프로펠러를 돌리는 항공용 엔진까지도 만드는 뛰어난 기술을 가지고 있었답니다.

1904년에는 플라이어 2호기를 만들어 약 80회 비행을 했고, 다음 해인 1905년에는 3호기를 만들어 38분 3초 동안 39 km를 날다가, 8자 비행까지 하는 아주 놀라운 기록을 수립했습니다. 그 후 1908년에는 그간 축적한 기술을 토대로 30마력 엔진을 단 새로운 '라이트 A형기'를 만들었는데, 아주 훌륭한 비행기였기 때문에 여러 대를 주문받아 양산까지 했습니다(1909년 라이트 항공사 설립). 그래서 라이트 형제는 인류최초로 동력비행에 성공한 선구자일 뿐만 아니라 비행기를 양산하는 비행기 제작사업의 원조이기도 합니다.

2 우주시대의 개막, 지구는 파랗다

우주를 향한 인간의 꿈, 과학소설에서부터

우리 인간은 예로부터 새와 같이 하늘을 날고자 했던 욕망과 더불어 우주에 떠 있는 달나라에 가고 싶은 꿈을 갖고 있었습니다. 그래서 우주비행에 관한 꿈에 어린 이야기가 많이 전해져 오다가, 17세기에 이르러 영국의 뉴턴(1642~1727년)이 유명한 '운동의 법칙'을 발표하고 나서부터 우주비행의 꿈을 과학적인 방법으로 묘사한 공상과학소설이 많이 나오게 되었습니다.

그 중에서 유명한 것이 프랑스의 과학소설가 쥘 베른(Jules Verne)이 1865년에 쓴 '지구에서 달로', 그리고 1870년 후편으로 쓴 '달을 돌아서'라는 달나라 탐험 공상소설인데, 사람이 포탄모양을 한 우주선을 타고 달까지 가는데 필요한 속도와 무중력상태 등 여러 가지 우주비행에 관한 내용이 자세하게 묘사되고 있습니다.

자고로 과학기술의 발달 요인은 인간의 꿈과 욕망이 큰 원동력이 되었다고들 하는데, 그 실행방법의 선구자는 과학소설이었습니다. 그 소설에서 조금 색다른 과학기술적인 내용이 소개되면 일반 대중은 그에 도취되고 과학기술자들은 자극을 받고 그와 같은 내용을 실현시키기 위하여 피나는 노력을 해 왔습니다.

실제로 로켓에 의한 우주여행 방법을 최초로 과학적으로 연구한 구소련의 과학자 지올코프스키(1857~1935년)도 1886년에 '지구에서 밖으로'라는 책을 썼는데 이 역시 우주여행에 관한 꿈을 담은 과학소설이었습니다.

그의 내용은 '21세기에 이르러 20명의 과학기술자들이 히말라야산에서 로켓을 타고 지구궤도까지 올라간 다음, 무중력 상태에서 우주복을 입고 우주유영을 하면서 가지고 간 재료로 식량 재배용 온실을 건설한다. 그리고 다시 로켓을 분사시켜 달을 향하여 출발한다. 달에 가까이 간 다음 2인승 달착륙선을 타고 달에 내려갔다 되돌아온 다음, 계속해서 태양계를 탐사한다. 그리고 수년 후에 지구로 되돌아오는데 대기권을 진입할 때 대기의 마찰열로 로켓이 빨갛게 가열됐지만 무사히 인도양에 착수한다.'는 것입니다.

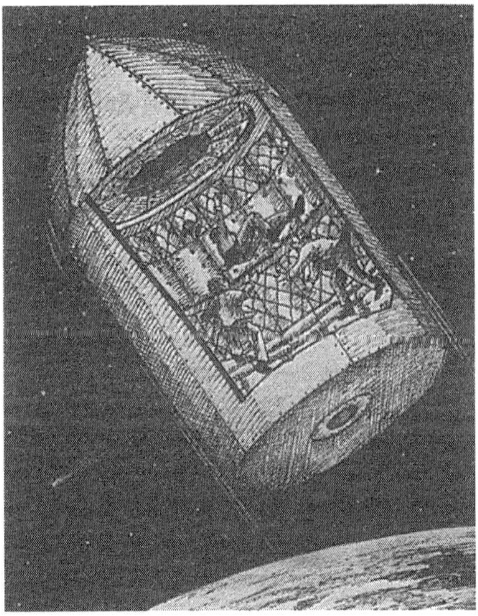

쥘 베른의 공상소설에 등장하는 포탄우주선(상상도), 달에 가보고 싶은 인간의 꿈을 묘사한 공상과학 소설의 내용

우주로켓이 아직 개발되지 않았던 그 시절에 이와 같이 현대판 우주 탐사방법과 유사한 내용의 줄거리를 소설책으로 펴냈다는 것은 아주 놀랄만한 일입니다.

그 후 지올코프스키는 계속해서 우주비행에 관한 전문적인 논문을 여러 편 발표하고, 현재와 같은 다단식 로켓의 개념과 액체연료 로켓의 필요성, 그리고 로켓의 분출속도와 비행속도와의 관계 등, 인공위성에 관한 이론적인 문제들을 현대 과학적으로 규명했습니다. 그래서 지올코프스키는 우주로켓의 아버지가 되었습니다.

로켓의 원조는 중국

우주비행하면 로켓이 먼저 떠오르고, 로켓하면 추진제인 화약이 머리에 떠오르게 됩니다. 이 화약로켓을 제일 먼저 개발해 낸 나라는 중국이라고 알려져 있습니다.

송나라(960~1127년) 시절에 화약을 만들어 불꽃놀이를 했고, 1232년 몽골의 칭기스칸의 셋째아들 오가타이 왕자가 금나라의 수도 변경(지금의 南京)을 침공했을 때 비창전(飛槍箭)과 비도전(飛刀箭)이란 화전(火箭), 즉 로켓화살을 사용하여 몽골군을 물리쳤다고 합니다.

이 화전이 바로 로켓무기의 원조인데, 창이나 칼을 단 긴 화살에다 대나무 통을 붙여 달고, 그 통속에다 화약을 다져 넣고 불을 붙여 힘차게 날아가게 한 것입니다. 그 중에는 200 m정도 날아가서 6~7 m 정도 넓은 범위를 불바다로 만드는 위력을 가진 것도 있었다고 합니다.

새로운 무기가 나오면 바로 상대방에서도 이를 개발하여 사용하게 마련입니다. 화전의 위력에 압도당했던 몽골군이 당장 그 기술을 개발하여 그 후 침략전에 사용했고 또 그 기술이 인도로 전해져 18세기 말 인도를 침공한 영국군이 화전의 세례를 받고 크게 놀랐으며, 영국군이 또 보다나은 화전을 개발하여 프랑스의 나폴레옹군이나 기타 해전에서 적

로켓무기의 원조, 중국의 화전, 로켓화살

을 물리치는데 많이 사용되었습니다. 한편 아군끼리의 통신수단으로서도 이 화전이 사용되었다는 기록이 남아있습니다.

19세기 영국군의 로켓포 공격, 나폴레옹군을 공격하는데, 또 그 후 해전에서도 많이 사용했다고 한다.

이와 같은 화약을 사용한 화전은 오랫동안 로켓무기로서 크게 각광을 받고 많이 사용되었는데, 단 한 가지 흠은 명중률이 좋지 않다는 것이었습니다. 그래서 명중률이 좋고 성능이 우수한 대포와 기관총이 등장하면서부터 화전의 인기도가 점점 떨어지기 시작하여, 2차대전 말기 새로운 로켓무기가 나올 때까지 별로 많이 사용되지 않게 되었습니다.

우리의 자랑 신기전, 로켓화살

우리나라는 예부터 지정학적인 관계로 적의 침공을 여러 차례 받아 왔습니다. 그래서 조정에서는 적을 물리치기 위한 노력을 계속해 왔는데, 고려 우왕 3년(1377년)에 화약을 이용한 무기를 개발하기 위한 화통도감(火桶都監)이란 기관을 설치하게 되었습니다. 당시 최무선(崔茂宣 : ?~1395년)장군이 중국에서 온 이원(李元)이란 상인의 도움으로 화약을 만드는데 성공하고 조종에다 건의함으로써 화통도감이 생기게 되었습니다.

이 화통도감에서 처음 만든 것이 주화(走火)라는 불화살이었는데, 화살 앞부분에다 솜뭉치를 달고 기름을 묻혀서 불을 붙인 다음 활로 쏘던 것을 솜뭉치 대신에 화약뭉치를 달고 점화선에 불을 붙여 활로 쏘는 것이었습니다. 최무선 장군은 이 주화로 진포(鎭浦)에 침입한 왜군을 격파하여 큰 공을 세웠다고 합니다.

그 후 조선의 네 번째 임금인 유명한 세종대왕 시절(1418~1450)에 이르러 여러 가지 새로운 무기가 개발되었는데, 그 중의 하나가 세종 30년(1448년) 12월에 완성된 신기전(神機箭)이란 로켓화살이었습니다.

대 · 중 · 소 세 가지 종류가 있었는데 중국식 화전보다 훨씬 앞선 것이었습니다. 특히 그 중에서 유명한 것이 중신기전이었는데 1565년에 발행된 국조오례의 '병기도설'에 보면 화약을 넣는 약통을 장비한 긴 화살 즉 로켓화살을 발사통이 100개가 넘는 화차(火車), 즉 다연발 발사대

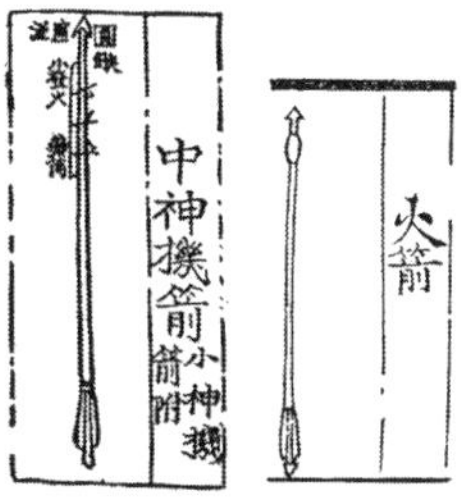

국조오례의 '병기도설'에
나오는 화전과 중신기전

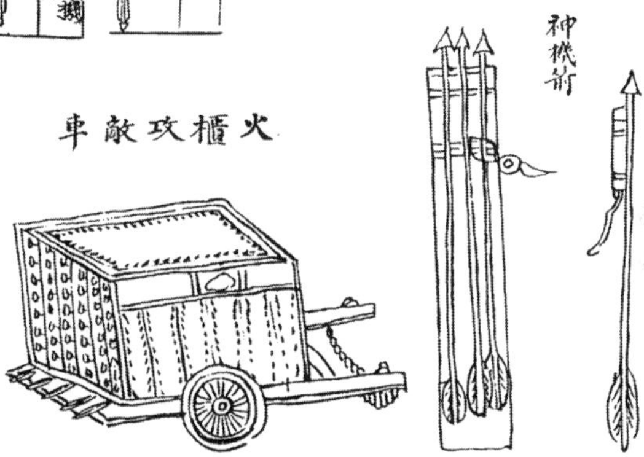

조선조 말기에 경기·황해·충청 3도 수군통어사를 지낸 조우석 장군(1782~1863년)이 1855년 74세 때 펴낸 '무비요람'에 수록되어 있는 신기전과 발사대

를 이용하여 한꺼번에 무더기로 발사하는 신기한 것이었습니다.

현새의 다연빌 로켓포 발사장치는 바로 이 중신기전의 발사대를 모방한 것이 아닌가 싶습니다. 현재 이 중신기전 발사대의 실물모형이 서울의 행주산성 전시관에 전시되고 있으며 1993년 대전 EXPO를 계기로 한국항공우주연구소 최연석 연구관(현직 연구원장) 주관으로 완전 복원·제작하여 인천 앞바다에서 발사실험까지 실시한바 있습니다. 앞에서 설명한 우리의 날틀 비차(飛車)와 더불어 이 중신기전은 우리나라의 역사적인 큰 자랑거리가 되고 있습니다.

그 후 세조 6년(1461년)에는 석류화전(石硫火箭)이란 것도 있었습니다. 이것은 화약의 원료 중의 하나인 유황을 일본에서 수입해서 쓰던 것을 우리나라에서 직접 개발한 석류황(石硫黃)을 사용했기 때문에 석류화전이라고 했던 것 입니다. 중신기전도 그러했지만 이 석류화전은 적을 사살하는 것 보다는 목표물을 불태우는데 더 많이 사용되었습니다.

그 후 사정거리가 더 길고 명중률이 좋은 화포(火砲)와 조총(鳥銃)이 등장하는 바람에 더 이상의 발전은 없었지만 임진왜란(1592~1598년) 때에도 이 화전이 사용되었다는 기록이 남아 있는 것으로 보아 그 사용실적은 꽤 길었던 것 같습니다.

'93 대전 EXPO를 계기로 한국항공우주연구소에서 복원 제작한 신기전 발사대

인천 앞바다에서 발사실험(1993. 4. 27)

우주비행 이론의 선구자, 콘스탄친 지올코프스키(구소련)

우주비행의 선구자, 콘스탄친 지올코프스키(구소련)

세계 최초로 우주비행에 관한 과학기술적인 이론을 확립시킨 사람은 구소련의 콘스탄친 지올코프스키(1857~1935년)란 사람이었습니다. 그는 러시아 제국시대에 모스크바 동쪽에 위치한 조그만 시골마을에서 태어났는데 10살 때 홍역을 앓고 청력을 거의 잃게 되는 바람에 학교를 중퇴하고 집에서 요양하다가, 16살 때부터 모스크바에 있는 도서관에 나가 독학을 하고 교사자격증을 딴 다음, 시골에서 교사생활을 했습니다.

청각장애를 무릅쓰고 그는 도서관 시절부터 우주비행에 관한 공부를 많이 하고, 교사생활을 하면서 이론적인 깊은 연구에 몰두하였다고 하는데, 비행기도 아직 나와 있지 않던 때인지라 당시 주위 사람들은 쓸데없는 연구를 하고 있는 미친사람이라고 비웃었습니다. 지올코프스키가 우주비행에 관해서 관심을 갖고 연구하게 된 동기는 도서관에서 공부할 때 프랑스의 쥘 베른이 쓴 과학소설, 지구에서 달을 향해 큰 대포를 쏴서 우주여행을 한다는 '포탄 우주선'에 관한 책을 읽고 나서부터라고 합니다.

특히 포탄우주선이 지구로 돌아올 때 역추진 로켓을 이용하여 감속시킨다는 대목이 인상적이었다고 합니다. 또 일설에는 지올코프스키가 어렸을 때 고무풍선을 가지고 놀다가 꼭지를 놓치는 바람에 풍선이 공중으로 높이 날아 올라가는 것을 보고 신기하게 생각했던 것이 우주비행에 관심을 갖게 된 동기였다고 합니다.

그는 처음 쓴 '자유우주'란 책에서 "로켓을 이용하면 우주공간으로 날아갈 수 있고, 우주선 안에서 무중력상태를 경험할 수 있을 것이다"라고 했습니다. 또 그는 이와 같은 무중력상태를 지상에서 실험하기 위한 장치를 만들어, 닭과 쥐를 이용하여 실험한 결과, 6G(지구중력의 6배)까지는 견디다가 그 이상 되면 죽고 만다는 것도 알아냈습니다. 인간의 경우도 닭과 쥐와 마찬가지로 6G 이상이 되면 생명이 위험하다는 것이 현대 과학적으로 확인되고 있습니다.

또 그는 1895년 발간된 '지구와 하늘의 꿈'이란 책에서 작은 인공위성을 어떻게 발사하여 지구궤도를 돌 수 있게 하느냐 하는 것을 밝혔고 1903년에는 '반작용 장치에 의한 우주탐색'이란 논문을 또 발표했습니다. 여기서 반작용 장치라는 것은 작용과 반작용의 원리로 작동되는 로켓엔진을 말하는 것인데, 우주비행을 하는 데는 고체연료 로켓보다 액체연료를 사용하는 로켓이 더 좋다는 것과 그 원리, 그리고 행성에 안전하게 착륙하는 방법 등 아주 실질적인 내용의 이론들이 이 논문에 포함되어 있었습니다.

1903년은 미국에서 라이트 형제가 최초로 동력비행에 성공한 해이기도 하지만, 구소련에서 지올코프스키가 우주비행에 관한 실질적인 이론을 발표한 해라는 점에서 항공우주 분야에서는 아주 뜻 깊은 역사적인 해가 되고 있습니다.

그 후 1911년에는 "지구는 우리 인류의 요람이지만 언제까지 이 요람 안에서만 살 수는 없다"라는 유명한 예언을 남기기도 했습니다. 이것이 바로 우주도시 건설에 관한 것인데, 현재도 우주개발사업에서 우리 인류의 원대한 꿈으로 되어 있는 것입니다. 또 같은 해에 그는 액체추진 로켓의 한계성을 지적하고 앞으로는 원자로켓이나 이온로켓과 같은 것을 개발해야 된다고 제창하기도 했습니다.

또한 1924년에 발간된 '우주로켓열차'란 책에서 지올코프스키는 다단로켓에 관한 내용을 발표했는데, 지구의 인력권을 탈출하려면 여러 단으로 된 다단로켓이라야 된다는 것이었습니다. 실제로 오늘날의 우주로켓은 모두 다단로켓으로 되어 있습니다.

이상과 같은 내용 이외에도 지올코프스키는 우주기지에서의 인공적인 생활환경 즉 중력의 재생방법과 식물의 재배방법 등에 관한 구상, 그리고 태양에너지를 이용하는 우주선에 관한 내용에 이르기까지 아주 많은 내용의 선진적인 연구업적을 남기고 있습니다.

이미 90여년 전에 그가 구상하고 있던 여러 가지 내용이 현재 하나하나 실현되어 가고 있으니 지올코프스키의 과학기술적인 선각성은 아주 놀랄 만 했습니다. 현재 그가 말년에 살던 칼루가시의 집은 박물관으로 보존되어 있고, 그의 동상 앞에는 최초로 인간을 우주로 보내는데 성공했던 로켓의 실물모형이 은빛 찬란하게 우뚝 서 있습니다.

또 그의 업적을 기리기 위하여 1954년부터 3년마다 한번씩 우주비행에 공이 많은 사람에게 지올코프스키 금메달이 수여되고 있습니다.

우주로켓 실험의 선구자, 로버트 고더드(미국)

구소련에서 지올코프스키가 우주비행에 관한 이론을 열심히 연구하고 있을 때, 1882년 미국의 매사추세츠에서 로버트 고더드(1882~1945년)가 태어났습니다. 고더드는 어린 시절부터 쥘 베른이나 H. G. 웰스가 쓴 과학소설을 읽고 우주비행에 대한 꿈을 가지게 되었습니다.

실제로 그는 "우주로켓 개발에 대한 결심을 하게 된 것은 9살 때 뒷마당에 서 있는 나무에 올라가 반짝이는 별을 바라보고, 어떻게 하면 저기까지 날아가서 그 별의 실상과 과학소설에 나오는 괴상한 모습을 한 우주인을 만나볼 수 있을까? 하며 나무에서 내려온 후부터 결심을 하게 되었다"라고 본인이 나중에 이야기 했듯이, 고더드가 그의 일생을 우주로켓 개발에 몸 바치겠다고 결심한 것은 나무 위에서 별을 쳐다보고 맹세한 후부터였다고 합니다.

우주비행 이론의 선구자인 지올코프스키는 어렸을 때 홍역으로 청력을 거의 잃는 불행을 겪었는데, 고더드도 어렸을 때 폐결핵으로 한 때

고등학교를 휴학하고 도서관에 나가서 우주과학기술에 관한 책을 많이 읽었다고 합니다.

그 후 고더드는 건강이 회복되면서 클라크 대학에서 물리학을 전공하고 박사학위를 받고 조교수가 되면서부터 본격적으로 우주로켓에 관한 실험·연구에 몰두하였습니다. 그래서 그는 실제적인 로켓실험 연구자로서 유명해졌는데, 로켓의 연료는 액체산소와 액체수소가 적격이라는 것과 다단식 로켓에 관한 이론도 정립시켰다고 합니다. 그 내용에 있어서는 지올코프스키의 이론과 일치하는 것이었지만 모방한 것이 아니라 독자적인 연구 결과였다고 합니다.

1907년 대학교 3학년 때 쓴 '행성간의 비행은 가능하다'라는 논문에서 그는 "태양에너지와 원자력을 이용한 로켓을 사용하면 행성간의 비행이 가능하다"라고 주장하였습니다. 그러나 그 당시 주위의 사람들은 "공상에 지나지 않는 비과학적인 내용"이라고 비웃고 말았다고 합니다.

이상과 같은 내용으로 보아 구소련의 지올코프스키와 미국의 고더드는 어렸을 때 병으로 학교를 중퇴하고 도서관에 가서 독학을 했고, 우주비행에 관한 여러 가지 기발한 구상과 이론적인 연구내용이 서로 상통하는 점이 많았었다는 것을 알 수 있습니다.

고더드의 실험연구 실적

(1) 로켓탄의 개발 : 대전차로켓 바주카포의 원조

로켓연구에 전념하고 있던 고더드는 1914년 제1차 세계대전이 시작되면서 연구비 지원을 받고 새로운 무기로서 발사통에서 발사되는 로켓탄에 관한 연구를 하기 시작하였습니다.

그러나 연구개발이 완료되면서 전쟁이 끝나는 바람에 이 로켓탄은 실전에 사용되지는 못했습니다. 그러나 그 후 20여년이 지난 다음 제2차 세계대전 말기에 등장하여 전차를 파괴시키는데 큰 위력을 발휘한 대전차 로켓 '바주카포'는 바로 고더드가 개발한 로켓탄이 그 원형이었다고 합니다.

(2) 비밀리에 연구 계속 : 고더드도 미친 사람 취급

1919년 '초고공에 도달하는 방법'이란 논문에서 고더드는 로켓에다 마그네슘과 같은 강력한 발광재를 재어 넣고 쏘아, 달에 부딪히게 하면 지구에서 달을 잘 관찰할 수 있을 것이라고 하고, 발광물질과 로켓연료의 양까지 계산하여 로켓에 의한 우주비행의 가능성을 제시하기도 하였습니다.

그러나 "로켓은 공기를 박차고 나는 것인데 공기가 없는 우주공간을 어떻게 날 수 있느냐"하면서 매스컴에서 크게 반발하고, 고더드를 미친 사람 취급을 했다고 합니다. 어느 시대에서나 파이오니어의 비극은 있게 마련이지만 그 후부터 고더드는 모든 연구내용을 비밀에 부치고 몇몇 연구원과 같이 액체연료 로켓에 관한 연구에 몰두하였다고 합니다.

1926년 3월 16일, 우주비행의 막을 열게 한 고더드의 액체연료 로켓실험 성공

(3) 액체연료 로켓의 실험 성공 : 우주비행의 문이 열리다.

고더드가 연구 개발한 세계 최초의 역사적인 액체연료 로켓의 첫 발사실험은 1926년 3월 16일, 매사추세츠 주의 어빈(Auburn)이라는 농장에서 성공리에 이루어졌습니다.

우주를 향해 수직으로 발사된 이 로켓의 비행시간은 3초도 채 안되었는데, 고도는 12 m, 비행거리 56 m, 비행속도 96 km, 무게는 약 2.7 kg이였다고 합니다.

이 액체연료 로켓의 발사실험 성공으로 1903년 라이트 형제가 동력비행에 성공한지 23년 만에 역사적인 우주비행의 문이 열리게 된 것입니다.

우주로켓 실용화에 성공한 과학기술자들(독일)

고체연료 로켓을 '화전'이란 무기 형식으로 대량 생산하여 실용화시킨 것은 중국이었지만, 액체연료 로켓을 대량 생산하여 실용화 시킨 것은 독일이었습니다. V-2호 라는 로켓무기로 사용되었는데 전쟁 때문에 많은 경비를 무릅쓰고 서둘러 개발 생산하게 되었던 것입니다.

이 액체연료 로켓인 V-2호는 고체연료 로켓과는 비교가 안될 만큼 고도의 과학기술적인 산물로서, 실제적인 우주로켓의 원조가 되고 있다는 점에서 역사적인 가치를 지니고 있습니다.

V-2호의 이모저모

제2차 세계대전 말기에 독일이 개발한 V-2호(보복 2호 라는 뜻, 그 이전의 V-1호는 간단한 제트엔진을 이용한 날개 달린 폭탄이었음)는 액체연료 로켓에 의한 비행폭탄이었는데, 1944년 9월 7일 도버해협 넘어 런던을 향해 발사하기 시작하여 1945년 3월 2일까지 모두 1,359발을 발사하여 런던에 치명적인 피해를 주었고, 기타 유럽 여러 도시를 향하여 2,000발 이상이 발사되었다고 합니다.

전쟁이 끝난 후 아이젠하워 연합군 사령관이 "만일 V-2호가 6개월 정도만 먼저 나왔었다면 세계의 역사는 달라졌을 것이다"라고 말한 것만 봐도 당시 V-2호가 얼마나 무서운 무기였나를 짐작할 수 있습니다.

V-1호는 저공을 시속 550 km 정도로 날았기 때문에 총에 맞아 상당수가 격추되어 별 효과가 없었지만, V-2호는 지상에서 수직으로 발사되어 타원궤도를 그리면서 우주공간을 날아 거의 수직방향에서 초음속으로 낙하하는 것이었기 때문에 영국군으로서는 속수무책이었다고 합니다.

이 V-2호의 길이는 약 14 m, 몸통지름은 1.65 m, 지름은 3.55 m, 무게는 12,900 kg, 폭탄 탑재량은 350~1,000 kg, 로켓의 추력은 25,000 kg, 연

독일이 처음으로 개발한 로켓 폭탄 V-2호. 지하공장에서 6,900대나 생산되었다고 한다. 대륙간 탄도미사일 ICBM의 원조

소시간 65초, 최대속도는 마하 4.5, 상승고도는 80~90 km, 비행거리는 320 km 이었습니다.

그리고 발사방법이 아주 간단해서 차로 운반하여 적당한 장소에다 내려놓고, 테이블 모양의 간단한 발사대를 땅에다 세워 놓고, 지면이 무른 곳에서는 액체산소를 뿌려 얼려가며 사용했다고 합니다.

발사장소를 이리저리 옮긴 것은 영국군의 공격을 피하기 위한 것이었으며 그 때 당시로서는 정말 무시무시한 아주 큰 로켓 폭탄이었습니다. 지하공장에서 월 300대 규모로 생산되었는데 1944년 말까지 모두 6,900대가 생산되었다고 합니다.

당시의 히틀러(1889~1945년)의 욕심은 V-2호에 그치지 않고, 이를 더욱 크게 개량하여 태평양 건너 미국까지를 공격하는 꿈을 가지고 있었다고 합니다. 이것이 바로 '아메리카 로켓'이라는 것이었는데, 2단 로켓으로서 길이가 26 m, 지름이 3.6 m, 제1단 추력 180톤, 연소시간 50초, 제2단 추력 30톤, 최종속도 초속 3,000 m, 도달고도 340 km, 사정거리 5,500 km 이였다고 합니다.

히틀러는 이 로켓에다 당시 개발 중이던 원자폭탄을 달 생각이었다고 하는데 성공하지는 못했습니다. 그러나 이 거대한 아메리카 로켓은 현재의 대륙간 탄도 미사일 ICBM의 원조라고 해야 될 것입니다.

독일의 유명한 우주로켓 개발의 선구자들

제2차 세계대전이 끝나는 무렵, 미국에서는 고더드가 액체연료 로켓을 실험·연구 발사하는 정도였지만 당시 독일에서는 로켓과 우주비행에 대한 열기가 대단했습니다. 그 중에서 유명한 사람이 헬만 오베르트와 호만, 그리고 폰 브라운 등이었습니다.

(1) 헬만 오베르트 : 우주비행협회 설립

1894년 트란실바니아(지금은 루마니아에 속하는 지역)에서 출생, 뮌헨대학에서 의학을 전공했는데, 물리학과 천문학에 관심이 많았다고 합니다. 제1차 세계대전에 참전하여 부상을 당하는 바람에 후방에서 위생병으로 종사하였으며, 종전 후 대학에서 물리학을 더 공부하고 고등학교 선생이 되고, 30살 때 '로켓을 이용해서 행성으로'라는 책을 써서 유명해지는 바람에 대학교수 자격을 따게 되었다고 합니다.

1927년에 우주비행협회를 설립하고 우주여행을 계몽하는데 앞장 선 오베르트. 그러나 로켓의 구체적인 개발에는 많이 관여하지 않았다고 한다.

오베르트는 이미 15세(1909년)때 고체연료를 이용하는 유인 다단로켓을 설계했고, 18세 때에는 액체수소와 액체산소를 추진체로 사용하는 우주비행체에 관한 기본설계도 했었다고 합니다. 또 23세 때는 제어장치가 붙은 장거리 액체추진 로켓무기를 개발하겠다고 군 당국에 건의하기도 했는데, 이것은 그 후 1944년에 독일이 개발한 V-2호 보다도 더 규모가 큰 것이었지만, 군 당국에서 별로 관심을 보이지 않았었기 때문에 실현되지 못했습니다.

그러나 오베르트는 자기가 쓴 책의 내용대로 액체추진 로켓에 관한 연구에 계속 몰두하였습니다. 그래서 많은 젊은 과학기술자들의 관심을 불러 일으켜 33살 때인 1927년에 '우주비행협회'를 설립하게 되었습니다.

당시 우주비행에 관심을 많이 갖고 있던 젊은 과학기술자들이 이 협회에 가입했는데, 회원수가 모두 1,000명 정도나 되었다고 합니다. 오베르트의 아이디어를 실현시킨 유명한 '호만'과 '폰 브라운'박사도 그 중의 한 사람이었습니다.

우주비행협회 회원들은 서로 도와가며 우주로켓에 관한 실험연구를 했는데, 1931년에는 액체추진 로켓 HW-1을 개발하여 2 km 상공까지 쏘아 올리는 데 성공하였습니다. 이것이 바로 유럽 최초의 액체연료 로켓이었습니다.

(2) 호만과 폰 브라운 : 이론과 실제적인 연구로 V-2호 개발

원래 도시계획 기사였던 호만(1880~1945년)은 1925년에 '천체의 접근 가능성'이라는 책을 써 냈습니다. 이 책에서 호만은 우주비행에 관한 여러 가지 이론적인 문제와 실제 기술적인 문제를 보다 깊이 다루었는데, 그 중에서도 특히 우주비행을 최소한의 에너지로 원 궤도에 진입시킬 수 있는 방법, 즉 '호만궤도(Hohmann Orbit)'에 관한 연구 내용이 유명한 것입니다. 오늘날 인공위성을 궤도에 진입시키는데 크게 기여했기 때문입니다.

이 호만궤도 이론에 의하면 지구에서 금성까지 가는 데는 146일, 화성까지는 259일, 목성까지는 2.7년이 걸린다고 합니다. 또 그는 1929년에 '우주비행의 문제'라는 논문을 발표했는데 오베르트가 제안했던 우주정거장의 개념을 확대시켜 우주정거장의 건설과 우주공간에서의 생활환경 문제에 대해서까지, 공학적인 측면에서 깊은 연구를 하였습니다.

한편 폰 브라운(1912~1977년)은 1932년에 베를린 공과대학을 졸업하고 바로 육군 병기창의 연구원이 되었습니다.

액체연료 로켓을 개발하는 일을 담당했는데, 1933년 수냉식 액체연료 로켓엔진의 지상실험에 성공하고, 1934년에 A-2란 로켓을 개발하여 2.4 km 상공까지 올려 보내는 데 성공하였습니다.

그래서 독일 군 당국에서는 브라운에게 무제한의 많은 연구비를 지급하고 연구를 서두르게 하는 한편, 페네뮌데에다 우주센터를 건립하기로 하였습니다. 2년 이상 걸려서 1937년에 문을 연 이 우주센터에는 어마어마한 시설이 갖추어져 있었고 5,000명에 가까운 많은 연구진이 있었는데, 여기가 바로 유명한 V-2호가 개발된 곳이었습니다.

V-2호의 원형은 A-4란 로켓이었는데, 개발초기에는 1톤의 탄두를 280 km 먼 거리까지 운반할 수 있는 성능과, 유럽철도 터널을 통과할 수 있는 크기라야 한다는 것이 군 당국의 요구조건이었습니다. 그러나 1942년에 완성된 A-4의 성능은 고도 85 km, 사정거리는 190 km 정도

V-2호를 개발한 폰 브라운. 어릴 때부터 달 여행을 꿈꾸고 있었다. 아폴로 계획 이전에 만든 로켓의 모형을 살펴보고 있는 모습

밖에 되지 않았다고 합니다.

그러나 브라운은 아주 적극적인 성격의 소유자였기 때문에, 직접 비행기 조종도 하고 우주복을 입고 우주비행 훈련도 해가며 A-4 로켓을 개량하여 1944년 V-2호를 완성시켜, 9월 6일 영국의 런던을 공격하기 시작하였습니다.

그러나 독일이 전쟁에서 패하자 브라운은 몰래 100여명이나 되는 연구원들과 같이 미국에 투항하였는데, 이 때가 1945년 5월 3일 새벽이었습니다. 이 무렵 다른 일부 연구원들은 구소련으로 망명을 하였다고 합니다.

미국으로 건너온 브라운 일행은 자기들을 전범자로 취급하지 않겠다는 조건으로 미 육군의 로켓개발 사업에 협력하기로 하였습니다. 그래서 브라운 일행은 곧 뉴멕시코 주의 화이트샌즈 육군 로켓사업장으로 옮겨져, 본격적인 연구를 다시 시작할 수 있게 되었습니다.

한편 브라운이 독일에다 비밀리에 감추어 두었던 연구 자료와 V-2

호의 부분품들이 그해 5월 말 미국으로 이송되었는데, 16척의 화물선이 동원될 정도로 아주 많은 양이었다고 합니다.

그 후 브라운 일행은 독일에서 가족을 데려오고, 미국 시민권을 얻고, 우주개발 사업에 본격적으로 몰두하게 되었습니다. 그래서 첫 번째 연구 성과는 구소련의 스푸트니크 1호 보다는 늦었지만 1958년 1월에 익스플로러 1호를 우주로 쏘아 올리는데 성공한 것입니다. 이 때부터 미국과 구소련의 우주개발 경쟁이 본격화되기 시작하였습니다.

세상을 깜짝 놀라게 한 무인 인공위성, 스푸트니크 1호 (구소련)

제2차 세계대전 말기에 독일이 V-2호에 이어 보다 큰 로켓을 개발하여 세계를 주름잡으려 했으나 전쟁에서 패하게 되자, 많은 로켓 기술자와 여러 가지 자료가 모두 전승국인 미국과 구소련으로 옮겨지게 되었습니다.

기록에 의하면 구소련에서는 독일의 페네뮌데 우주센터에서 압수해온 V-2 로켓을 모방하여 개발한 로켓을 1947년 10월에 281 km 만큼 비행시키는데 성공하였습니다. 이 일을 주도한 사람은 코롤로프와 글루슈코란 과학기술자였는데, 그 후 구소련에서는 1955년 4월 국책사업으로 로켓 연구개발을 서두르기 위하여 '행성간 여행을 위한 상임위원회'란 전담기구를 설립하고 바이코누르에다 우주로켓 발사장을 건설하기 시작했습니다.

당시 코롤로프는 1년 반 이내에 우주로켓을 개발할 것을 약속하고 "우리는 시간을 낭비해서는 안 된다"라고 하면서 연구개발에 박차를 가했었다고 합니다.

이와 같이 구소련이 로켓개발에 열을 올리게 된 이유는, 제2차 세계대전 중에 구소련의 항공기 개발 제작기술이 독일이나 미국보다 뒤져 있었고, 미국이 더욱 성능이 좋은 항공기를 많이 개발하고 있었기 때문이었는데 특히 1957년부터 1964년까지 집권한 흐루시초프가 미국에 대한 여러 가지 기술적인 후진성을 만회하기 위한 방법으로 우주개발사업을 서두르게 한 결과였다고 합니다.

그래서 그때 당시 미국에서는 뱅가드(Vanguard : 선구자)란 소형 우주로켓 개발사업이 소규모적으로 진행되고 있는 가운데, 구소련에서는 인공위성 운반체인 큰 규모의 A-1형 로켓 발사체와 두 개의 인공위성 개발사업이 활발히 이루어지게 되었습니다.

이 A-1형 로켓 발사체는 1957년 6월 첫 발사에 실패하고, 두 달 뒤인 8월에 캄차카 반도 근해까지 6,500 km를 비행시키는데 성공하였습니다. 이것이 바로 구소련이 그 후에 개발한 SS-6 ICBM(대륙간 탄도유도탄)의 모체인데, 이 A-1형 로켓 발사체의 로켓엔진은 글루슈코가 설계한 로켓을 다발로 묶은 R-7이란 2단형 로켓이었다고 합니다.

이 A-1형 발사체는 추력이 400톤이나 되는 아주 강력한 발사체였는데, 구소련이 처음부터 이렇게 강력한 로켓을 개발하게 된 배경은, 당시 개발 중에 있던 크고 무거운 원자폭탄 발사를 위한 ICBM을 염두에 두고 있었기 때문이었다고 합니다. 그래서 구소련에서는 처음부터 인공위성을 발사할만한 강력한 로켓을 갖게 된 것입니다.

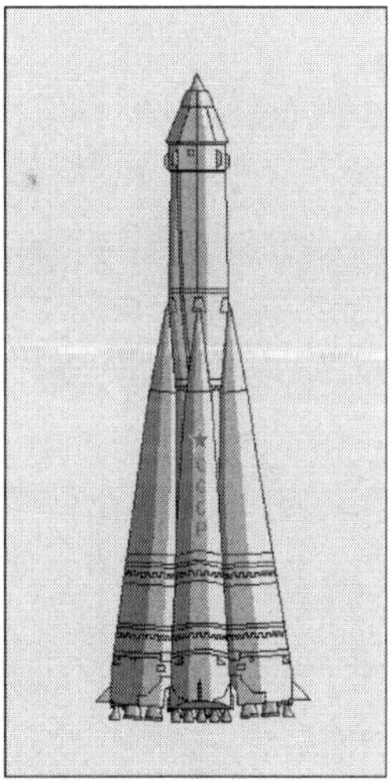

1957년 10월 4일, 인류 최초의 인공위성 '스푸트니크 1호'를 지구 궤도에 진입시키는데 성공한 A-1형 로켓 발사체

마침내 1957년 10월 4일, A-1 로켓 발사체는 인류최초의 인공위성 '스푸트니크 1호'를 지구궤도에 진입시키는데 성공하였습니다. 고도 227~940 km의 타원궤도를 96분 17초에 한번씩 돌면서 21일 동안 삐-삐-하는 신호음을 지구에 보내면서, 대기의 압력과 온도를 측정하다가 1958년 1월 4일 지구 대

기권으로 들어와 소멸되고 말았습니다. 이 때 코롤로프는 "우주정복은 이제 막 시작되었다. … 지올코프스키의 예언이 확인되었다. … 이것이 우리나라에서 실현된 것을 자랑스럽게 생각한다."라고 말했다고 합니다.

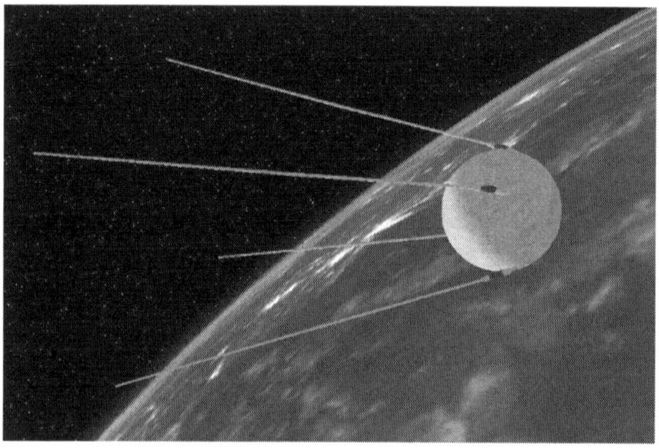

우주시대를 개척한 스푸트니크 1호, 4개의 긴 안테나가 달린 괴물이었다.

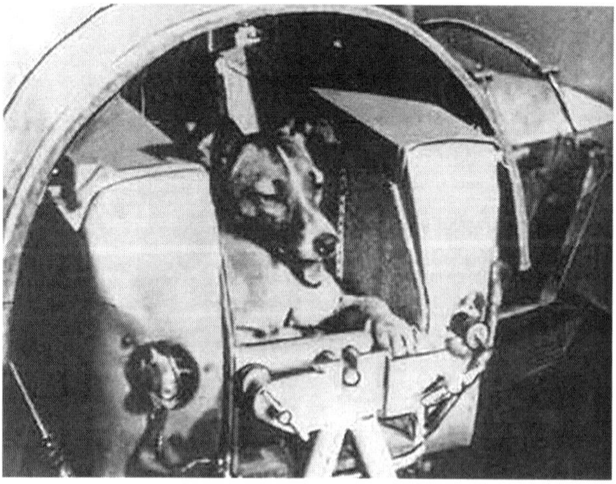

1957년 11월 3일, 스푸트니크 2호를 타고 사람보다 먼저 우주비행을 한 라이카의 태연한 모습

스푸트니크(Sputnik)란 길동무 즉 반려자란 뜻인데, 천문학적으로는 '위성'을 지칭하는 말이라고 합니다. 지름이 겨우 58 cm, 무게는 83.6 kg 정도밖에 안 되는 큰 공과 같은 구면체에다 4개의 긴 안테나가 달린 괴물이었습니다.

밤하늘에 서서히 흘러가는 작은 별, 유성과 같이 날아가는 스푸트니크호를 육안으로도 확실히 볼 수가 있었고, 그 괴물에서 단속적으로 발신되는 삐 - 삐 - 소리를 라디오를 통하여 중계함으로서 온 세계 사람들에게 우주시대의 개막을 알려주었습니다. 1957년 그 당시는 아직 TV시대는 아니었습니다.

그 후 구소련에서는 한 달 만인 1957년 11월 3일, 라이카란 개 한 마리가 탄 스푸트니크 2호(무게 508.3 kg)를 발사하여 온 세상을 또 한번 놀라게 했습니다. 그래서 다음번에는 사람이 직접 타고 우주비행을 하게 될 차례가 될 것이라는 희망의 꿈을 부풀게 하였습니다.

스푸트니크호 개발에 성공하자 흐루시초프는 미국보다 기술적으로 앞서게 되었다고 기뻐하면서, 당장 육·해·공군을 합친 것과 맞먹는 정도의 막강한 힘을 가진 '유도탄부대'를 창설하게 하였습니다. 이로부터 구소련의 우주개발사업은 더욱 본격적으로 발전할 수 있게 되었습니다.

1961년 4월 드디어 성공, 유인 인공위성 보스토크 1호 (구소련)

스푸트니크호에 충격을 받은 미국은 나라의 체면을 살리기 위하여 그간 연구 추진해 오던 선구자란 이름의 뱅가드 위성 발사를 서둘러 1957년 12월에 실시하려 했으나 발사대에서 폭발하는 바람에 실패하고 말았습니다.

그리고 한 달 후인 1958년 1월에 탐험가란 이름의 익스플로러 1호 위성(무게 8.16 kg)을 지구궤도에 쏘아 올려, 방사선 입자가 도넛 모양으로 지구를 둘러싸고 있는 반 알렌대(Van Allen Belt)를 발견하고, 이어 뱅가드 1호(무게 1.5 kg) 시험용 미니위성도 쏘아 올리는데 성공하여 겨우 체면이 서는가 했습니다.

그러나 구소련에서는 스푸트니크 2호 성공 1개월 후 또다시 무게가 1.327 kg이나 되는 대형 스푸트니크 3호를 성공시켜, 미국의 추격을 크게 물리치고 또 한번 세상을 놀라게 했습니다. 이렇게 해서 자신을 얻은 구소련에서는 1958년에 들어서면서부터 달 탐사위성을 쏴 올리기 시작하였습니다.

로마신화에 나오는 달의 여신의 이름을 딴 루나(Luna) 1호가 1958년 6월 25일 첫 번째로 발사되었는데 달을 살짝 벗어나 태양을 도는 인공위성이 되고, 이어 1959년 9월 12일에 발사된 루나 2호는 달 표면에 명중했고, 그 후 1959년 10월 4일에 발사된 루나 3호는 드디어 달을 돌면서 달 표면의 사진을 찍어 지구로 전송하는데 성공하였습니다.

달은 그 자전속도로 인하여 언제나 같은 면만이 지구를 향하고 있기 때문에 그 뒷면의 모습이 궁금했었는데, 선명한 전송사진으로 사람들을 또 한번 감탄시켰습니다.

미 · 소 양대국의 치열한 우주개발 경쟁으로 전 세계가 우주에 관한 새로운 빅뉴스에 흥분되어 있을 때, 드디어 구소련에서는 우주공간에다

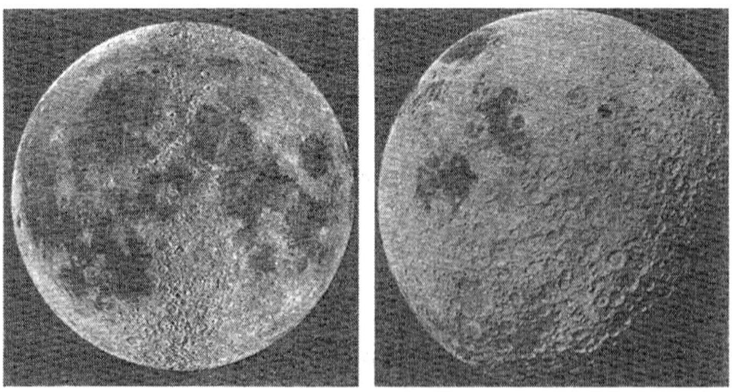

루나 3호가 찍어 보낸 달의 앞면(왼쪽)과 뒷면의 모습

가가린을 태운 보스토크 1호가 발사되고 있는 모습. A-1 발사체에다 2단 로켓을 추가한 것

인류최초의 우주비행사 유리 가가린. "지구는 파랗다"라는 유명한 말을 남겼다.

인간이 탑승한 인공위성, 즉 우주선을 쏘아 올려 지구를 한 바퀴 돌고 무사히 되돌아오게 하는데 성공했습니다. 파라슈트를 이용, 시베리아 벌판에 무사히 안착한 것입니다.

이 때 27살의 젊은 우주비행사 유리 가가린(공군 소령)이 지구를 내려다보면서 "지구는 파랗다"라는 유명한 말을 남겼는데, 이 때가 1961년 4월 12일, 타고 갔던 우주선의 이름은 보스토크(Vostok) 1호였습니다. 보스토크란 동방 즉 동쪽이란 뜻입니다.

유리 가가린은 지구를 한 바퀴 돌고 무사히 되돌아오는데 성공하고 이름을 크게 날렸지만 그 후 애석하게도 전투기 사고로 사망했다고 합니다.

보스토크 1호의 길이는 38m나 되는 거대한 3단 로켓(묶음형 로켓엔진 20기)이었는데, 추진제는 케로신과 액체산소, 추력은 500톤, 바이코누르 우주센터에서 발사되었습니다.

가가린이 탄 우주선 자체의 무게는 약 4.7톤, 그의 모양은 지름이 2.3m인 둥근 구형이고, 벽의 두께는 단열재를 포함하여 12.5cm이였는데, 우주선의 모양을 공과 같이 둥글게 만든 것은 대기권에 진입할 때 여러 가지로 유리하기 때문이었다고 합니다.

우주비행을 마치고 사라포프 지역의 초원지대에 무사히 착륙한 보스토크 1호 캡슐

3 비행체의 분류방법

우리 인간이 만들어 하늘을 날게 하는 여러 가지 종류의 물체를 모두 비행체(Vehicle)라고 하는데, 비행하는 범위에 따라 공중 비행체(Air Vehicle)와 우주 비행체(Space Vehicle)로 구분되고 있습니다.

다음 분류표에서 보는 바와 같이 공중 비행체는 항공기(Aero plane)와 공중 미사일(Air Missile), 그리고 우주 비행체는 우주기(Space Plane)와 우주 미사일(Space Missile)로 분류되고 있습니다.

또 항공기는 경항공기와 중항공기 그리고 초경량 항공기로, 우주기는 무인 우주기와 유인 우주기 그리고 우주정거장 등으로 분류되고 있습니다. 우리가 흔히 말하는 비행기는 동력 즉 엔진을 장착하고 날개가 고정되어 있는 중항공기를 말하는 것이고, 초경량 항공기는 스포츠용으로 사용되는 소형 동력비행 장치와 인력 활공기 그리고 기구류 등을 말하는 것입니다.

이와 같은 항공기의 분류방법은 국제민간항공기구인 ICAO에서 정해 놓고 있는 것인데, 우리나라 항공법에서도 이것이 그대로 적용되고 있습니다. 우주기와 미사일에 대한 분류방법은 아직 국제적으로 확정되어 있는 것이 없는 실정이지만, 분류표에서 보는 바와 같이 우주기는 사람이 타는 것과 안 타는 것, 그리고 우주 미사일은 유도하는 방식에 따라 여러 가지 종류로 구분되고 있습니다.

<비행체의 분류표>

- 비행체
  - 공중비행체
    - 항공기
      - 경항공기
        - 동력이 없는 것 ………… 기구
        - 동력이 있는 것 ………… 비행선
      - 중항공기
        - 동력이 없는 것 ………… 글라이더
        - 동력이 있는 것
          - 고정날개기 ………… 비행기
          - 회전날개기 ………… 헬리콥터
      - 초경량 항공기 …… 스포츠용 동력 비행장치, 인력 활공기, 기구
    - 공중 미사일
      - 무유도식 …………… 일반 미사일
      - 유도식 ― 유도탄 ………… 날개가 있는 것, 없는 것
  - 우주비행장치
    - 우주기
      - 무인 우주기
        - 인공위성(지구궤도) ………… 통신, 기상관측
        - 우주탐사선 ………… 태양계 위성탐사
      - 유인 우주기
        - 우주왕복선(스페이스 셔틀)
        - 항공우주기(스페이스 플레인)
        - 우주정거장(스페이스 스테이션)
    - 우주미사일 ― 유도식 ……………… 각종 우주미사일

4. 항공기의 발달과 지구촌의 발전

1 항공기의 눈부신 발달, 세계대전 바람에

소모품같이 많이 만들어 쓰여진 목제비행기

1903년 미국의 라이트 형제가 동력비행에 성공한 이후 마치 댐의 수문이 열린 듯이 꿈 많은 엔지니어들이 기발한 아이디어를 발휘하여 여러 가지 모양의 항공기를 개발하는데 열을 올렸습니다. 기발한 아이디어는 언제나 사람들의 존경을 받고 과학기술 발전에 앞잡이가 되어 왔습니다.

여러 가지 모양의 항공기가 많이 만들어지자 1909년 프랑스에서 역사적으로 기념할 만한 두 가지 행사가 개최되었습니다. 그 하나는 그 때 당시의 꿈이었던 영 · 불 해협 횡단비행이고, 또 하나는 지금의 에어 레이스와 같은 비행기록 대회였습니다.

프랑스의 불레리오(1872~1936년)가 홑날개 비행기를 만들어 타고 32분 동안에 약 40 km를 날아 영 · 불 해협을 횡단 비행하는데 성공했고, 비행기록대회에서는 비행속도가 시속 90 km, 비행고도 115 m, 그리고 비행시간은 3시간 이란 좋은 기록이 각각 수립되었습니다.

당시 이를 지켜본 사람들은 "앞으로 항공기가 급속히 발달하게 될 것이다."라고 하면서 크게 감탄스러워 했다고 합니다. 그 후 다른 기술의 역사도 그러하지만 특히 항공기술은 두 번의 세계대전으로 인하여 아주 급속히 고도로 발달하게 되었습니다.

1914년 7월 독일이 영국과 프랑스 그리고 미국과 일본 등의 연합군과 싸운 제1차 세계대전이 시작되자, 항공기는 적의 진지를 정찰하는데 쓰이기 시작했고, 전쟁이 점점 심해지면서 기관총을 단 전투기끼리 공중전을 하기 시작했습니다. 회전하고 있는 프로펠러 깃 사이로 기관총알이 나가는 동조장치를 독일이 먼저 개발하여 큰 전과를 올린 것은 바로 이때였습니다.

제1차 세계대전 당시의 항공기는 모두 현재의 소형 경항공기처럼 조종석 앞쪽에다 엔진과 프로펠러를 장비하고, 질긴 천을 붙여 만든 2층 날개식 목제 비행기였습니다.

5년 동안 전쟁을 치르는 사이에 여러 나라에서 이와 같은 목제 비행기를 모두 18만 대나 만들어 사용했다고 하는데, 얼마나 공중전이 치열하였기에 비행기가 소모품 같이 그렇게 많이 쓰여 졌었는가 하는 것입니다. 뒤집어 생각하면 그 만큼 비행기가 전쟁무기로서 이용가치가 높았기 때문이며, 덕분에 항공기술이 급속히 발달하게 되었다고 말할 수 있습니다.

1914년에 시작된 제1차 세계대전에서 공중서커스식의 공중전이 치열했었는데 모두 목제로 만든 2층 날개 비행기였다.

금속제 비행기의 등장, 가볍고 튼튼한 두랄루민의 개발

항공기는 되도록 가볍고 튼튼한 재료로 만들어져야 되는데 '두랄루민'이 바로 그와 같은 재료입니다. 두랄루민이란 알루미늄 합금의 일종인데 1909년 독일에서 처음 개발되었습니다. 가벼운 알루미늄에다 동, 마그네슘, 망간 같은 것을 조금씩 섞어서 합금을 만들면, 강철같이 강도가 높고 잘 부식되지도 않는다는 것을 발견하게 된 것입니다.

처음 이 합금을 만들어 낸 공장의 이름을 따서 '두랄루민'이라고 했는데, 맨 처음에는 제페린 비행선을 만드는데 사용되었고, 다음에 융커스 항공사에서 현재의 비행기와 같이 날개의 버팀대가 없는 캔틸레버식 비행기, J-1을 만드는데 사용되었는데 이것이 금속제 비행기의 원조가 되고 있습니다.

그러나 당시의 사람들은 "양철로 만든 당나귀가 무거워서 어떻게 날 수 있겠느냐"고 하면서 거들떠보려고 하지 않았다고 합니다. 그러나 1917년 복좌형 전투기 J-4를 만들어 대량생산하고 나서부터 현대식 비행기와 같은 구조의 기본형식이 갖추어지게 되었습니다.

처음에 나온 두랄루민은 강도가 그다지 높지 않았기 때문에, 일반 양

1917년에 제작된 J-4형 복좌 전투기. 양철로 만든 당나귀, 날개의 버팀대가 없어졌다.

철판과 같이 물결모양으로 구불구불하게 만들어 썼다고 합니다. 그래서 '양철로 만든 당나귀'란 별명이 붙었다고 합니다. 그 후 강도가 많이 보강되고 더욱 가벼워진 '초 두랄루민'과 '초초 두랄루민'등 재질이 아주 좋은 두랄루민이 새로 개발되면서, 성능이 우수한 여러 가지 종류의 비행기가 많이 등장하게 되었습니다.

항공운송시대의 개막

1918년 11월, 약 4년 반에 걸친 제1차 세계대전이 끝나자 전쟁 중에 많이 사용됐던 큰 비행기들을 개조하여, 사람이나 우편물 기타 부피가 작은 화물을 실어 나르는 민간항공운송시대가 열리게 되었습니다. 전쟁이 끝난지 불과 3개월 만에 유럽에서는 정기항공편이 개설되기 시작했습니다.

특히 전쟁이 끝난 지 1년 만인 1919년, 뉴욕에 살고 있던 부호인 호텔업자 레이몬드 올디스란 사람이, 그 때 당시의 꿈이었던 대서양 횡단비행에 성공한 사람에게 2만 5천 달러나 되는 많은 상금을 주겠다고 하는 바람에 모험을 좋아하는 유명한 조종사들이 성능이 좋은 비행기를 사가지고 이에 도전하였는데, 그 중에는 엔진이 3개나 달린 3발기도 있었다고 합니다. 그 때 당시 3발기는 아주 새롭고 특이한 기종이었습니다.

그러나 7년이 지나도록 성공한 사람이 없었는데, 우편물을 실어 나르고 있던 무명의 린드버그란 미국사람이 1927년 5월, 뉴욕-파리간 5,809 km를 33시간 30분 만에 무착륙 횡단 비행하는데 성공하여 세상 사람들을 놀라게 했습니다.

이 때 사용된 비행기의 이름이 '스피릿 오브 세인트루이스'였는데 이 같은 이름은 그 비행기를 만드는데 돈을 대준 사람들이 살고 있던 도시의 이름이었습니다. 린드버그는 동체 안에다 가솔린 통을 잔뜩 싣고, 비좁은 조종석에 앉아 뉴욕을 출발, 나침반 하나만을 보아가며 망

1927년 5월 뉴욕-파리 간 5,809 km를 33시간 30분 만에 횡단 비행하는 데 성공한 린드버그의 스피릿 오브 세인트루이스 호. 공랭식 223마력 가솔린 엔진

망대해를 건너 파리의 루브르 비행장에 무사히 도착하였습니다. 비좁은 조종석에 앉아 33시간 이상 비행하느라 얼마나 고생을 많이 했을 것인지는 짐작이 갈 것입니다.

1920년대 말 이 시절에는 비행속도와 비행고도 면에서도 좋은 기록이 많이 나왔습니다. 비행속도는 전쟁당시 시속 200 km 정도이던 것이 300 km로 증가됐고, 비행고도는 최고 1만 7,806 m란 신기록을 세우기도 했습니다.

이렇게 비행기의 성능이 크게 향상되어감에 따라 항공운송사업이 날로 발전을 거듭하면서, 도시와 도시를 잇는 항공노선이 점점 많이 생기게 되었습니다. 그래서 비행기는 편리한 교통기관으로 그 실용가치가 급속히 높아지고, 비행기를 만드는 기술도 따라서 많이 향상되게 되었습니다.

항공운송사업이 급속도로 발전하게 되자 1930년대에는, 바다위에서 날 수 있는 아주 큰 비행정도 만들어졌습니다. 600마력짜리 엔진을 앞뒤에다 6대씩 모두 12대나 달고 170명을 태울 수 있는 독일의 도르니

600마력 엔진을 앞뒤에다 6대씩 12대를 단 거대한 비행정 도르니에 Do-X호

에 Do-X호가 그 대표적인 비행정이었습니다.

그러나 고장이 자주 나서 정기항로에서는 취항하지 못했었다고 하는데, 현재의 A300 에어버스나 B747 점보기의 아버지라고 할 수 있을 만큼 아주 큰 비행정이었다고 합니다.

일본을 항복시킨 B-29, 4발 대형 폭격기

제1차 세계대전이 끝난 지 약 20년만인 1939년 9월, 독일군이 폴란드를 침공한 것이 계기가 되어 제2차 세계대전이 시작되었고, 1941년 12월 일본군이 하와이 진주만을 항공기로 기습 공격함으로써 태평양전쟁이 본격화되기 시작했습니다.

이 때 일본군은 '제로센'이란 전투기를 위시하여 여러 가지 성능이 좋은 항공기를 이용하여 불과 수개월 사이에 넓은 태평양 지역을 제압하였습니다. 그러나 미국을 포함한 연합군에서는 일본의 항공기보다 우수한 레이더를 장착한 야간 전투기와, 특히 원자폭탄 투하로 유명한 대형 폭격기 B-29를 개발하여 일본의 주요 도시를 무차별 폭격함으로써 1945년 8월 15일, 일본으로 하여금 무조건 항복을 하게 하였습니다. 우리나라의 '8·15해방'은 바로 이 때였습니다.

제2차 세계대전을 치르는 동안 연합군측이 만들어 썼던 항공기는 모두 약 27만대였고, 일본, 독일, 이탈리아 것은 약 20만대였다고 합니다. 합해서 모두 47만대였는데, 제1차 세계대전 때의 목제 비행기 18만대에 비하면 아주 많은 숫자였습니다.

그만큼 전쟁에서 항공기의 가치가 높았던 것입니다. 따라서 연합군이 이기게 된 것은 항공기의 생산기술이 앞서, 성능이 좋은 항공기를 보다 많이 만들어 낼 수 있었기 때문이었습니다.

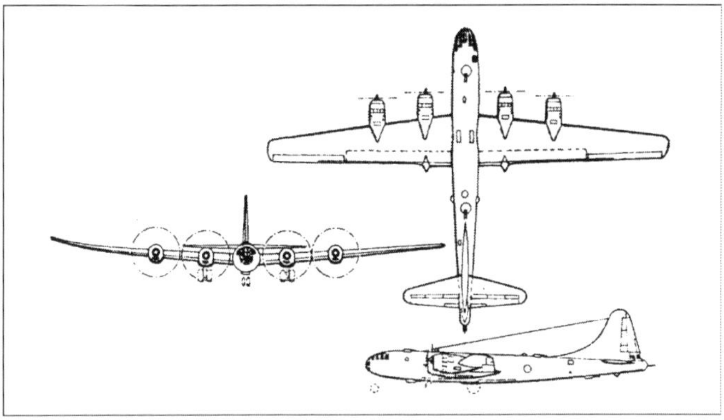

일본을 항복시킨 B-29 폭격기의 3면도. 1943년 9월 첫 비행, 1945년 8월 종전당시 2천대 보유

일본을 항복시킨 B-29 폭격기가 미국에서 처음 개발된 것은 1942년 9월이었는데 전쟁이 끝날 때까지 모두 2천대나 만들어졌다고 합니다. 모양이 아주 늘씬한 큰 비행기가 하얀 4줄기의 비행운(꼬리구름)을 길게 휘날리며, 높은 하늘을 뒤덮다시피 여러 대가 편대를 지어 날아오는 그 모습이 하도 볼만했기 때문에, 많은 사람들이 폭격당하는 것도 잊고 하늘을 쳐다보며 구경을 할 정도였습니다.

현재 경남 사천에 있는 항공우주박물관에 가보면 이 B-29 폭격기와 T-6 훈련기(건국호) 등 여러 가지 종류의 옛날 항공기들이 많이 전시되

서울 여의도광장(현재의 여의도공원) 옆에 전시되어 있던 B-29의 모습. 현재는 경남 사천에 있는 항공우주박물관 야외전시장으로 옮겨져 있다.

어 있고, 또 서울 용산 삼각지에 있는 전쟁기념관의 야외전시장에 가보면 F-51 전투기를 위시하여 C-54 4발 대형 수송기 등 6.25 전쟁 때 활약했던 여러 가지 종류의 항공기를 직접 만나볼 수 있습니다. 뿐만 아니라 1995년에 처음 개발된 한국형 기본 훈련기 KT-1 웅비호도 전시되어 있습니다.

한번 가서 현재 운용되고 있는 항공기들의 모습과 비교해 보는 것도 좋은 공부가 될 것입니다.

프로펠러식 여객기의 전성시대

보다 앞선 항공기술 덕분에 제2차 세계대전에서 승리한 연합국에서는 전쟁이 끝나자 급속적으로 민간항공이 발전하게 되었습니다. 특히 미국에서는 전쟁 때 쓰던 B-29와 같은 대형폭격기를 개조하여 민간여객 수송기로 만들어 태평양과 대서양 횡단비행 또는 대륙횡단비행에 사용함으로써 온 세계의 민간항공운송사업을 독점하다시피 하게 되었습니다.

인하대학교 본관 옆 광장에 전시되어 있는 DC-3 우남호.(1974년 KAL에서 기증)

영국이나 프랑스 등 유럽에서는 전쟁 중에 주로 소형 전투/공격기만을 만들어 사용했기 때문에 민간수송기로 개조하여 사용하는 데는 적합하지 않았기 때문이었습니다. 그래서 미국에서 만든 여객기를 세계 여러 나라에서 모두 사서 쓰게 되었는데, 이 시대에 미국에서 새로 개발된 대표적인 여객기는 DC-3, DC-4, B307과 같은 프로펠러식 여객기였습니다. 우라나라에서도 이 DC-3(29인승) 2대를 1950년에 도입하여 서울-광주-군산 노선에 취항개시 했고, 또 1954년 세 번째로 우남(당시 이승만 대통령의 아호)호가 도입되었는데, 현재 이 우남호는 인하대학교 본관 옆 광장에 잘 전시 보존되고 있습니다.

항공기의 발달은 엔진의 발달에서부터

항공기의 몸체가 제아무리 잘 설계/제작되었다 하더라도 이에 장착되는 엔진의 성능이 우수하지 못하면 아무 소용이 없는 것입니다. 그래서 새로운 항공기를 설계하는 사람들은 언제나 성능이 좋은 엔진을 먼저 찾게 마련입니다.

그래서 항공엔진에 대한 연구가 기체개발 연구와 더불어 활발하게 이루어지게 되었는데, 여러 개의 실린더를 둥글게 별 모양으로 배열한 성형(星型) 공랭식 엔진과 V자 모양으로 배열한 V형 수냉식 엔진이 주류를 이루게 되었습니다.

공랭식은 공기로, 수랭식은 물로 뜨거운 엔진을 냉각시키는 것인데, 현재 우리가 잘 알고 있는 오토바이 엔진은 공랭식이고, 자동차 엔진은 거의 다 수랭식으로 되어 있습니다.

원자폭탄 투하로 일본을 항복시킨 유명한 B-29 폭격기에는 실린더 수가 18개인 2천 200마력짜리 공랭식 성형엔진을 4대나 달았고, 6.25전쟁 때 우리 공군에서 크게 활약한 F-51 무스탕 전투기는 실린더 수가 12개인 2천 400마력 V형 수랭식 엔진을 1대 달고 있었습니다.

그 후 이와 같은 피스톤 엔진은 새로운 제트엔진이 등장하면서 그 힘에 밀려 자취를 감추고, 현재는 소형인 경항공기용으로만 사용되고 있습니다. 항공대학교나 신문사 같은데서 많이 운항하고 있는 세스나와 같은 경항공기에는 모두 피스톤 엔진이 장착되고 있습니다.

이렇게 현재 사용되고 있는 피스톤 엔진은 모두 공랭식으로 통일되어 있는데, 4개 또는 6개의 실린더가 서로 마주 대칭으로 배열된 O형 엔진이 주류를 이루고 있습니다.

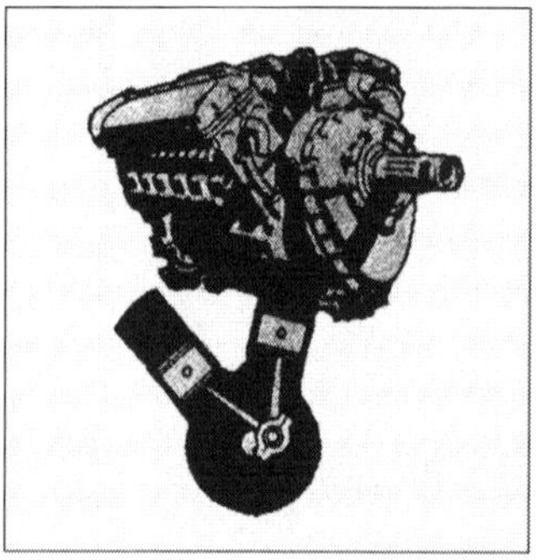

수냉식 V형 엔진

공냉식 성형 엔진

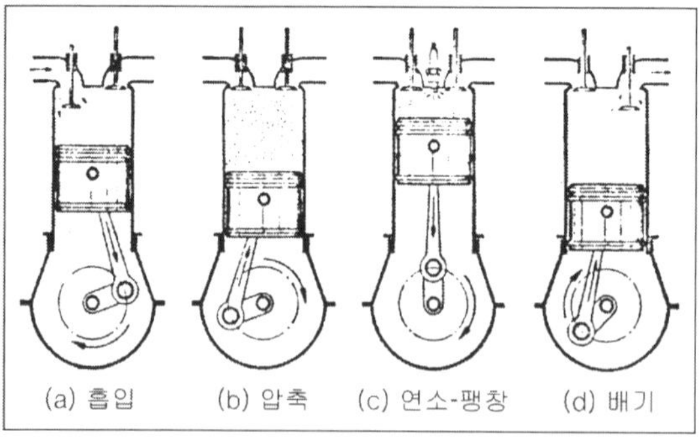

4사이클 가솔린 엔진의 작동원리. 크랭크축이 2회전할 때마다 흡입-압축-연소-팽창-배기작용을 되풀이한다.

최대출력은 약 3천 회전에서 150~300마력 정도이며, 마력당 무게가 1.2~1.5 kg 정도로 아주 가볍게 만들어지고 있습니다. 제아무리 고속화 시대라 해도 경항공기와 같이 속도가 느린 소형 항공기에는 피스톤 엔진이 제격인 것입니다.

2 제트기의 등장과 지구촌의 발전

제트엔진의 개발, 제트기 시대의 개막

피스톤 엔진을 단 프로펠러식 항공기는 두 번에 걸친 세계대전과 항공운송사업의 급진적인 발달로 아주 급속히 발전하게 되었습니다. 그러나 프로펠러식 항공기로서는 보다 빠르게, 보다 높이, 보다 멀리 날아보자는 우리 인간의 욕구를 충족시키기에는 역부족으로 한계에 부딪치게 되었습니다.

그래서 이를 해결하기 위한 제트기의 개발이 시급하게 요구되게 되었습니다. 그러기 위해서는 새로운 제트엔진의 개발이 선행되어야 했는데, 이를 제일 먼저 해 낸 사람은 영국의 공군사관학교 학생이었던 프랑크 휘틀(1907~?)이었습니다. 그는 1930년경에 'W-1'이란 제트엔진을 개발하는데 성공하였습니다.

이어 독일에서는 1939년에 추력이 500 kg인 '힐트 HeS 3B'란 제트엔진을 개발하여 이를 장착한 '하인겔 He-178'이 그 해 8월 최초로 비행하는데 성공하였습니다. 라이트 형제가 성공한지 36년만의 경사였습니다.

그 후 1941년 5월, 영국에서도 프랑크 휘틀이 개발한 W-1형 엔진을 장착한 '글로스타 E28/29'가 두 번째로 비행하는데 성공하였습니다. 그러나 이들은 시험 비행에 끝쳤을 뿐 실용화단계에까지는 발전되지 못하고 말았습니다.

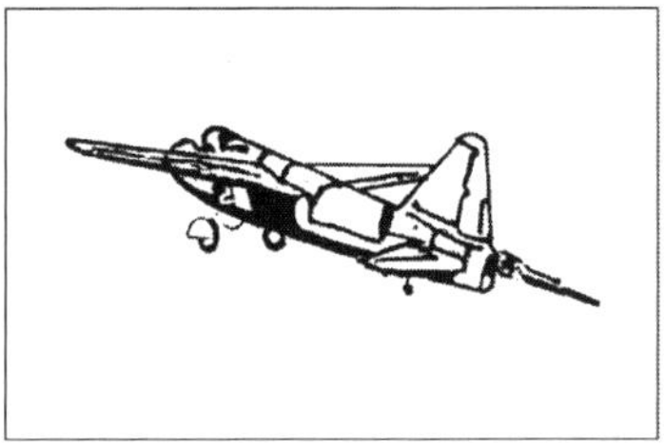

1939년 8월 세계최초의 제트기. 하인겔 He-178(독일)

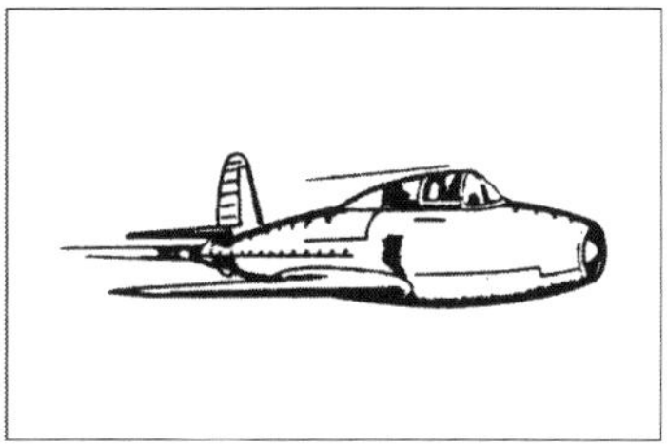

1941년 5월, 두 번째로 개발된 글로스타 E 28/29(영국)

실제로 실용화된 제트기는 1941년 8월, 독일에서 개발한 '메사슈미트 He-262'란 전투기이었습니다. 폭이 12.65 m, 최대시속 870 km인 아주 날씬한 비행기였습니다. 그 후 2차 대전 말기인 1944년에 이르러 이탈리아에서 '글로스타 미디어 MK1'이, 또 미국에서는 '록히드 P-80 슈팅 스타'란 제트 전투기가 새로 개발되어 실전에 배치되었습니다.

이렇게 해서 아주 빠르게 피스톤 엔진을 단 전투기의 1.5배나 되는 시속 1천 km시대의 문이 열리고, 1951년 6.25전쟁을 계기로 피스톤 엔진시대의 막이 내려지고 제트기 시대가 되었습니다.

제트엔진은 가볍고, 소형이면서도 아주 큰 추력을 낼 수 있었기 때문에, 전투기뿐만 아니라 폭격기나 민간 여객기에서도 우수한 성능을 발휘했는데, 제일 먼저 혜성같이 등장한 제트 여객기는 코미트(Comet)기였습니다.

영국의 디 하비랜드사에서 개발한 이 코미트기는 1949년 첫 비행을 하고 1952년 5월부터 정기노선에 취항하기 시작했습니다. 손님들의 인기가 아주 높아 미리 예약을 하고 순서를 기다려야 할 정도였다고 합니다. 그러나 불행하게도 2년이 지난 1954년 두 번에 걸친 추락사고로 하루아침에 몰락하고 말았습니다. 사고의 원인은 기체의 구조물이 오랜 기간에 걸친 피로현상으로 파괴되었기 때문입니다.

여객기는 고공비행을 할 때 객실내부의 압력을 고도에 따라 지상상태와 같이 조절해 주는 '여압실'로 되어 있는데, 고공에 올라갈수록 객실 내부의 압력을 높여주고 저공에서는 그 압력을 내려 주게 되어 있습니다.

따라서 구조적으로 기체의 외판(外板)은, 가압해 주는 정도에 따라 팽창 · 수축되는 힘을 계속 반복해서 받기 때문에, 이런 압력변화에 오래 견딜 수 있는 튼튼한 구조로 되어 있어야 하는 것입니다.

그러나 코미트기 개발 당시에는 이와 같은 '금속피로현상' 방지에 관한 기술이 제대로 발달되어 있지 못했기 때문에 2년 동안 피로현상이 겹쳐 기체가 파괴되고 말았던 것입니다. 따라서 코미트기는 파이오니어적인 운명을 띠고 희생물이 된 본보기였다고 말할 수 있습니다.

1952년부터 취항하기 시작한 세계 최초의 제트 여객기 코미트. 1954년 두 번에 걸친 추락사고로 몰락하고 말았다.

몰래 개발된 세계 최초의 제트 전투기, 바다제비 Me 262

1944년, 제2차 세계대전을 승리로 마무리 짓기 위하여 미국과 영국의 연합공습부대가 매일 밤낮을 가리지 않고 독일군을 공습하고 있을 때, 돌연히 나타나 연합군의 조종사들을 공포의 도가니로 몰아넣은 것이 있었습니다. 그것이 바로 세계에서 최초로 개발된 제트 전투기 '메사슈미트 Me 262'이었습니다.

제2차 세계대전이 끝날 무렵 히틀러 몰래 개발된 세계 최초의 제트 전투기, 바다제비 Me 262

9천 m 상공까지 상승하는데 3분, 시속 870 km란 빠른 속도로 연합군의 폭격기를 덮치는 바람에, 이를 호위하던 프로펠러식 전투기(F - 51, 시속 704 km)들이 맥을 못 추고 그냥 당하기만 했었다고 합니다.

이 Me 262의 '메사슈미트'란 이름은 설계자의 이름을 딴 것이고 별명은 '스왈로' 즉 '바다제비'였습니다. 바다제비는 언제나 태풍이 불어오기 전에 아주 빠른 속도로 저공을 날아다니는 습관이 있었기 때문에 '태풍을 알리는 새'라고 했는데, 제트기 시대의 태풍을 알린다는 의미에서 아주 적격한 이름이었습니다.

전쟁이 한참이던 1941년 8월, 이 바다제비가 처음 개발되어 시험비행에 성공하자, 당시의 영웅 히틀러를 위시한 군장성들이 모두 그 우수한 성능에 매혹당하고 지나친 욕심을 부리는 바람에, 바다제비를 양산하여 실전에 배치하는 것이 3년이나 늦어졌다고 합니다.

즉 야심이 많았던 히틀러는 이것을 폭격기로 만들어 적의 전투기들을 뿌리치고 폭탄을 비 오듯 쏟아 부울 수만 있다면 더 이상 좋은 무기는 없을 것이라고 생각했기 때문입니다.

그래서 이 전투기를 폭격기로 개조하느라 약 3년이란 긴 세월을 소비했는데 겨우 갓 태어난 아기 폭격기인지라 히틀러의 야망을 실현시키기에는 역부족이었다고 합니다.

그러나 메사슈미트 박사팀은 기술자적인 입장에서 원래 계획했던 전투기 개발사업을 히틀러 몰래 같이 추진시켜, 폭격기와 거의 같은 시기에 전투기도 완성하게 되었는데, 이렇게 몰래 개발된 전투기가 바로 연합군의 조종사들을 공포의 도가니로 몰아넣은 Me 262 바다제비였다고 합니다.

이 Me 262의 총생산 대수는 1천 445대나 되었는데, 연합군측의 폭격이 아주 심해서 비행장으로 수송하는 도중에 많이 파괴되었고, 또 연료가 부족했던 탓으로 전선에서 실제로 활약한 대수는 그리 많지 않았었다고 합니다.

한편 전쟁말기에 들어선 그 때 당시 독일의 동맹국이었던 일본이 Me 262의 설계도를 잠수함으로 몰래 일본으로 가지고 와서 '겟코(月光)'란 이름의 제트 전투기를 개발하려고 했었는데, 겨우 시작기 1대를 만들어서 두 번째 시험비행을 하다 이륙 도중 조종실수로 활주로 앞바다에 처박혀 크게 부서지고 말았다고 합니다.

제트 여객기의 경쟁적인 개발, 747 점보기까지

초기에 개발된 제트 엔진은 그 추력에 비하여 연료 소비량이 너무 많아서 비경제적이었습니다. 그래서 제트엔진으로 프로펠러를 회전시키는 '터보프롭' 여객기가 1953년부터 등장하기 시작했습니다. 영국에서 만든 '빅커스 반카운트'와 네덜란드의 '프랜드 쉽'이 그 대표적인 것이었는데, 세계 각국에서 정기항로에 도입하여 아주 좋은 평을 받았습니다. 우리나라에서도 F-27 프랜드 쉽이 1964년 2월에 처음 도입되어 서울-오사카 한일노선에 취항하기 시작했습니다.

영국과 네덜란드에게 기선을 빼앗긴 미국에서는 보잉사와 더글러스사가 서로 경쟁을 해가며 새로운 제트 여객기를 개발하기 시작했습니다. 그래서 먼저 1958년에 보잉 707이, 1959년에는 더글러스 DC-8과 같은 유명한 150인승 4발 장거리 여객기가 등장하게 되었습니다.

한편 프랑스에서는 중·단거리용 쌍발 제트 여객기 '카라벨'(118인승)이 1959년에 개발되었는데, 꼬리부분에다 엔진을 장착한 아주 날씬한 모양의 새로운 여객기였습니다.

1955년 첫 비행을 한 대표적인 터보프롭 여객기 F-27 프랜드 쉽, 52~56인승, 네덜란드, 1964년 2월 대한항공에서 1대 도입

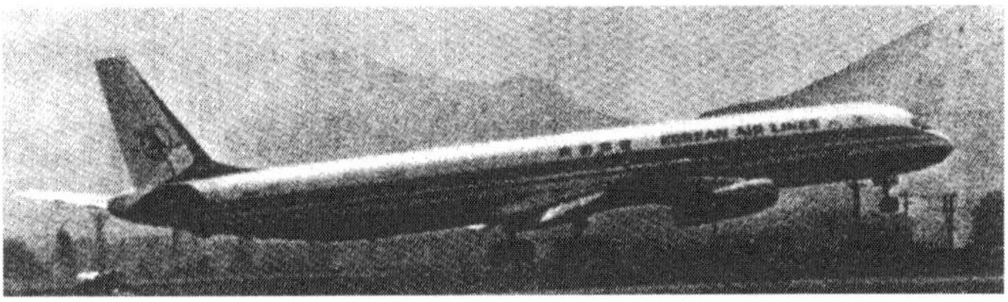

제1세대의 대표적인 장거리용 제트 여객기 DC-8, 미국, 1959년 첫 비행, 항속거리 8,050 km, 1972년 12월 대한항공에서 1번기 도입, 일본과 미주노선 취항개시

점보 여객기 보잉 747, 첫 비행 747-100형 1969년, -200형 1970년, -300형 1982년, -400형 1988년, 1973년 대한항공에서 -200형 1대 도입, 사진은 최신형 747-400, 항속거리 5,600~7,200 km, 무게 395톤, 400~450인승

세계적으로 가장 유명한 미국의 점보여객기 보잉 747은 1970년부터 새로 개발되어 운용되기 시작했습니다. 여러분도 많이 타 보셨겠지만 온 길이가 70 m, 폭이 60 m, 높이가 20 m, 그리고 무게가 360톤, 400명 이상이 타고 영화감상까지 할 수 있는 아주 크고 잘 생긴 여객기입니다. 35년이 지난 현재까지 이 747의 여러 가지 발전형(747-200, -300, -400 등)이 세계 각국에서 많이 운용되고 있습니다.

이와 같은 초대형 여객기가 등장하게 된 것은 지구촌의 인구가 많이 늘고, 경제력이 향상됨에 따라 항공기를 이용한 여객과 화물의 수송수요가 점점 많아졌기 때문입니다. 기술적으로는 공기역학과 구조/재료적인 연구발전의 성과이기도 하지만, 보다 새로운 성능이 좋은 제트엔진이 개발되었기 때문입니다.

즉 747 점보기용 엔진은 미국의 플랫 & 휘트니(P & W)사에서 개발한 JT 9D란 터보팬 엔진인데, 지름이 2.5 m, 길이가 3.3 m, 무게가 4톤, 최대출력이 2만 1,000 kg 이상 되는 공해가 적은 엔진이었습니다. 현재 운용되고 있는 747-400에는 보다 성능이 우수한 P & W사의 PW 4000을 위시하여, 제너럴 일렉트릭(GE)사의 CF 6과 롤스로이스(R & R)사의 RB 211 등의 새로운 엔진들이 사용되고 있습니다.

747 점보기에 이어 새로 나온 여객기는 1971년부터 미국의 맥도널드 더글러스(MD)사에서 개발하여 운항하기 시작한 DC-10(3발기, 승객 255~380명)을 위시하여 1972년부터 운항 개시한 록히드사의 L-1011(3발기, 승객 255~345명)과 구소련의 Iℓ-86(4발기, 승객 234~350명)이, 그리고 유럽의 에어버스사에서 공동 개발한 A-300(쌍발기, 승객 251~267명)이 1980년부터 운항되기 시작하였습니다.

이와 같은 새로운 여객기들은 모두 747에 비하면 약간 작은 편이지만 747과 같이 객실의 통로가 모두 2개로 되어 있는 '와이드 보디형'입니다. 747 점보기 이후에 나온 이와 같은 와이드 보디형 여객기를 제3세대 여객기라고 합니다.

와이드 보디형 여객기의 객실 내부. 통로가 2개로 되어 있는 널찍한 공간으로 보다 쾌적한 여행이 가능해졌다.

초음속기의 등장, 콩코드기의 일생

항공기의 매력은 뭐니뭐니해도 고속 안전운항입니다. 서울-LA간을 예를 들어보면, 예전의 프로펠러 4발기 시절에는 속도가 느린데다 중간 중간 내려서 급유를 해야 했기 때문에 무려 40시간이나 걸렸습니다.

그러나 제트 여객기가 등장하면서 현재는 직항운항으로 10시간 정도면 갈 수 있게 되었습니다. 그러나 사람들이 심리적으로 멀미를 안 하고 기분 좋게 여행할 수 있는 시간은 겨우 4시간 정도밖에 되지 않는다고 합니다. 따라서 가까운 중·단거리 코스는 별로 문제가 되지 않지만 장거리 비행을 할 때는 비행시간을 단축시키기 위한 초음속 여객기가 필요하게 되었습니다.

항공기의 발달은 언제나 군용기가 먼저 개발되고 나서, 그 기술이 민간기에 전용되는 식의 역사가 되풀이 되어 왔었는데, 초음속기의 개발도 역시 군용기가 먼저였습니다.

1947년 미국의 초음속 실험기 'X-1'이 B-29 폭격기에 매달려 9천m 상공까지 올라간 다음 분리되어 음속의 1.06배의 속도를 내는 데 성공하고, 이어 1950년대 초에 'F-100 슈퍼세이버'란 초음속 전투기가 실용

마하 3.3을 기록한 초음속 정찰기 록히드 SR-71. 1964년 첫 비행, 세계에서 제일 빠른 검은 비행기

화되었습니다. 그 후 세계에서 제일 빠른 검은 비행기 SR-71이 1964년에 첫 비행을 하고 음속의 3.3배, 즉 마하 3.3을 기록하였습니다.

초음속 여객기는 1950년대 말부터 영국, 프랑스, 구소련, 미국 등 여러 나라에서 서로 경쟁적으로 연구개발을 하기 시작했는데, 그 중에서 영국과 프랑스가 연구개발하고 있던 것이 우연히도 서로 비슷했기에, 두 나라가 서로 협력하여 공동개발하게 되었는데, 이것이 바로 유명한 서로 협력한다는 뜻의 '콩코드(Concorde)' 여객기입니다.

원형 1호기가 1969년 3월에, 그리고 양산형 1호기가 1971년 12월에 첫 비행을 하고, 1976년 1월부터 런던-파리간 정기노선에 취항하기 시작했는데, 모두 20대가 만들어 졌습니다. 탑승인원이 100명 정도밖에 되지 않고, 소음 공해와 연료소비량이 많았기 때문에 더 이상 생산되지는 못했었습니다.

그래서 27년이 지난 2003년까지 10대 정도가 남아서 운항되다가 그 해 10월 001호기가 히드로 공항에서 존 F 케네디 공항까지 왕복비행을 마지막으로 굿 바이! 하고 말았습니다. 기체 노후에 따른 유지비 부담이 너무 컸기 때문이었다고 합니다.

앞으로 보다 소음이 적고 경제성이 높은 성능 좋은 초음속 여객기가

세계 최초의 초음속 여객기(SST) 콩코드. 1969년 첫 비행, 최대속도 M2.04, 100인승

등장하게 될 것입니다.

한편 구소련에서도 1955년 MIG-19 초음속 전투기에 이어 콩코드와 비슷한 모양의 초음속 여객기 Tu-144가 거의 같은 시기에 개발/운항되었다고 하는데 자세한 내용은 잘 알려지지 않고 있습니다.

제트 엔신의 구조와 직동원리

피스톤 엔진은 실린더 내에서 공기와 연료의 혼합가스를 압축하여 연소시켜 그 팽창압력에 의하여 피스톤을 왕복 운동시키고, 이 왕복운동을 크랭크축의 회전운동으로 바꾸어 주는 형식의 엔진입니다.

그러나 제트엔진은 공기 압축기로 공기만을 압축하여 연소실에 집어넣고 연료를 분사하여 연소시켜 얻어진 팽창압력으로 터빈을 고속 회전시켜 주는 형식의 엔진입니다. 그래서 고온 고압가스에 의하여 터빈이 회전하는 것이기 때문에 일반적으로 '가스터빈 엔진'이라고 합니다.

따라서 피스톤 엔진이나 가스 터빈 엔진은 그 작동원리 면에서 흡입－압축－연소팽창－배기의 4과정을 되풀이 하면서 회전운동을 하는 열기관이라는 점에서는 서로 같은 것입니다. 다만 구조면에서 가스 터빈 엔진은 공기 압축기와 연소실 그리고 터빈과 같은 장치가 좀 복잡하다는 것뿐입니다.

이와 같은 가스 터빈 엔진은 피스톤 엔진과 같이, 항공기용 이외에도 선박용이나 발전용 등 산업용 동력장치로 널리 사용되고 있습니다. 다만 항공기용인 경우에는 터빈의 회전동력을 이용하는 대신, 터빈을 거쳐 나오는 고온고압 가스를 배기노즐을 통하여 힘차게 뒤로 분사(제트)시켜, 그의 반작용의 힘으로 항공기가 앞으로 달리는 추진력을 얻는 것입니다. 그래서 '분사추진 엔진' 또는 '제트 엔진'이라고 하고 있습니다.

반작용의 힘은 유명한 영국의 물리학자인 뉴턴(1642~1727년)의 운동 제3법칙에 따라, 언제나 작용하는 힘과 크기가 같고 방향은 반대입니다. 따라서 프로펠러에 의한 추진력도 그러하지만, 제트기의 추진력을 크게 하기 위해서도 되도록 많은 양의 고압가스를 고속으로 분사시켜 주어야 합니다.

그래서 대형기용 엔진은 기본적인 가스 터빈 엔진 후부에다 터빈을 추가해서 더 달아 배기속도를 증대시켜 주고, 또 공기 압축기 앞에 설치된 프로펠러 비슷한 큰 팬(Fan)을 회전시켜, 보다 많은 양의 공기를 압축하여 그 일부만을 압축기로 보내주고 나머지는 그대로 공중에다 분사시켜, 그 반작용으로 보다 큰 추력을 얻는 엔진입니다.

이와 같은 형식의 엔진을 '터보 팬 엔진'이라고 하는데, 여기서 터보(Turbo)란 터빈(Turbine)의 연결형 단어입니다. 따라서 터보 팬 엔진은 터빈식 즉 가스 터빈식 팬 엔진이란 뜻이 되는 것입니다.

이와 같이 터보 팬 엔진은 기본적인 배기노즐 외에 큰 팬에 의하여 많은 양의 공기를 압축시켜 비교적 낮은 속도로 분사시켜 주고 있기 때문에 아음속 영역(마하 0.6~0.9 범위)에서의 추진효율이 좋고, 연료가

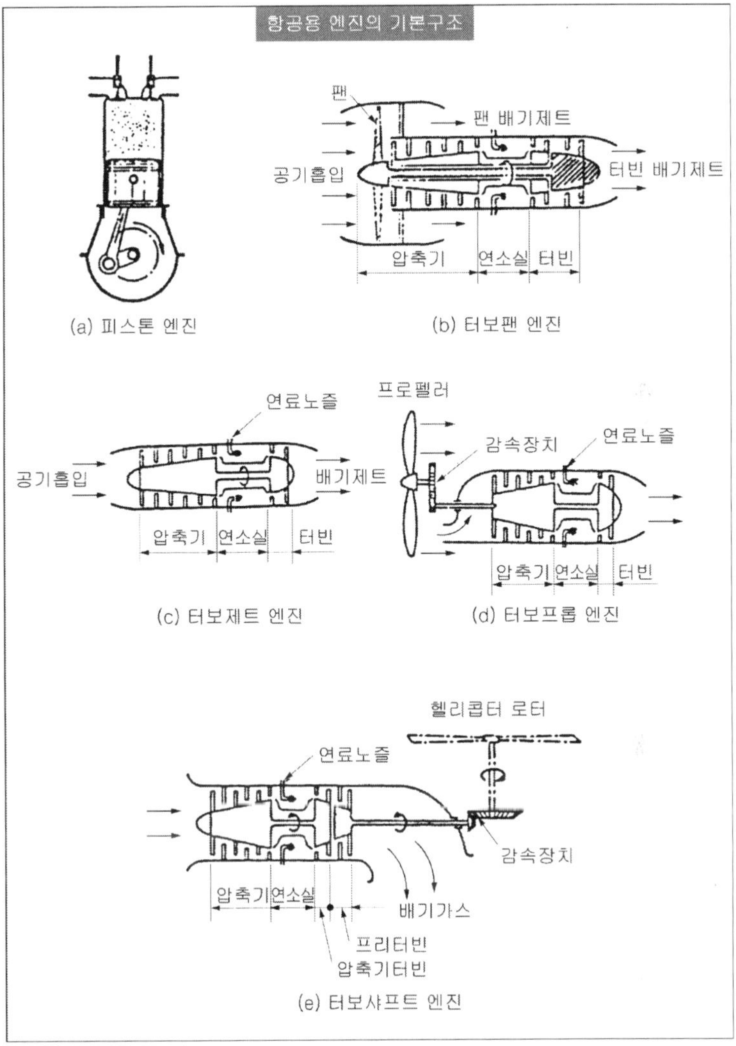

항공기용 엔진의 기본 구조

적게 드는 한편 배기소음도 많이 절감되고 있습니다.

이렇게 터보 팬 엔진은 우수한 특성을 가지고 있기 때문에, 최근에는 군용기나 민간기 할 것 없이 이 터보 팬 엔진이 주로 사용되고 있습니다.

바이패스비(by-pass ratio)란 팬에서 압축된 공기를 그대로 공중에다 분사시키는 양과 압축기로 보내주는 양과의 비를 말하는 것인데, 그대로 공중에다 분사시키는 양이 많을수록, 즉 고 바이패스비 엔진일수록 추진효율이 좋게 마련입니다. 그래서 터보 팬 엔진을 '바이패스 엔진'이라고도 합니다.

3 새로운 항공기의 이모저모

기체의 모양을 보다 날씬하게, 비행성능의 향상

날씬한 모양의 후퇴날개기와 삼각날개기

항공기가 공중을 날 때 받는 공기의 저항력은 비행속도 제곱에 비례하여 증가하게 마련입니다. 그래서 비행속도를 2배로 높이기 위해서는 엔진의 추력을 4배로 높여 주어야 되는데, 기체의 모양을 날씬하게 만들어 공기의 저항을 줄여주면 엔진의 추력을 그렇게 많이 높여주지 않아도 됩니다.

그래서 공기의 저항을 줄여주기 위하여 날개가 뒤로 젖혀진 날씬한 모양의 후퇴날개가 생겨나게 되었는데, 적은 추력으로 안전하게 이음속이나 초음속 비행을 할 수 있게 되었습니다. 그러나 날개의 후퇴각을 너무 많이 해주면 날개 뿌리부분도 괜찮지만 날개 끝부분으로 갈수록 옆방향의 강도가 약해져서 쉽게 비틀리는 현상이 생기게 됩니다.

그래서 후퇴각을 어느 정도 이상 크게 해줄 필요가 있을 때는 후퇴날개의 뒷전과 동체 사이의 공간을 메워 없애고 그 넓은 공간을 연료탱크로 이용하는 방법이 개발되었는데, 이렇게 만든 것이 바로 삼각날개(델타날개) 항공기입니다.

날씬한 여러 가지 모양의 항공기, 최고의 예술작품

이와 같은 삼각날개기는 물론 초고속 군용기에만 해당되는 것이지만 덕분에 그림에서 보는 바와 같이 아주 날씬한 예술적인 모양의 항공기가 많이 등장하게 되었습니다. 그래서 이와 같은 날씬한 항공기의 모양을 보고 흔히들 '과학기술이 만들어낸 최고의 예술작품이다'라고 하고 있습니다.

동체도 날씬하게, －＋＝0인 면적의 법칙

항공기가 공중을 날 때 날개와 동체가 서로 연결되어 있는 날개 뿌리부분에서 공기의 저항력이 가장 크게 나타나는데, 이 부분의 공기저항을 줄여주는 방법으로 －＋＝0인 면적의 법칙(Area Rule)이라는 것이 있습니다.

이 면적의 법칙은 1953년 미국 항공우주연구소의 기사인 리차드씨가 연구해낸 것인데, 날개와 동체를 한 물체로 생각하고 날개가 부착되는 부분의 동체의 모양을 코카콜라병과 같이 홀쭉하게 만들어 동체의 저항력을 줄이고(－), 날개의 저항력(＋)을 합쳐 전체적인 저항력이 －＋＝0이 되게 하는 새로운 구조형식입니다.

그 때 당시 미국의 컨베어사에서 공군의 주문을 받고 자신있게 만들어 낸 YF－102란 삼각날개의 초음속 전투기가 있었는데 시험비행을 아무리 해 보아도 음속을 돌파하지 못하고 마하 0.98정도 밖에는 되지 않아, 공군에다 납품을 하지 못하고 고민하고 있을 때였습니다.

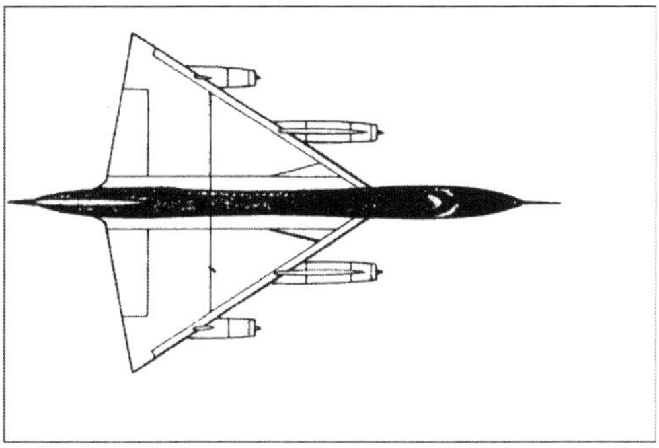

－＋＝0인 면적의 법칙을 적용시켜 동체의 모양을 날씬하게 만들어, 음속 돌파 비행에 성공한 YF-102

그래서 이 면적의 법칙을 적용시켜 동체의 모양을 홀쭉하게 개조했더니 무난히 음속을 돌파할 수 있었다고 합니다. 따라서 면적의 법칙이 일약 유명해지고 그 후부터 초음속기에 많이 유행되어, 동체의 모양이 코카콜라병과 같이 아주 날씬한 모양으로 바뀌게 되었습니다.

그러나 이 면적의 법칙은 어디까지나 마하 1정도에서 그 효과가 좋게 나타난 것이었으며, 마하 1이상의 초음속기에서는 마하수에 따라 동체의 단면 모양이 알맞게 달라져야 했습니다. 그래서 현재는 컴퓨터를 이용하여 원하는 비행속도에 가장 적합한 단면적을 계산하여 보다 효율적으로 설계되고 있습니다.

날개와 동체를 통체로 밋밋하게 만든 브랜디드 윙 보디

최근에는 날개와 동체의 연결부분이 더욱 날씬한 모양을 한 항공기가 많이 나오고 있습니다. 이것은 날개와 동체가 결합되는 부분의 공기저항 즉 압력 분포를 되도록 원활하게, 또 최소화시키기 위하여 동체와 날개의 연결부분을 아주 통체로 밋밋하게 만들었기 때문입니다. 이와 같이 날개와 동체의 연결부분을 통체로 밋밋하게 만든 기체를 브랜디드 윙 보디(Blended Wing Body)라고 하는데, 컴퓨터 기술이 크게 발달된 덕분에 이루어진 성과입니다.

브랜디드 윙 보디 형식의 제1호기는 미국의 록히드사가 1974년에 개발하여 1986년부터 군에 납품하기 시작한 B－1이란 전략폭격기 랜스(Lance)였습니다. 그 후 군용 고속기들은 모두 이와 같은 형식으로 설계 제작되고 있습니다. 이렇게 해서 항공기의 모양이 점점 더 날씬해져 예술 작품화되고 있는 것입니다.

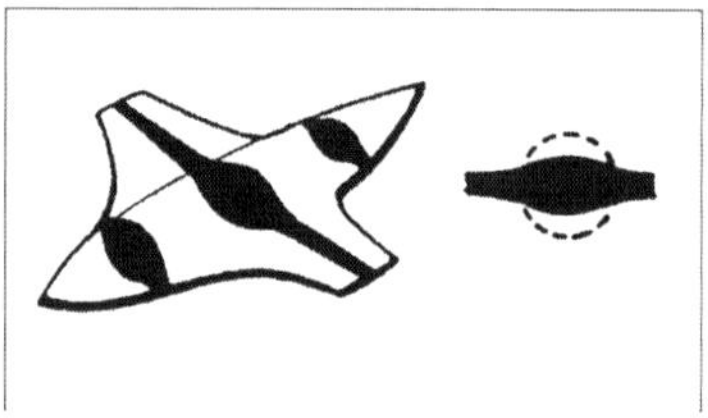
날개와 동체가 통체로 만들어진 브랜디드 윙 보디

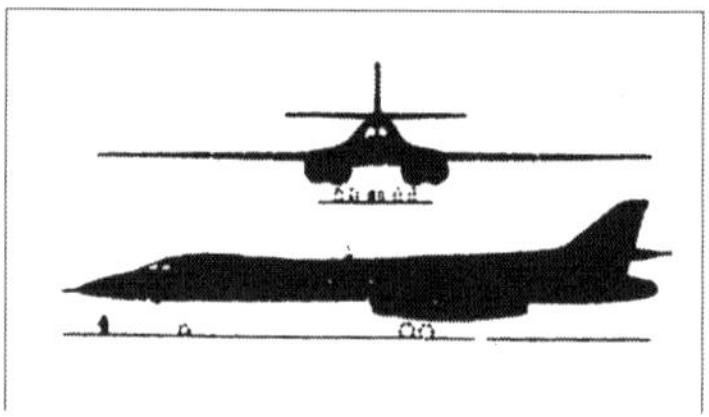
브랜디드 윙 보디 형식으로 만들어진 B-1 폭격기의 날씬한 모습

작은 귀날개와 곁날개가 있는 최신 전투기

최근에 새로 나온 전투기들은 모두 작은 '귀날개'와 날개와 동체를 밋밋하게 서로 연결하는 길쭉한 '곁날개'를 갖고 있기 때문에 더욱 날씬하게 보입니다.

동체 앞부분에 있는 작은 귀날개를 카나드(Canard)라고 하는데, 1967년에 스웨덴에서 처음 개발된 것입니다. 북유럽의 독특한 산악지대와 기상조건 그리고 무장중립, 독자개발이란 국가정책에 따라, 일단 유사시에는 일반 도로에서도 단거리 이착륙이 가능한 뛰어난 STOL(Short Take-off & Landing)성과 아울러 마하 2정도의 고속성을 동시에 만족시킬 수 있는 고성능 다목적 전투기 SAAB 37비겐(Viggen)을 개발할 때 이 작은 귀날개가 처음 등장하게 된 것입니다.

이 작은 귀날개 카나드의 특징은 받음각을 조절해줌으로써 일반 삼각날개기의 결점을 보완해 주는 역할을 한다는 것입니다. 즉 고속비행 때

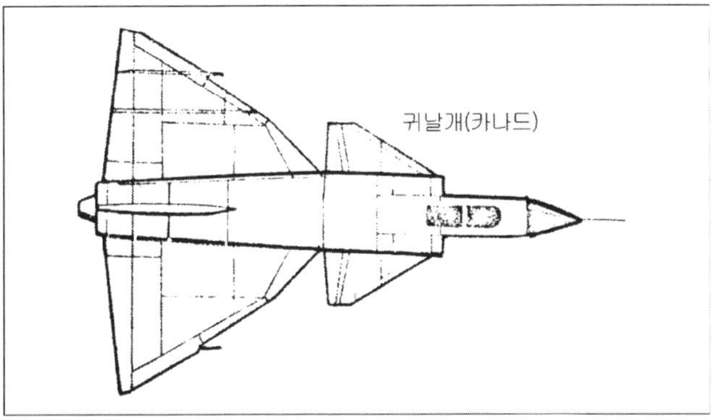

1967년 세계 최초로 개발된 귀날개(카나드)가 달린 SAAB 37 비겐(스웨덴)

는 양력을 발생시켜 기수가 아래로 처지는 것을 막아 속도를 제대로 낼 수 있게 하고, 큰 받음각으로 저속비행, 즉 이착륙을 할 때는 공기의 흐름을 안정시켜 안전한 이착륙이 되도록 도와주는 역할도 해주는 것입니다.

한편 날개의 앞전과 동체를 밋밋하게 연결해 주는 길죽한 곁날개를 스트레이크(Strake)라고 하는데, 1974년 미국의 GD사가 개발한 전천후형 전투기 F-16 파이팅 포올컨(Fighting Falcon)에서 처음 채택된 새로

F-16의 곁날개(스트레이크)에서 강력한 와류가 발생하고 있는 모습

운 설계방식에 의한 것입니다.

동체 앞부분의 양력을 증대시키고 공기저항을 감소시킴과 동시에, 여기서 발생하는 강력한 소용돌이 흐름(와류)에 의하여 큰 받음각 때의 조종성능을 제대로 유지시키고, 안정된 비행을 할 수 있게 하는 등 여러 가지 뛰어난 효과를 나타내고 있습니다.

이와 같이 작은 귀날개와 길쭉한 곁날개는 공기역학적인 특성이 뛰어나기 때문에, 최근 새로 개발되는 고속 전투기에서 많이 채택되고 있습니다. 앞으로 보다 공기역학적인 공력특성이 좋은 날씬하고 아름다운 모양의 예술적인 작품이 더 많이 나오게 될 것입니다.

용도에 따라 여러 가지 모양으로, 수직 이착륙기까지

괴상한 모양을 한 검은 항공기, 스텔스기의 등장

1993년 2차 걸프전 당시 '보이지 않는 검은 항공기'로 유명했던 괴상한 모양을 한 미국의 정찰기 SR-71A, 스텔스(Stealth)기. 보이지 않는 항공기라 해서 사람의 눈으로 볼 수 없다는 것이 아니라, 적의 레이더에 걸리지 않는다 해서 이와 같은 이름이 붙게 된 것입니다. 스텔스는 몰래, 비밀, 또는 은밀이란 뜻이니까 이 SR-71A는 '하늘의 밀사'라고나 할까요?

전투기와 같은 군용기는 적의 레이더가 제일 무서운 것으로 되어 있습니다. 그래서 어떻게 하면 레이더에 걸리지 않는 항공기를 만들 수 있을까 해서 연구한 결과, 기체 표면에 부딪쳐 오는 레이더파를 그대로 반사시키지 않고, 모두 산란시켜 버리는 방법과, 모두 흡수시켜 버리는 방법을 알게 되었습니다.

이러한 새로운 기술에 의하여 제일 먼저 개발된 것이 바로 1964년에 선을 보인 록히드사의 전략 정찰기 SR-71A였습니다. 기체의 모양이 아주 특이하고 모두 까맣게 칠해져 있었기 때문에 '검은 항공기'라고 했는데, 이렇게 까맣게 만든 것은 열의 흡수율을 높여주기 위해서라고 합니다.

이 SR-71A가 군에 배치되어 실용화되기 시작한 것은 1966년부터인데, 특징은 마하 3.5나 되는 초고속 비행이 가능하도록 공기역학적으로 설계가 잘 되어 있고, 비행중에 받는 공력가열(250~270℃)에도 잘 견딜 수 있는 구조와 장비시스템으로 구성되어 있다는 것입니다.

기체구조 중량의 93%정도가 열처리된 티타늄 합금으로 구성되어 있고, 수직 꼬리날개를 쌍으로 만들어 초고속 비행에서의 효과절감을 방지해 주는 등, 새로운 구조재료와 설계방식이 도입되고 있습니다. 등장한지 40년이 더 되었지만 지금도 세계에서 제일 빠른 스텔스기, 검은 항공기로 알려져 있습니다.

그 후 1981년에는 역시 록히드사에서 개발한 F-117A 전투공격기가, 또 1989년에는 노스럽사에서 개발한 B-2 폭격기가 새로 등장했습니다.

이어 1990년에 접어들면서 미 공군의 새로운 전투기 개발사업으로

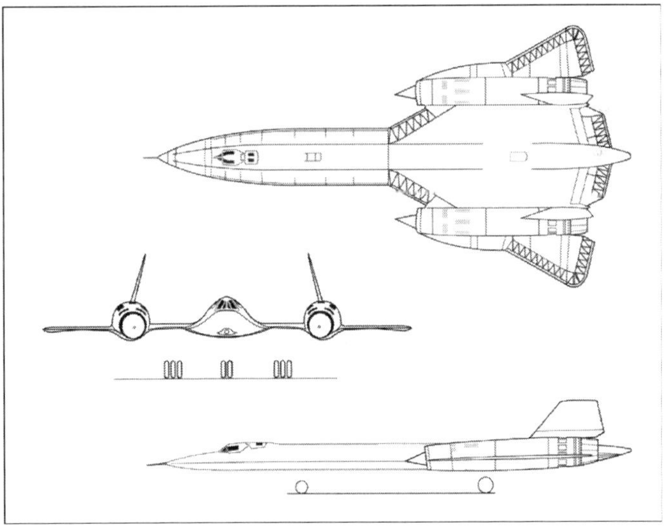

검은 항공기 록히드 SR-71A. 1964년 첫 비행, 마하 3.3 세계에서 제일 빠른 정찰기

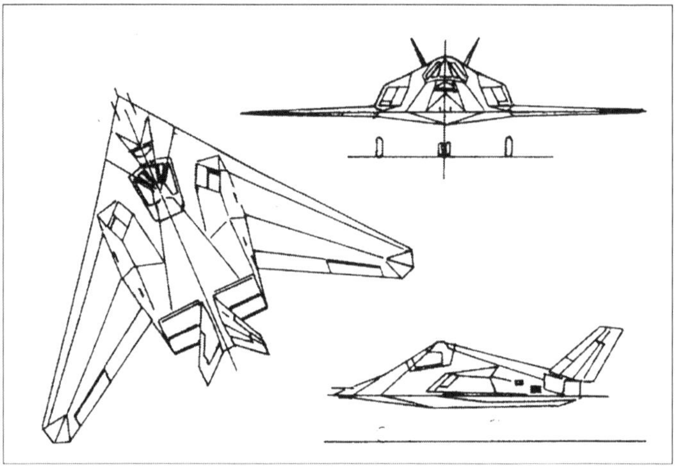

걸프전쟁에서 크게 활약한 검은 전투기 록히드 F-117A. 1981년에 첫 비행을 했지만 1988년에 처음 공개, 최대속도 마하 0.8, 2003년 3월 17일 오산 공군기지에서 언론에 공개

록히드사와 노스럽사가 각각 YF-22와 YF-23이란 새로운 모양의 초음속(마하 2.5급) 스텔스 전투기를 개발하여, 치열한 경쟁 끝에 록히드사의 YF-22가 선정되어 본격적으로 양산단계에 들어가게 되었습니다.

이 YF-22의 별명은 슈퍼스타(Super Star)인데 록히드사가 제너럴 다이내믹스사와 보잉사하고 기술 제휴하여, 미 공군의 차세대 전투기(ATF)로 개발한 것입니다. 1990년 9월 첫 비행에 성공하고 본격적인 양산단계에 들어간 것은 1996년부터였습니다.

그 후 이 YF-22는 록히드 마틴 F-22 라프타(Rapter)란 이름으로 바꿔어 F-15 이글(Eagle) 전투기와 교체하는 작업이 대대적으로 진행되고 있는데, 2014년까지 모두 1천대 가량이 예약되어 있는 상태라고 합니다. 우리 공군에서도 F-15K에 이어 차세대 전투기로 물망에 올라 있는 기종입니다.

그림에서 보는 바와 같이 기체의 모양이 아주 특이한 것은 초고속기로서의 공기역학적인 특성과, 적의 레이더파를 교란시키거나 흡수하기 위한 스텔스성 때문입니다.

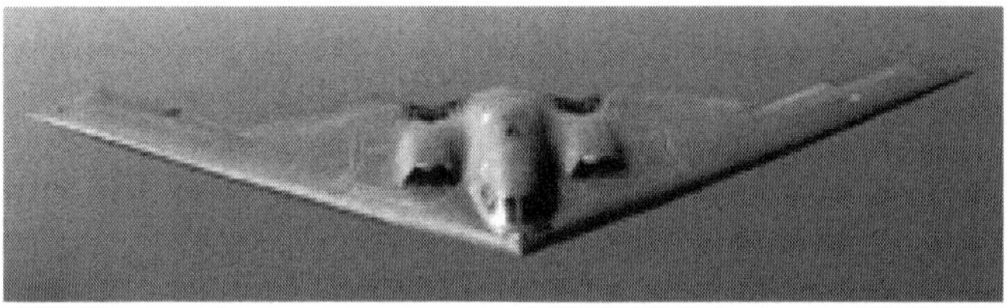

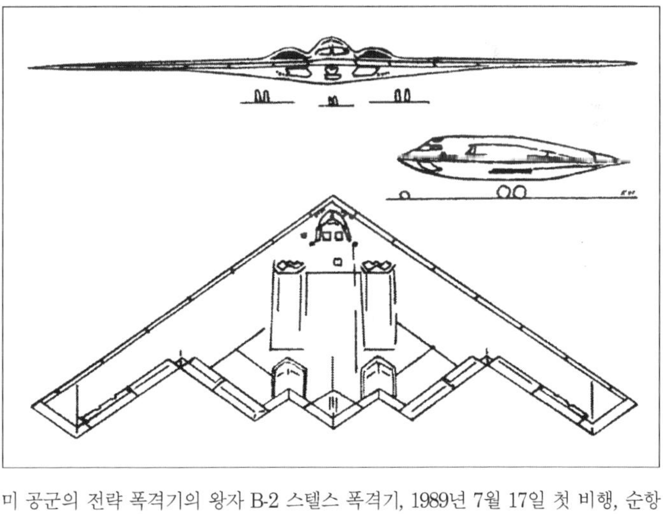

미 공군의 전략 폭격기의 왕자 B-2 스텔스 폭격기, 1989년 7월 17일 첫 비행, 순항속도 마하 0.8, 최대 이륙중량 170,550 kg, 행동반경 5.560 km, 승원 2명

그러나 이와 같은 보이지 않는 항공기를 탐지해 내는 레이더 기술도 만만치 않게 개발되어 가고 있습니다. 스텔스기가 제아무리 레이더파를 산란/흡수하는 구조·재료로 되어있다 해도, 여러 가지 레이더 전파를 혼합해서 발사하면 그 중의 일부는 반사되어 되돌아올 수 있기 때문입니다.

그래서 지금까지 보이지 않았던 것이 레이더스코프에 어렴풋이 그 모습을 나타내게 되었습니다. 따라서 앞으로는 레이더파를 산란/흡수시키는 스텔스기술과 그 반대기술인 새로운 레이더 전파기술이 서로 영원한 상대가 되어 그 기술의 힘을 겨루게 될 것입니다.

플라이 바이 와이어(FBW)식 조종시스템과 CCV 전투기

항공기의 조종시스템은 언제나 정확하고 안전한 것이 생명입니다. 항공기의 속도가 점점 빨라지고 대형화되어 감에 따라 조종사의 힘만으로는 직접 작동시키는 기계식 연결 조종시스템이 한계에 이르러, 전기·전자식 연결방식으로 바뀌게 되었습니다.

새로운 전투기의 조종실 내부 모습. 여러 가지 비행 정보가 영상화면에 잘 나타나고 있다.

조종사가 원하는 조종량을 전기신호로 바꾸어 증폭·검파 처리하여 전기배선으로 조종면까지 보낸 다음에, 기계적인 작동장치인 액추에이터(Actuator)를 작동시켜 조종면을 정확하고 안전하게 작동시켜 주는 것입니다. 이와 같이 전기·전자식으로 작동되는 조종시스템을 플라이 바이 와이어, FBW(Fly-By-Wire)식이라고 합니다.

이 FBW 시스템은 전기·전자기술과 컴퓨터의 발달로 이루어진 것인데, 항공기의 조종성능을 향상시키고, 구조적으로 아주 가볍고 간단하기 때문에 어떠한 항공기에도 적용시킬 수가 있는 것입니다.

그래서 처음에는 군용기에만 쓰이다가 현재는 B 747-400이나 A330 등 새로 개발된 민간여객기에서도 이 FBW 시스템이 사용되고 있는데, 특히 전기배선에 이상이 생겼을 때를 대비하여 시스템의 전기배선이 2중, 3중으로 되어 있고, 시스템의 고장내용을 스스로 진단할 수 있는 '자기진단 장치'등 신뢰성이 아주 높은 고도의 자동화 시스템으로 되어 있기 때문에 아주 편리하고 좋은 것입니다.

또 최근에는 전기배선 시스템의 결점인 전자유도에 의한 잡음이나 번갯불 같은 것에 대비하기 위하여, 광케이블을 이용한 플라이 바이 라이트, FBL(Fly-By-Light) 시스템이 새로 개발되어 있습니다.

F-16 전투기와 같이 기동성이 아주 우수한 CCV(Control-Configured Vehicle) 전투기가 등장하게 된 것은 이 FBW나 FBL 시스템 덕분이랍니다. 지상에 있는 목표물을 공격할 때, 그 전에는 반듯이 기수를 목표물에 향하게 하고 하강비행을 하며 공격을 가한 다음, 상승하기 위하여 기수를 올리고 상승비행, 또 다른 목표물을 공격할 때는 다시 똑같은 동작을 되풀이 해야만 했습니다. 그래서 공격이 끝나고 기수를 올렸을 때 항공기의 넓은 배바닥이 적에게 노출되어 대공포화에 희생되는 경우가 많았습니다.

그러나 기동성이 우수한 CCV 전투기는 기수를 목표물에 향한 채 필요에 따라 기체를 좌우, 상하 마음대로 이동시킬 수 있기 때문에 쓸데없

대지공격을 할 때 CCV와 일반 전투기와의 비교. CCV는 일정 고도를 비행하면서 연속적인 공격이 가능하다.

이 위험한 강하/상승비행을 되풀이 하지 않고도 여러 목표물을 계속 공격할 수가 있는 것입니다.

이와 같은 CCV 비행의 비밀은 동체머리 옆 부분에 달려 있는 조그만 귀날개, 즉 카나드(Canard)에 달려 있습니다. 이 귀날개를 플랩이나 도움날개, 방향키 그리고 전동식 수평 꼬리날개 등과 잘 조화시켜 FBW나 FBL식 자동제어 시스템으로 조종해 줌으로써 CCV비행이 가능하게 될 것입니다.

F-16과 F-18의 힘겨루기

F-16과 F-18은 세계에서 가장 성능이 우수한 전투기라고 알려져 있습니다. 단발기인 F-16의 별명은 파이팅 포올컨(Fighting Falcon), 즉 싸움매이고 쌍발기인 F-18의 별명은 호닛(Hornet), 즉 말벌이랍니다. 싸움매나 말벌이나 다 동작이 민첩하고 공격력이 아주 강한 것들입니다.

전투기는 그 사용목적에 따라 또는 시대적인 요구에 따라 여러 가지 새로운 모델이 개발되어 왔지만, 기본적인 요구조건은 되도록 강력한 무장을 하고 적을 압도할 수 있는 기동성이 뛰어나야 된다는 것입니다.

역사적으로 초기의 전투기는 주로 공중에서 서로 싸우는 공중전을 목적으로 했고, 그 후에는 공중에서 지상에 있는 적을 공격하는 공대지 공격을 위주로 하는 대형 중무장 전투기가 더 이름을 날리게 되었습니다. 그러나 월남전이 시작되고 나서부터는 구소련의 MiG 전투기와의 공중전이 다시 고개를 들어, 이를 제압하기 위한 소형 경량 전투기가 또 필요하게 되었습니다.

1960년대 월남전 당시 미국에서는 중무장을 한 F-15와 같은 대형 전투기를 주력기로 하고 있었기 때문에 육중한 몸으로 기동성이 경쾌한 MiG-17이나 MiG-21에게는 당해 낼 도리가 없었습니다. 그래서 미 공군에서는 이 MiG에 대항할 수 있는 소형 경량 전투기의 개발을 서두르지 않으면 안 되게 되었습니다.

그래서 설계응모를 한 결과, 모두 9개 항공사에서 제안한 것 중에서 제너럴 다이내믹스사와 노스럽사의 것이 채택되게 되었습니다. 이 때가 1972년 4월이었는데 F-16과 F-18의 힘겨루기 경쟁은 이 때부터 시작되었습니다. 왜냐하면 두 회사에서 돈을 많이 들여 개발한 것 중에서 하나만이 당선될 수 있었기 때문입니다.

그래서 두 회사에서 온갖 힘을 다하여 만든 시험용 시작기 YF-16은 단발기였고, FY-17은 쌍발기였는데, 오랜 기간 미 공군당국에서 시험비행을 하며 심사한 결과, 제너럴 다이내믹스사의 YF-16이 당선되었습니다. 노스럽사의 FY-17보다 기동성이 더 좋았기 때문입니다.

이 FY-16이란 시작기가 바로 1974년 첫 비행을 한 F-16의 원형기인데, 그 후 A, B, C, D형 등 여러 가지 개량형이 나와 우리나라를 위시한 세계 여러 나라에서 모두 4천대 이상 많은 대수가 운용되고 있습니다.

경량 전투기 개발경쟁에서 고배를 마신 노스럽사의 YF-17은 그 후 미 해군용 함재기로 채택하게 되었습니다. 미 해군의 입장에서도 운용비가 적게 들고 기동성이 좋은 새로운 소형 함재기가 필요했는데, 함재기로서는 무엇보다도 이착륙성이 좋아야 하기 때문에 쌍발기인 YF-17을 택하게 된 것입니다.

새로운 함상 전투기를 개발하는 데는 오랜 기간과 막대한 예산이 필요하기 때문에 편의상 이미 개발되어 있는 YF-17을 조금 개량해서 쓰기로 한 것입니다. 그래서 이 YF-17을 미 해군용 함재기에 적합하도록 개조, 보강해서 만든 것이 F-18인데, 1호기의 첫 비행이 1978년 11월에 이루어졌습니다. 그 후 이 F-18은 F-16과 같이 A, C, E형 등 단좌기와 B, D, F형 등 복좌기가 개발되었으며, F-16 만큼은 안 되지만 현재까지 세계 여러 나라에서 많이 운용되고 있습니다.

F-16과 F-18은 그 후 일본 공군의 차세대 전투기 후보기로서도 경쟁을 하게 되었습니다. 결과는 또 다시 F-16이 승리했습니다. 5년이란 긴 세월을 두고 힘겨루기를 한 결과, 이번에는 F-18이 이기는가 했는데, 결국에 가서는 F-16C의 개량형으로 낙착되고 말았습니다.

이 때가 1987년 10월이었는데, 당시 일본에서는 제2차 세계대전 패전 이후 오랜 기간 고생 끝에 1977년 6월, 자체적으로 개발한 초음속기 F-1 전투기의 후속기를 개발하는 것이 항공 자위대의 숙원사업이었습니다.

그러나 당시 일본으로서는 F-16급의 고성능 전투기를 독자적으로 개발해 낼만한 실력이 없었기 때문에, 미국의 원생산자인 GD사의 힘을 빌어 공동개발하기로 하였던 것입니다. 일본에서는 이 사업을 차기 지원 전투기 FS-X 사업이라 했는데, 개발비 전액을 일본이 부담하고 GD사의 작업비율을 40% 정도로 하여 그간 일본이 개발한 신기술을 가미하여 1993년까지 시작기 6대를 만든다는 것이었습니다.

그러나 개발비가 폭등하고 작업이 좀 늦어지는 바람에 첫 비행이 2년이 지난 1995년 12월에 이루어졌습니다. 그리고 정식 명칭을 'F-2'라 하고, 단좌기 F-2A를 83대, 복좌기 F-2B를 47대 생산하기로 하였습니다. 그래서 1996년 3월부터 납품되기 시작하여 2001년 3월까지 예정했던 대로 F-1이 모두 F-2로 세대교체 되었다고 합니다.

또한 F-16과 F-18은 그 후 우리나라 공군의 차세대 전투기 사업에서도 치열한 경쟁을 하였습니다. 처음에는 또 F-18이 우세했었는데 개발 생산비용과 기술이전 문제 때문에 계약단계에서 많은 진통을 겪게 되었습니다. 처음에 말했던 것보다 값이 훨씬 비싸졌고 면허생산을 위한 기술이전 문제도 많이 달라졌기 때문입니다.

그래서 결국, 정해진 국방예산과 항공산업의 효율적인 육성을 위해서는 차세대 전투기 사업을 서둘러야 할 입장이었기 때문에 우리 정부당

최신형 단발 전투기 F-16C 싸움매. 1974년 첫 비행

미 해군용 최신 쌍발 전투기 F/A-18A 말벌. 1978년 첫 비행

국으로서는 F-18보다는 값이 싸고 기술이전 조건이 보다 나은 F-16을 택하지 않으면 안 되게 되었습니다. 그래서 우리나라의 차세대 전투기사업 경쟁에서도 F-16이 또 이기게 되었습니다.

이 때가 1991년 10월이었습니다. 이렇게 해서 삼성항공과 GD사간의 계약이 체결되어 한국형 전투기사업 즉 KFP(Korean Fighter Program) 사업이 개시되게 되었습니다.

총사업비 52억 달러를 들여 2000년까지 F-16C를 개량한 KF-16을 모두 120대(완제기 12대, 국내 조립생산 36대, 국내 면허생산 72대)를 확보한다는 계획이었습니다. 사업이 순조롭게 진행되면서 1999년 4월에 이르러, 차기 국산 전투/훈련기 T-50의 양산작업이 개시될 때까지 20대를 더 추가생산 하기로 하고, 2004년 8월 20일 마지막 140호기가 출하됨으로써 KFP 사업이 성공적으로 끝나게 되었습니다.

공중에서 망보고 지휘통제까지 하는 조기경계관제기, E-34

약 1만 m 상공에서 망을 보면서 지휘통제까지 하는 파수병(Sentry)이라고 불리는 전자전의 챔피언 보잉 E-3A 조기 경계관제기는 등에다 커다란 회전 원판을 달고, 기체 내부에다가는 각종 전자·통신 장비를 가득 장착하고 있는 괴물 항공기입니다.

등에 장착된 커다란 회전 원판을 로드 돔(Load Dome)이라고 하는데, 지름이 9.14 m, 두께 1.83 m, 그 내부에는 여러 가지 종류의 안테나가 가득 차 있습니다. 회전속도는 매분 6회씩 약 1만 m 상공을 마하 0.5~0.6 정도의 속도로 비행하면서 반경 약 360 km, 면적으로 약 40만 km^2란 아주 넓은 범위의 지상을 내려다보고 샅샅이 탐지할 수 있는 룩다운(Look Down) 능력을 가지고 있습니다.

로드 돔이 한번 회전하는 동안 한꺼번에 6백 개 이상의 목표물을 감시 추적할 수 있는데, 적군과 아군까지도 식별할 수가 있다고 합니다. 이렇게 감시 추적된 정보는 고도의 전산처리 시스템과 뛰어난 통신능력에 의하여 신속하게 지상에 있는 작전지휘센터에 보내집니다. 그래서 적기의 침입이나 지상의 작전 상황을 공중에서 샅샅이 망을 보면서 효과적으로 작전을 수행하는데 도움을 줄 수 있다고 합니다.

이와 같이 파수병이란 별명의 E-3A는 1만m 상공을 날아다니면서 조기경계 업무와 지휘통제 업무, 그리고 통신업무까지 세 가지 업무를 동시에 수행하고 있습니다. 베트남 전쟁때만 해도 이 세 가지 업무가 서로 다른 항공기에 의하여 각각 이루어졌으나, 1977년 3월 이 E-3A가 등장하면서부터 세 가지 업무를 혼자서 도맡아 할 수 있게 되었습니다. 지난번 걸프 전쟁이나 아프간 전쟁을 단시일 내에 효과적으로 끝낼 수 있었던 것은 이 파수병의 역할이 컸기 때문이라고 합니다.

이 파수병 E-3A는 보잉 747-302B형 4발 제트 여객기의 기체를 그대로 유용하여, 로드 돔을 설치하고 공중급유 장치와 엔진을 보강하여 만든 것인데, 1984년부터는 내부 전자통신 시스템의 성능이 개선된 B형과 C형이 나오고 있습니다.

현재 미 공군을 위시하여 우리나라를 포함한 여러 나라에서 나름대로 이 파수병이 많이 운용되고 있는데, 자체 무장을 하고 있지 않기 때문에 일단 유사시에는 무장을 한 전투기가 이를 호위해 주어야 된다고 합니다.

보잉사에서 개발한 조기경계기 E-3A. 보잉 707-320B 4발 여객기의 기체를 유용하여 큰 로드 돔을 설치했다.

E-3A가 나오기 전에는 '독수리 눈'이란 별명을 가진 터보프롭 쌍발기인 E-2기가 있었는데, 원형기가 1960년대 개발되었고, 양산형 E-2A가 1965년, 그 후 개량형 E-2B가 1969년, 그리고 E-2C가 1971년에 개발되어 1977년 E-3A가 나올 때까지 운용되었습니다.

한편 언제 일어날지 모르는 핵전쟁에 대비하기 위하여 미국에서는 대통령 이하 모든 각료들이 탑승하고 하늘의 지휘본부 역할을 하는 E-4, '공중지휘기'가 이미 1973년에 개발되어 있다고 합니다. 747-200 점보 여객기를 개조해서 만든 것인데, 공중급유를 하면 72시간 운항이 가능하다고 합니다.

미국의 '하늘의 지휘본부' E-4 공중지휘기. 1973년 6월 첫 비행

수직 이착륙이 가능한 V/STOL기

항공기가 이착륙을 하려면 긴 활주로가 있어야 하는데, 지상 활주를 하지 않고 헬리콥터와 같이 제자리에서 그대로 이착륙을 할 수 있다면 그보다 더 좋은 일은 없을 것입니다. 이와 같은 수직 이착륙이 가능한 항공기를 VTOL(Vertical Take-off Landing)기 라고 하는데, 공중에서는 일반 항공기와 같이 고속비행이 가능하고, 좁은 장소에서 이착륙을 할 수 있기 때문에 아주 편리한 것입니다.

한편 활주거리가 아주 짧은 항공기를 STOL(Short Take-off Landing)기, 즉 단거리 이착륙기라고 하는데, 활주를 시작하여 고도 15 m까지 상승하는데 필요한 수평거리가 610 m이하이고, 착륙할 때도 고도 15 m에서 활주로에 접지하여 정지할 때까지의 수평거리가 610 m이하이어야 한다는 것입니다.

이와 같은 STOL기는 큰 플랩 같은 고양력 장치를 이용해서 양력을 많이 얻어 활주거리를 짧게 해 주므로 긴 활주로가 필요 없기 때문에 아주 편리한 항공기입니다. VTOL기도 이 STOL기 역할을 할 수 있기 때문에 일반적으로 이 두 가지 기능을 합하여 V/STOL기라고 합니다.

이와 같은 V/STOL기의 개발계획은 아주 오래 전부터 추진되어온 것으로, 항공모함이 아닌 일반 전함에서도 이착륙이 가능한 전투기를 개발하는 것이 목적이었습니다. 그래서 제일 먼저 시험비행에 성공한 것이 1954년 미국의 컴베어사에서 개발한 XFY-1이란 프로펠러식 V/STOL기였습니다. 그러나 기술적으로 여러 가지 어려운 문제가 발생하여 1956년 개발사업이 중단되고 말았습니다.

그 후 수직 상승용 엔진을 따로 장착하는 방법, 엔진의 방향을 바꾸어주는 방법, 또 제트의 분출방향을 바꾸어 주는 방법 등 여러 가지 방법이 연구되었지만, 현재까지 실용화에 성공한 것은 1966년 영국에서 개발한 '노끼 사냥개'란 이름의 전투공격기 해리어(Harrier) 뿐입니다. 초음속기는 아니지만 1982년 일어난 포틀랜드 전쟁 때 그 실력을 유감없이 발휘하여 세계의 주목을 받게 되었습니다.

현재 이 해리어는 영국의 공군과 해군용(Sea Harrier), 그리고 미국의 해병대용(AV-8A, -8B)으로 많이 사용되고 있는데 원래의 해리어와는 그 구조와 성능이 다소 차이가 있습니다. 그러나 엔진은 모두 영국의 롤스로이스(RR)사의 터보 팬 엔진을 사용하고 있으며, 4개의 제트노즐에 의하여 제트분류의 방향을 조절하여 V/STOL이 가능하게 하고 있습니다.

앞쪽에 있는 2개의 노즐에서는 압축기에서 압축된 공기, 뒤쪽의 2개

1978년 8월 첫 비행한 영국 해군용 V/STOL기, BAE 시 헤리어

의 노즐에서는 연소실에서 나온 고온의 제트분류인데, 이 4개의 노즐에서 나오는 분류의 방향을 조절하여 수직방향의 양력과 수평방향의 추진력을 동시에 얻는 두 가지 기능을 겸하고 있습니다.

그러나 엔진에 연결되어 있는 4개의 노즐만으로는 항공기의 자세를 제대로 안정시키기가 좀 어렵기 때문에, 항공기의 기수와 꼬리부분 그리고 양 날개 끝에다 파이프로 연결된 공기 분출구를 추가로 설치하여, 고압공기의 분출량을 조절, 기체의 자세를 알맞게 조절해 주고 있습니다.

이와 같이 V/STOL기에 관한 기술은 구조적으로나 실제로 조종하는 면에서 여러 가지 어려움이 있고, 또 연료가 많이 든다는 결점이 있기 때문에, 개발하기가 아주 어려운 것입니다. 뿐만 아니라 이착륙을 할 때 고온의 분류가스를 지면에다 직접 분사시켜야 하기 때문에 지면이 손상되기 쉽고, 먼지가 많이 나서 엔진이 고장나기 쉬우며, 기타 소음공해 등 환경보존 면에서 많은 문제점을 안고 있습니다. 그러나 항공기술이 발달함에 따라 앞으로 새로운 V/STOL기가 개발되어 보다 많은 활약을 하게 될 것입니다.

엔진의 방향을 바꾸어 주는 틸트로터기, V-22

미국의 벨사와 보잉사가 공동으로 개발한 V-22 오스프레이(Osprey)란 이름의 틸트로터기는 1989년 3월 첫 비행에 성공하고 1999년 5월부터 미 해병대에 납품되고 있는 아주 새로운 모습의 수직 이착륙기입니다.

틸트(Tilt)란 경사 즉 기울다는 뜻인데, 이 V-22는 일반 항공기 모양의 날개 끝에다 엔진과 로터(프로펠러)를 달고, 이를 수직방향으로 회전시켜, 헬리콥터와 같이 수직 이착륙을 하고, 순항비행을 할 때는 이를 수평방향으로 되돌려 터보프롭기와 같이 고속으로 장거리 비행을 할 수 있는 것입니다. 헬리콥터의 특성과 터보프롭기의 특성을 겸비한 새로운 모습의 VTOL기인 것입니다.

일찍이 미국의 벨사에서는 1955년부터 이러한 개념의 VTOL기에 대한 연구개발을 시도해 왔었는데, 1986년 미 국방부에서는 이를 주목하고 벨사와 보잉사가 공동계약을 맺고, V-22를 공동개발 하도록 하였습니다.

이 때 미 국방부가 요구한 조건을 살펴보면 기본적으로는 군용 수송기로서의 대량 고속 수송능력을 바탕으로 하되, 공중지휘 및 통신 중계, 방사능이나 생물화학무기에 대한 방어, 구급용 호이스트 역할, 고속 제트기의 매달기 수송, 공중급유, 그리고 헬기보다 속도는 2배, 항속거리는 4배, 게다가 일단 유사시 소형화기에 대한 내구성이 14~21배, 이착륙 때의 체공시간은 1/2, 외부 소음은 1/4정도라야 한다는 등 아주 엄한 조건들이었습니다.

그래서 실험연구용 시작기 1호기가 1989년 3월, 첫 비행을 하는데 성공했고, 1991년 6월까지 5호기를 생산하여 기반을 굳힌 다음, 6호기에 이어 1992년 10월 계약을 새로 맺고 양산형 시작기 V-22B를 4대 더 만들기로 했습니다. 그러니까 모두 10대의 시험기가 만들어진 것입니다.

그 후 1995년 5월 미 국방부로부터 실용기용 부품생산을 인정받고, 1997년 4월 1차적으로 5대의 실용기를 생산하기로 하였습니다. 그 중 1

호기가 1999년 5월에 미 해병대에 납품되었는데 이것이 MD-22B입니다. 2001년 6월부터 실전에 배치되고 있는데 앞으로 25년 동안 모두 425대가 소요될 것이라고 합니다.

또한 미 공군의 특수작전용 CV-22A는 2005년부터 8년 동안에 걸쳐 모두 50대가 배치될 예정이고, 미 해군용 수색구조기 HV-22A는 2010년부터 2021년까지 48대가 소요될 것이라고 합니다.

그러나 이러한 소요계획에 대하여 제작사측에서는 양산기간을 14년 정도로 단축을 하면, 생산비 예산액을 360억 달러에서 1/4인 90억 달러 정도로 절감할 수 있게 될 것이라고 합니다. 또 앞으로 이 V-22가 민간용으로 활약될 경우 중·단거리 교통의 혁신을 가져올 수 있을 것이라고 분석되고 있습니다.

사상 최초의 실용형 틸트로터기 V-22, 수직이륙 모습

논스톱 세계일주 비행용 단발 제트기

최근에 와서 미국의 억만장자 모험가인 스티브 포셋(61세)씨가 사상 최초로 논스톱 세계일주 단독비행에 성공했습니다. 2005년 2월 28일 오후 6시 47분 특수한 모양(사진 참조)으로 설계 제작된 단발 제트기 '글

특이하게 만들어진 글로벌 플라이어호가 세계일주 비행을 마치고 착륙하는 모습. 중앙에 조종실, 양쪽 동체는 연료탱크, 길이 13.4 m, 폭 : 34.7 m, 높이 : 4.1 m, 무게 : 10톤(기체만은 1.5톤), 속도 : 460 kg/h

로벌 플라이어'호를 타고, 미국 캔자스 주 설라이나 공항을 이륙해서 캐나다 - 대서양 - 아프리카 - 중동 - 인도 - 중국 - 태평양 상공을 날아 3월 3일 오후 1시 4분 설라이나 공항에 무사히 되돌아오는데 성공하였습니다.

이 때 비행거리는 3만 7000 km, 비행시간은 67시간이었습니다. 착륙 후 포셋씨는 수천 명의 축하객들에게 "이것은 내가 오랫동안 꿈꿔온 열망이었다."며 기뻐했다고 합니다. 이번 성공은 포셋씨가 5번째 도전 끝에 이루어낸 '행복'이었는데, 2002년에는 열기구를 타고 혼자서 세계일주 비행을 했다고 합니다. 모험가의 행복은 도전하는 삶에 있는 것 같습니다.

차세대용 다목적 전투기, F-35

이 F - 35는 장거리 항속능력과 공대공, 공대지 능력을 겸비한 스텔스 전투기로써 미국의 JSF(Joint Strike Fighter) 프로그램에 의해 록히드 마틴사에서 개발하고 있는 차세대용 다목적 전투기입니다.

그동안 주력 전투기 역할을 해온 F - 22는 속도와 스텔스 기타 여러 가지 기능면에서는 만족스러웠지만, 너무 고가의 기체라는 점에서 한계에 부딪히고 있었는데, 그의 모든 특성을 그대로 이어 살리고 여러 가지 용도의 파생형을 만들어 대량생산에 의한 저가 공급을 목표로 하여 개발된 것이 바로 이 F-35라고 합니다.

록히드 마틴사에서는 각 군이 요구하는 대로 여러 가지 모델을 제작하는데 있어 되도록 공통부품을 많이 사용하여 생산의 효율성과 운용의 공통성을 증대시키고, F-117이나 F-22에 적용되고 있는 우수한 저고도 탐지능력 등을 그대로 구비시키고, 새로운 리프트 팬(Lift Fan) 구조를 사용한 단거리 수직 이착륙 성능까지를 구비시켜, 최대한으로 생산원가를 절감시키겠다는 것이 주목적이라고 합니다.

그래서 공대공, 공대지, 동시 무장 등 기타 구조면에서 70~90%의 공통성을 최대한 추구하여 대량생산을 통한 도입단가의 하락과, 운영시 후방지원을 용이하게 할 수 있을 것이라고 합니다.

기본형인 CTOL(Conventional Take-off Landing)기는 미 공군용으로 만들어 질 것이며, 파생형인 CV(Carria Variant)기는 해군용인데 공군의 기본형보다 저속 조종 안전성을 높이기 위해 주날개와 수직 꼬리날개의 조종면을 넓혀, 항공모함에서 유용하도록 특성화하였으며, 해병대용으로는 단거리 수직 이착륙이 가능한 STOVL(Short Take-off Vertical Landing)방식으로 개발될 것이라고 합니다.

미국이나 영국의 해 · 공 · 해병대가 차세대 전투·공격기를 각 군별로 단독 개발할 경우 과다한 비용이 소요되기 때문에, 각 군별 요구를 통합하여 다목적으로 운용 가능한 첨단 전투기를 개발함으로써 획득비용과 운용유지비를 절감하는 것이 이 JSF 프로그램의 기본 목적인 것입니다.

이렇게 함으로써 전체 수명 주기비용(Life cycle cost)을 33~35%정도 감소시킬 것으로 예상되며, 판매가격을 대당 3,000만 달러 내외로 예상하여 개발이 추진되고 있다고 합니다. 참고로 F-16은 2,000만 달러, F-22는 7,100만 달러('94년 기준)라고 합니다.

이 F-35의 예상되는 수요량은 미 해군이 F/A-18 보완용으로 480대,

미 공군이 A-10, F-16 대체, F-22 보완용으로 1,763대, 미 해병대가 AV-8B, F/A-18 대체용으로 609대, 그리고 영국의 해·공군용 AV-8B 대체용으로 150대 등 모두 3,002대 인데, 추가로 다른 나라에 대한 판매 예상대수도 3,000여대에 달할 것으로 예측되고 있습니다.

이 JSF 프로젝트는 1993년 미 해·공군·해병대가 공동발표하고, 1995년 12월에 영국이 참여한 후 1996년 11월 개발 대상 업체가 선정되어, 2000년 9월~10월, 보잉사의 X-32와 록히드 마틴사의 X-35 시제기가 서로 경쟁 끝에 X-35가 승리한 것이었습니다. 2004년까지 시험비행을 모두 마치고, 2007년부터 실전배치될 예정인데 영국의 수요를 우선 충족시켜주게 될 것이라고 합니다.

그 후 이 F-35는 2040년까지 세계 최고급 스텔스 전투기가 될 것을 목표로 하고 있습니다. 그래서 F/A-22에 버금가는 공대공 능력을 갖추고, 2025년까지 미 공군의 주력기가 될 것이며, 해군과 해병대에서는 모든 외관을 스텔스화한 전투기로는 처음 배치될 것이라고 합니다.

미국에서는 그간 이 JSF 개발사업에 2002년에는 15억 달러, 2003년에는 34억 달러, 2004년에는 38억 달러, 그리고 2005년과 2006년에는 각각 57억 달러 등 기하급수적으로 많은 투자를 해 왔는데 앞으로 부담금을 줄이고 수요와 생산의 효율성을 증대시키기 위하여 외국 업체들을 참여시키는 방안을 추진해 오고 있었습니다.

그래서 2005년 현재 영국을 위시하여 캐나다, 덴마크, 네덜란드, 노르웨이, 이태리 등 6개국이 참여하고 있는데, 앞으로 터키와 오스트레일리아, 이스라엘, 싱가포르, 그리고 일본도 참여할 것이라고 합니다.

결과적으로 미국이 주축이 되어 추진하고 있는 이 F-35개발사업은 3,000대 이상 생산이 이루어지게 되면 2000억 달러 이상의 수익이 있을 것으로 예상되는 최대규모의 사업이라고 합니다.

싱가포르에서 열린 '2004 아시아 항공우주박람회'에서 공개되고 있는 F-35의 모델

차세대용 다목적 전투기, F-35의 특이한 모습

안전제일의 민간여객기, 민항공수요의 급상승

안전운항을 도모하기 위한 새로운 항공기술

장거리 여행하면 누구나 B747-400이나 A340-300과 같은 대형 최신 여객기를 생각하게 될 것입니다. 불과 20여년 전만해도 수십 명 정도밖에 타지 못하는 프로펠러식 여객기를 타고 중간에 내려서 연료를 공급받아 가면서 오랜 시간 날아가야 했는데, 이제는 수 백명이 같이 탈 수 있는 점보여객기로 단숨에 날아갈 수 있는 좋은 시대가 되었습니다.

그러나 제아무리 대형, 고속을 자랑하는 제트 여객기라 할지라도 우선 안전운항이 제일이고, 마음이 쾌적한 탑승감과 질 높은 서비스, 그리고 운임이 되도록 싸야 한다는 것이 현대 항공교통의 바램입니다.

안전운항을 위해서는 신뢰성이 높은 엔진이나 기체의 설계·제작기술은 물론, 항공교통 관제시설을 포함한 여러 가지 안전운항을 돕는 시설과 그 운용기술이 잘 뒷받침되어야 하는 것입니다.

앞으로 항공교통 수요가 점점 늘어감에 따라, 보다 성능이 좋은 새로운 여객기가 더 많이 필요하게 될 것입니다. 현재 전 세계적으로 약 2만대에 가까운 크고 작은 여객기가 운용되고 있는데, 앞으로 그 수가 더 많이 늘어날 것입니다. 따라서 항공산업이 크게 발달하게 될 것입니다.

우리나라에서도 이미 오래 전부터 대한항공, 삼성, 대우, 현대 등 큰 사업체의 항공사업부와 여러 중소업체에서 이에 대비한 여러 가지 일을 추진해 오다가 IMF 파동 이후 구조조정으로 삼성, 대우, 현대의 항공사업부가 1999년 10월, 한국항공우주산업(주)로 통합되어 오늘에 이르고 있는 것입니다.

1978년 만든 항공공업진흥법을 폐지하고 1988년에 새로 만든 항공우주산업개발촉진법은, 급속히 발전하고 있는 항공우주산업을 뒷받침하기 위한 것이고, 또 1992년 7월에 개정된 항공법은 보다 높은 수준의 안전운항을 도모하기 위한 것이었습니다.

새로운 21세기를 맞이하여 여러 가지 첨단기술 개발을 추구하고 있는 우리 입장에서 볼 때, 가장 인기가 높은 첨단기술인 항공우주산업을 보다 적극적으로 개발 촉진시켜 나가도록 해야 되겠습니다.

여객기에서 요구되고 있는 새로운 항공기술

모든 항공기는 언제나 그 시대의 첨단과학기술 분야의 선두주자로서 발전되어 왔습니다. 그래서 항공기를 설계·제작하고 운용·관리하는데 있어 되도록 비용을 적게 드리고 성능을 최대로 향상시킬 수 있는 보다 새로운 항공기술이 언제나 요구되고 있는 것입니다.

현 시점에서 여객기에서 요구되고 있는 새로운 항공기술의 내용을 살펴보면 대략 다음과 같은 내용으로 되어 있습니다.

① 더욱 공기의 저항을 줄이고 양력을 증대시키기 위한 고도의 공기역학적인 설계기술, 즉 양항비(양력/합력)의 증가

② 사람이나 화물의 적재능력을 더욱 향상시키기 위한 새로운 구조, 재료에 관한 기술, 즉 페이로드의 향상과 수명 연장

③ 연료의 소비량이 더욱 적은 새로운 고출력 엔진의 개발 기술, 즉 엔진의 성능향상

④ 모든 시스템을 보다 능동적으로 제어하기 위한 자동제어에 관한 새로운 기술, 즉 전자기술의 향상

⑤ 이상과 같은 여러 가지 선진기술을 최적상태로 종합화시키는 새로운 통합설계 · 제작 · 운용에 관한 기술, 즉 시스템 통합기술의 향상

⑥ 안전운항을 도모하기 위한 새로운 항법 및 운항방법에 관한 기술, 즉 안전운항에 관한 기술향상

⑦ 인간공학적인 안전성의 향상과 공해문제를 보다 최소화 시킬 수 있는 새로운 기술, 즉 자연환경 보호에 관한 기술향상

이상과 같은 여러 가지 새로운 기술의 대부분은 컴퓨터 기술의 발달

과 아주 밀접한 관계가 있는데, 결론적으로 말한다면 되도록 에너지를 절약하고 운항효율이 높은 여객기를 개발하는 것이 새로운 기술개발의 초점이 되고 있는 것입니다.

에너지 절약의 초점은 연료 소비율을 보다 적게 하는 것인데, 두 차례에 걸친 오일쇼크와 중동사태 등으로 심각한 문제가 되었습니다. 1960년대의 B707에 비하여 현재의 B767이나 B777은 연료 소비율이 2분의 1정도로 많이 줄어들고 있지만, 앞으로 새로 개발되는 차세대용 여객기는 현재보다 40% 정도 더 줄일 것을 목표로 하고 있습니다.

한편 운항효율을 높이기 위해서는 기체의 모양을 보다 날씬하게 개선하여 공기저항을 더 감소시키는 방법과, 저항력을 증대시키지 않고 비행속도나 페이로드를 증대시키는 방법 등에 관한 새로운 기술이 요구되고 있습니다.

현재 계획되고 있는 날개와 동체가 통체로 된 초대형 화물수송기 스팬로더(Span Loader)기나 지구촌을 1일 생활권 이내로 단축시킬 수 있는 새로운 초음속 여객기 HSCT(High Speed Commercial Transport) 등은 수송효율을 높이기 위한 차세대의 새로운 항공기가 될 것입니다.

새로 개발 추진되고 있는 초대형 수송기. 스팬로더기의 예상도. 날개 안에다 화물을 적재한다.

날개 끝에 붙어 있는 작은 날개, 윙렛의 효과

1988년 말부터 운항 개시된 747-400 점보기 날개 끝에는 날씬한 작은 날개가 위로 꺾여진 모양으로 붙어 있는데, 이것을 윙레트(winglet)라고 합니다. 최근에 와서 이 윙레트가 붙어 있는 날씬한 모양의 항공기를 자주 볼 수 있는데, 이 윙레트가 등장하게 된 것은 어느 소형 항공기가 747 점보기 날개 끝에서 발생하는 소용돌이 흐름에 휘말려 추락 당하고 나서부터 새로 연구개발된 것이라고 합니다.

윙레트를 붙이면 날개 끝에서 생기는 소용돌이 흐름현상을 막아 추력을 증가시킬 수 있고, 동시에 날개폭이 길어지는 것과 같은 효과를 얻을 수 있기 때문에 공기역학적으로 안전운항을 하는데 아주 좋다고 합니다.

그래서 요즘 새로 설계되는 항공기는 큰 것, 작은 것 할 것 없이 거의 다 이와 같은 윙레트를 붙이게 되었습니다. 그 바람에 항공기의 모양이 더욱 날씬해 졌습니다.

747-400 점보기 날개 끝에 붙어 있는 윙레트의 날씬한 모습. 1989년 6월, KAL에서 1호기 도입, 민항공의 세계화

1983년, 독일에서 만든 경비행기, 자이로 후르크 카나드 2인승. 커다란 윙레트가 붙어 있는 날씬한 모습

급증하는 민항공 수요, 새로운 여객기의 개발 경쟁

국제민간항공기구인 ICAO 통계자료에 의하면, 최근 전 세계 항공사에서 운용되고 있는 항공기의 수는 모두 약 2만 대 정도인데, 10년 동안에 무려 50%가 증가한 것으로 되어 있습니다. 이는 그 만큼 민항공의 수요가 급증했다는 것을 입증하는 것입니다.

또 미국 보잉사에서 집계한 기종별 운항대수 순위를 살펴보면, 톱 1위는 B737 시리즈 쌍발기이고, 2위도 역시 쌍발기인 DC-9 시리즈로 되어 있으며, 4발기인 B747 시리즈는 5위, 그리고 쌍발기인 A300 시리즈는 9위로 되어 있습니다.

2000년 이후 새로운 여객기가 잇따라 선을 보이고 있는데, 우선 미국의 보잉사에서는 B777의 항속거리를 늘리기 위한 B777-200/-300, 그리고 B767-300을 조금 대형화시킨 B767-400, 또 B737-800/-900 등 여러 가지 새로운 모델이 등장하고 있습니다.

한편 유럽의 명문인 에어버스사에서는 A340-300의 동체를 보다 길게 연장한 A340-600을 위시하여, 미국의 B747-400을 능가하는 555석급의 슈퍼점보 여객기 A380이 새로 개발되고 있습니다.

라이벌인 미국의 보잉사에서는 이 A380에 맞서기 위하여 B747-400을 대형화한 B747X를 개발하려고 했는데, 이러한 대형 여객기의 수요가 별로 많지 않을 것이라고 조사 연구되었기 때문에 이 계획을 취소하고, 그 대신 마하 0.95~0.98 정도의 초음속으로 나는 250석급 장거리 여객기를 개발하기로 했다는데, 구체적인 내용은 아직 알려지지 않고 있습니다.

그러나 최근 새로 보도된 자료에 의하면 2005년 두바이 에어쇼 개막 1주일을 앞둔 2005년 11월 14일, 보잉사에서는 계획했다 취소했다는 B747-8의 내용을 전격 발표했다고 합니다. 기존 B747보다 동체 길이가 3.7 m나 길고, 탑승인원도 40명 가까이 늘어나 450명에 이른다고 하는데 보다 자세한 내용은 미지수입니다.

한편 새로운 중거리 여객기 개발사업에 있어서도 A330-200(290석 규모)의 동체를 약간 단축시킨 A330-500(260석 규모)과 B777-200(400석 규모)을 단축시킨 B777-100X(250석 규모) 사업이 추진되고 있습니다.

또, 캐나다의 봄바디어사에서도 CRJ-700(70석 규모)을 개량한 CRJ-900(90석 규모)이 새로 선을 보였고, 브라질의 엠브라엘사에서도

B767의 발전형인 B777, -200은 400석, -300은 500석 규모

에어버스사가 개발한 A340, -200은 400석, -300은 440석 규모

브라질의 엠브라엘사에서 개발한 ERJ, -170은 70석, -190은 100석 규모

ERJ-145(50석 규모)의 동체를 늘린 ERJ-190(100석 규모)이 새로 개발되고 있습니다.

결론적으로 보면 B747과 같은 점보기 보다는 규모가 좀 작은 쌍발형 여객기가 보다 실속이 있기 때문에, 서로 경쟁적으로 많이 개발하고 있는 실정입니다. 우리나라에서도 90년대 중반부터 중국과 100인승급 여객기를 공동개발하기 위해 많은 노력을 하였으나 협상이 결렬되고 말았고, 이어서 유럽과의 70인승급 여객기 공동개발사업도 무산되고 만 일이 있었습니다. 앞으로 우리나라에서도 새로운 여객기가 하나 개발되었으면 하는 마음 간절합니다.

차세대용 점보 여객기, A380

지난 30여년 동안 온 세계의 하늘을 주름잡아 온 미국의 보잉 747 점보기가 보다 거대한 강적과 맞닥뜨리게 되었습니다.

유럽의 에어버스사에서 개발한 A380이 바로 그것인데, 2005년 4월 27일 4시간에 걸친 시험비행에 성공하고 2006년 초부터 본격적으로 운항개시 될 것이라고 합니다.

에어버스사가 11년간 130억 달러를 투자해서 만들어 낸 야심작으로 최대 항속거리가 1만 5,000 km, 2층 구조로 555명에서 820명까지 태울 수 있는 사상 최대규모의 호화스런 여객기라고 합니다.

대한항공을 비롯한 세계 15개 항공사에서 벌써 154대를 주문했을 정도로 인기가 집중되고 있다고 합니다. 한 대당 기본 가격이 2억 7,000만 달러(약 3,240억원)에 달한다는 이 차세대용 점보기 A380의 구조내용을 살펴보면 대략 다음과 같습니다.

우선 날개의 면적이 747-400보다 40%이상 더 크고, 공기저항을 줄이기 위한 복합형태로 하여 소용돌이 현상이 덜 일어나도록 설계되어 있다고 합니다.

동체표면도 '글래어'라는 새로운 소재로 만들어졌는데, 아주 강성이 뛰어난 균열 방지용 유리섬유에다 0.5 mm 두께의 알루미늄판을 끼워 넣은 것이라고 합니다.

동체 내부는 복층구조인데 2층에 9열, 1층에 11열의 좌석이 배치되어 있고, 라운지와 소매점, 그리고 비즈니스 센터 등 문화시설이 잘 갖추어져 있습니다.

또 바퀴가 20개나 되는 이 A380의 주장착장치도 경량합금소재로 되어 있는데 그 무게가 무려 20t이나 나간다고 합니다. 그 만큼 규모가 크다는 것이지요.

그리고 안전규정에 따라 만일의 경우 승객들이 90초 이내에 대피할 수 있도록 잘 설계되어 있다고 합니다.

참고적으로 이 새로운 A380과 지금까지의 왕자인 747-400의 제원을 비교해 보면 대략 다음과 같이 되어 있습니다.

[A380과 747-400의 제원 비교]

제원		A380	747-400
온 길 이	(m)	72.70	70.67
온 폭	(m)	79.80	65.10
온 높 이	(m)	24.10	19.30
날 개 면 적	(m^2)	845	525
최대이륙중량	(t)	560	394
연 료 탑 재 량	(만 ℓ)	32	20
항 속 거 리	(만 km)	1.5	1.3
순 항 속 도	(마하)	0.86	0.85
엔 진 출 력	(만 kg)	3.13×4	2.7×4
정 원	(명)	555	416
첫 비 행	(년, 월, 일)	05. 4. 27	88. 4. 29

에어버스사에서 새로 개발한 슈퍼 점보 여객기 A380. 2005년 4월 27일 시험비행 실시, 10월 29일 시범 취항 개시

4 항공기의 안전운항

안전운항을 위한 여러 가지 시설

안전운항을 도와주는 여러 가지 항행 안전시설

항공기는 무엇보다도 안전운항이 최우선입니다. 이 안전운항을 도와주는 항공교통관제업무를 정확·신속하게 수행하기 위해서는 여러 가지 우수한 항행 안전시설이 뒷받침되어야 하는 것입니다.

항공기가 공항 활주로에서 이착륙을 할 때 또는 정해진 항공로를 따라 비행할 때, 안전운항에 관한 정보를 제공해 주고, 이를 통제할 수 있는 것이 바로 항행 안전시설인 것입니다.

우리 항공법에서도 '항행 안전시설이라 함은 전파, 불빛, 색채 또는 형상에 의하여 항공기의 항행을 돕기 위한 시설을 말한다.'라고 되어 있습니다.

이와 같은 항행 안전시설은 크게 나누어, 항행 안전 무선시설과 항공등화시설 및 주간장애표지시설 등 세 가지로 구분되고 있습니다. 항행 안전 무선시설은 전파에 의하여 항공기의 안전운항을 도와주기 위한 시설인데, 이 역시 항행 원조 무선시설과 항공통신시설 및 항공관리 무선시설 등 세 가지로 구분되고 있습니다.

이들은 모두 지상에서 전파신호를 발사하여 비행중인 항공기의 위치와 방향을 확인하고, 안전하게 비행할 수 있도록 도와주는 무선원조시설입니다. 그래서 '무선항법 원조시설'이라고도 합니다.

현재 세계 공통적으로 각 공항에 설치 운영되고 있는 항행 안전 무선시설의 내용은 대략 다음과 같은 것으로 되어 있습니다.

항행 안전 무선시설의 내용

(1) 무지향 무선표지시설, NDB(non-directional radio beacon)
(2) 초단파 전방향식 무선표지시설, VOR(VHF omni-directional radio range beacon)
(3) 거리 측정장치, DME(distance measuring equipment)
(4) 계기 착륙시설, ILS/MLS(instrument landing system/microwave landing system)
(5) 레이더시설, Radar(radio detection and ranging)
(6) 전술항행 표지시설, TACAN(tactical air navigation)

한편 항공등화시설은 불빛에 의하여 항공기의 안전운항을 도와주는 시설인데, 이것도 역시 항공등대와 비행장 등화 및 항공장애등 등 세 가지 종류가 있습니다.

항공등대는 야간이나 계기비행 상태에서 안전운항을 돕기 위해 백색과 적색이 번갈아 번쩍이는 회전등화로 되어 있는 항공로 등대와 비행하고 있는 항공기의 위치를 알리기 위하여 모르스 부호로 명멸하는 신호항공등대, 그리고 위험지역을 알리는 적색불빛이 번쩍이는 위험항공등대 등 세 가지 종류가 있습니다.

또 비행장 등화는 안전한 이착륙을 돕기 위하여, 공항과 그 주변에 설치되어 있는 등화시설인데, 비행장 등대, 진입등, 진입각 지시등, 활주로 끝등과 중심선등, 접지대등, 유도로등 기타 여러 가지 종류의 등화가 있습니다.

또 항공장애등은 야간이나 계기비행 상태로 비행하고 있는 항공기의 안전운항을 돕기 위하여, 높은 굴뚝이나 빌딩과 같은 장애물 위에다 설치하는 등화시설인데, 지표 또는 수면에서 60 m 이상 높은 건축물로서 항공기 항행에 장애가 된다고 인정되는 경우에는, 모두 적색 점멸등화, 즉 깜박이 등화를 설치하도록 되어 있습니다.

한편 높은 굴뚝에다 적색과 백색 띠가 페인트로 칠해져 있는 것도 있는데, 이것은 그의 존재를 알리기 위한 것으로 주간장애 표지시설이라고 합니다.

이상과 같은 안전운항을 도와주기 위한 항행안전시설은 모두 세계 공통적으로 국제민간항공기구인 ICAO의 기준에 따라 설치 운용되고 있습니다.

항행안전시설
- 항행안전무선시설(무선항법원조시설) : 항행원조무선시설, 항공통신시설, 항공관제무선시설
- 항공등화시설 : 항공등대, 비행장등화, 항공장애등
- 주간장애표지시설 : 적, 백색 띠

안전운항을 도와주는 항공 교통 관제시스템 업무

모든 항공기가 안전하게 효율적으로 운항할 수 있게 도와주는 여러 가지 일을 '항공 교통업무'라고 하는데 다음과 같은 세 가지 종류로 구분되고 있습니다.

[항공 교통업무의 내용]

(1) 항공 교통 관제업무, ATC(Air Traffic Control)
공중이나 지상에서 항공기가 서로 질서 있게 움직이게 도와주는 일

(2) 비행정보 제공업무, FIS(Flight Information Service)
항공교통의 질서유지와 비행하는데 필요한 여러 가지 정보를 제공해 주는 일

(3) 경급업무, AS(Alerting Service)
만일의 경우 사고가 발생했을 때 긴급한 협조 연락을 하는 일

이상과 같은 세 가지 업무를 서로 체계 있게 잘 통합해서 실시하는 것을 '항공 교통 관제시스템 업무'라고 하는데, 모든 항공기는 언제나 이 시스템 업무의 도움을 받아 안전하게 운항하고 있는 것입니다.

이러한 항공 교통 관제시스템 업무는 국제민간항공기구인 ICAO에서 지정하고 있는 '항행정보구역(FIR : Flight Information Regions)'마다 항공 교통 관제센터를 두고 서로 책임지고 업무를 수행하고 있습니다.

우리나라에 배정되어 있는 FIR은 'TAEGU' 즉 대구 FIR 하나뿐인데, 지역 환경에 따라 크고 작은 규모의 FIR이 여러 개 배정되어 있는 나라도 있습니다.

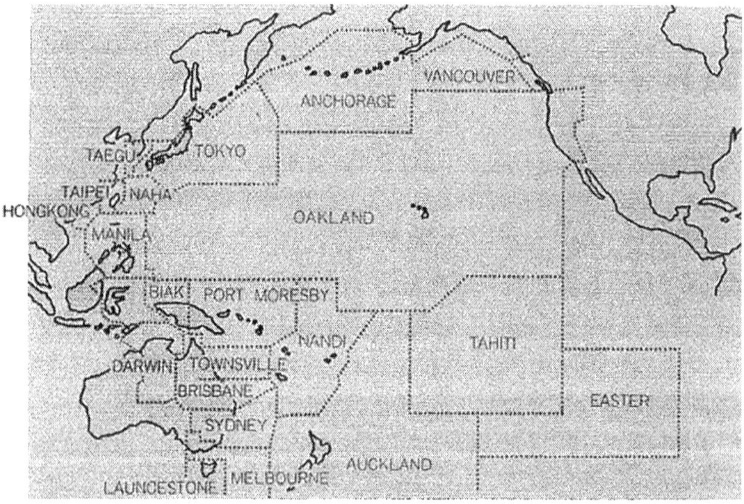

태평양 지역의 FIR, 대구 FIR의 면적은 약 40만 km^2

이 FIR의 범위는 그 지역의 영공과 공해 상공을 포함하는 공역으로 되어있는데 국가차원에서의 영공주권 보다는 원활한 항공교통을 위하여 설정된 것이기 때문에, 그 명칭이 나라이름 대신 해당지역내의 대표적인 도시이름으로 되어 있습니다.

항공 교통 관제업무(ATC)는 크게 나누어 항공로 관제, 진입관제, 레이더관제, 착륙유도관제, 비행장관제 등 다섯 가지 종류로 구분되고 있는데, 대구 FIR에서는 총사령탑 격으로 항공로 관제업무를 담당하고 있습니다.

우리나라에서 실시되고 있는 항공 교통 관제업무의 실태를 살펴보면 일본의 도쿄나 중국의 상하이, 타이페이 FIR 등 인접되어 있는 항공로 관제소로부터 대구 FIR 경계선을 넘어들어 오는 항공기의 항공로 관제권을 인계받아 국내에 있는 11개 '접근 관제소' 중 해당되는 관제소로 이양하면, 그 접근 관제소에서는 다시 18개 공항 중 해당 공항 관제소(공항 관제탑)로 관제권을 이양하는 릴레이식 관제업무가 이루어지고 있습니다.

반대로 우리나라 공항에서 출발하는 항공기들은 이러한 진입/도착할 때와 정반대적인 절차에 따라 관제업무가 진행되는 것입니다.

한편 비행정보 제공업무(FIS)는 정해진 자기네 비행정보구역(FIR)을 비행하고 있는 모든 항공기에게, 기상이상상태나 항행안전시설의 운영상태 변경에 관한 정보, 기타 안전운항에 필요한 모든 정보를 그때그때 신속하게 서비스해 주는 업무입니다.

이러한 업무는 대부분 공항에 있는 관제탑에서 관제사가 직접 조종사와 교신하는 방법으로 정보가 제공되고 있는데, 교통량이 많은 공항에서는 30분 간격으로 또는 필요할 때 수시로 하는 방송서비스 시스템, 즉 ATS(Automatic Terminal Information Service)에 의하여 항공기가 안전하게 이착륙하는데 필요한 정보를 방송으로 서비스해 주고 있습니다.

또한 운항중에 있는 항공기로부터 이상기상 정보를 받아 다른 항공기 또는 지상에 있는 기상정보 기관에 연락하는 일, 그리고 항공기의 위치통보나 비행계획 변경 등에 관한 정보를 제공하는 항공로 정보 서비스 AEIS(Aeronautical Enroute Information Service)업무도 실시되고 있습니다.

또 경급업무(AS)는 항공기에 설치되어 있는 무전기의 고장, 송수신 상태의 불량 또는 돌발적인 사고로 인하여, 예정대로 운항중인 항공기의 위치를 통보받지 못하는 경우 또는 항공기 자체의 고장으로 비행을 제대로 계속할 수 없는 항공기에 대하여 응급조치를 취하는 일을 하는 것입니다.

운항중인 항공기의 위치통보가 제대로 없는 경우에는 예정시간보다 30분 이상 경과되었을 때를 '불시착 상태', 1시간 이상 경과되었을 때를 '경계 단계', 2시간 이상 또는 연료가 떨어졌을 때를 '조난 단계' 등 세 가지 단계로 구분하고, 각 단계별로 필요한 조난 수색활동을 하도록 되어 있습니다.

항공 교통 관제실에서 레이더스코프를 들여다보고 항공기의 위치와 항로를 관제하고 있는 항공교통 관제사

레이더스코프에 표시되고 있는 항공기의 위치

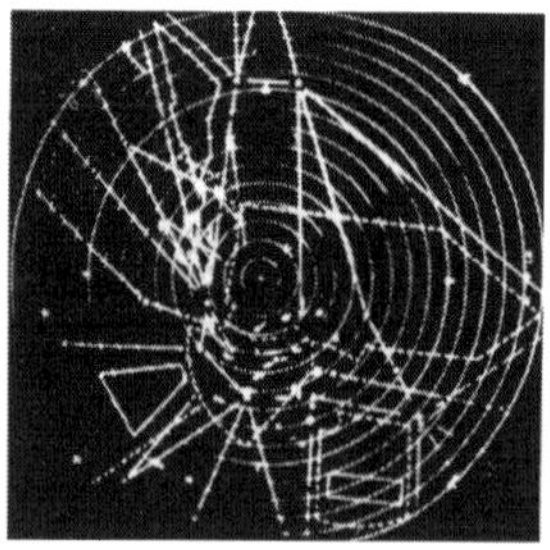

항공기 자체의 고장으로 비행을 계속할 수 없는 항공기에 대해서는, 비행고도, 비행경로 및 착륙 등에 우선권을 주도록 하고 있습니다. 최근에는 항공기의 항적 정보를 자동으로 녹화하는 레이더정보 자동녹화장치(CDRS)에 의하여, 공항을 중심으로 반경 120 km 이내에 있는 모든 항공기의 항적이 녹화되어 1개월 이상 보관되게 되어 있습니다. 따라서 만일 사고가 발생했을 때는 녹화된 자료에 의하여 사고의 위치를 정확하게 분석할 수 있고, 탐색구조 작업을 용이하게 할 수 있습니다.

이상과 같은 항공 교통 관제 시스템 업무가 정확하게 이루어짐으로써 대형 여객기는 물론 소형 경항공기에 이르기까지 모든 항공기가 안전하고 원활하게 운항될 수 있는 것입니다.

우리나라 최초의 여의도 비행장(공항)

지금의 서울 여의도는 국회의사당을 위시하여 방송국, 금융기관, 63빌딩, 그리고 대형 아파트단지와 기타 현대화된 여러 가지 고층건물이 많이 들어서, 서울의 중심지 역할을 하고 있는 섬 도시입니다.

그러나 옛날의 여의도는 모래가 많은 평야지대로서, 경작을 할 수 없는 불모지였다고 합니다. 고구려 정수왕(413~491년)시절 이곳에서 군사훈련을 했다는 기록이 있는 것을 보더라도 여의도는 불모의 땅이었던 것 같습니다.

원래 여의도는 영등포쪽에 붙어 있던 반도 모양의 땅이었는데, 일제시대 때 샛강을 만들어 한강물이 일부 빠져 흐르게 해서 섬이 되었다고 합니다.

이와 같은 여의도에 비행장이 건설된 것은 1916년 가을이었습니다. 이 때는 바로 일본의 군국주의 세력이 한반도를 발판으로 하여, 중국대륙으로의 진출을 넘보기 시작하던 때였습니다.

이러한 침략의 마수를 뻗어 나가기 위한 수단으로, 우선 마련된 것이 바로 비행장이었는데, 여의도 비행장이 제일 먼저 건설되고 때를 같이

하여 울산, 대구, 평양, 신의주, 그리고 함흥, 청진, 제주 등 여러 곳에 비행장이 건설되었습니다.

이렇게 여러 개의 비행장을 한꺼번에 건설하게 된 것은, 당시의 항공기 성능으로 보아 항속거리가 그렇게 길지 못했기 때문에 일본에서 중국까지 날아가기 위해서는 여러 개의 중간 기지가 필요했기 때문입니다.

그래서 이 때 서둘러 건설된 비행장들은 모두 군용기의 이착륙만이 가능할 정도의 비포장 활주로가 있는 간이 비행장이었습니다. 미국인 비행사 아트 스미스가 이 여의도 비행장에 와서 멋진 곡예비행을 하여 우리 젊은이들에게 하늘을 나는 꿈을 심어주었던 것은 바로 이 여의도 비행장이 건설된 다음 해인 1917년 5월이었고, '떴다 보아라 안창남'이 최초로 모국방문 비행을 한 것은 1922년 12월이었습니다.

그 후 여의도 간이 비행장이 어느 정도 시설을 갖추고 정식 비행장으로 개장되었는데, 이 때가 1929년 4월이었습니다. 일본항공(주)에서 일본의 도쿄와 만주(중국)의 다롄(大連)간 대륙진출 항공로가 개설된 것이 바로 이 때부터였습니다.

8.15 해방 직후에는 대한민국항공사의 민항기와 미군의 군용기가 서로 같이 사용하였는데, 1946년 4월부터는 미국 노스웨스트항공사의 민항기가 미군 장교들을 수송하기 위하여 한동안 취항을 하기도 했었습니다. 8.15당시 우리 한국에는 여의도를 비롯하여 김포, 오산, 대전, 이리, 광주, 대구, 울산, 춘천, 강릉, 제주 등 여러 곳에 비행장이 건설되어 있었습니다.

6.25전쟁이 일어나자, 여의도 비행장에 '반격작전 비행단'의 군용기들이 진주해 있었고, 전쟁이 끝난 1954년 1월에는 비행장안에 항공기상대가 설치되고, 이어 4월에는 임시국제공항으로 승격 지정되었습니다. 그래서 1950년 8월부터 임시국제공항으로 지정, 운영되어 오던 부산의 수영비행장은 그 자격을 상실하고 말았습니다.

그 후 1956년 5월에는 총 1,120 m^2(340평) 규모로 공항청사를 증축하여 운영하다가, 1958년 1월 국제공항의 기능이 김포공항으로 이전되면서 여의도 공항은 군전용 비행장으로 전락되고 말았습니다.

그 후 여의도 일대가 급속적으로 개발되면서, 1971년 1월 여의도 비행장은 개장 된지 54년 만에 막을 내리고 말았습니다. 현재 서울의 맨하탄으로 변한 여의도에는 옛 비행장(공항)의 흔적은 하나도 찾아볼 수가 없습니다. 우리 민항공의 발상지였음을 알리는 기념탑이라도 하나 세웠으면 하는 생각이 간절합니다.

초기의 여의도 비행장에서 힘차게 이륙하고 있는 복엽기, 뒤에 보이는 작은 건물은 정비/격납고의 모습

동북아 지역의 허브공항, 인천국제공항

민항공 수요의 급진적인 증가세에 대응하기 위하여, 1960년대 초부터 김포공항의 활주로 연장공사를 위시하여 여객터미널과 정비/격납고 등 여러 가지 시설을 확장·신설해 왔지만, '88 서울올림픽 이후 더욱 급격히 늘어나는 민항공 수요 바람에, 오랜 역사를 자랑하던 김포공항으로서는 그 처리능력의 한계가 들어나게 되었습니다.

한편 세계적으로 주목받고 있는 차세대용 초음속기와 초대형 고속 수송기와 같은 새로운 항공기가 머지않아 등장하여, 공항의 형태변화를 가져올 것도 대비해야 했습니다. 미국, 일본, 유럽, 홍콩 등에서는 이미

이에 대비하기 위한 신공항 건설을 서둘러 실시하고 있는 실정이었습니다.

그래서 우리나라에서도 신공항 건설의 필요성이 1989년 1월부터 공식적으로 제기되기 시작하여, 여러 곳의 신공항 건설 후보지를 조사 분석한 결과, 1990년 6월 인천의 영종도 일대를 신공항 건설부지로 선정하게 되었습니다.

그리고 건설교통부에 '신공항 건설 계획단'을 설치하고 '수도권 신공항 건설 촉진법'을 1991년 5월에 제정 공포함으로써 신공항 건설사업이 본격적으로 시작되게 되었습니다.

우선 1992년 1월, 한국공항공단에 '신공항 건설본부'를 설치하고 실무작업에 들어가, 6월에 '신공항 건설 기본계획'을 공식 발표한 다음, 11월부터 공항부지 조성공사가 시작되게 되었습니다.

당시 발표된 신공항 건설 기본계획의 내용은 대략 다음과 같습니다.

[신공항건설 기본계획]

(1) 1992년부터 2020년까지 4단계로 나누어 총예산 10조원을 투입하여 공사를 시행한다.

(2) 공항 및 배후 자원단지는 영종도와 용유도 사이의 간척지 일대에 조성하는데, 그 중 80%는 바다를 메워 조성한다.

(3) 1997년까지 1단계 공사(3조 4천억원 규모)가 끝나면, 연간 17만회의 운항으로 2,700만 명의 여객을 수송할 수 있고, 2~4단계까지 공사가 끝나면 연간 70만회 운항으로 1억 명의 여객과 700만톤의 화물을 수송하게 된다.

(4) 국제적인 규모의 전시장과 회의장 그리고 무역·비즈니스를 위한 관광위락시설과 백화점 등을 갖춘 국제영업지역, 주거기능과 공공시설 등을 갖춘 배후 지원단지 등도 조성된다.

(5) 접근 교통시설은, 서울 도심에서 45분 이내에 도착할 수 있는 총연장 54.5 km의 전용 고속도로와 66 km의 공항철도가 새로 건설

된다.

그 후 이 신공항 건설사업을 보다 효과적으로 추진해 나가기 위해 1994년 9월 '수도권 신공항 건설단'(현재의 인천국제공항공단)이 설립되었으며, 1995년 11월에는 제1단계 사업의 기본계획을 일부 보강, 변경 고시하고 1996년 3월 신공항의 이름을 '인천국제공항'으로 확정 발표하였습니다.

2001년 3월까지 목표로 진행된 인천국제공항의 제1단계 건설사업의 규모와 최종단계까지의 사업규모는 다음과 같습니다.

[인천국제공항의 건설사업 규모]

사업내용	제1단계	최종단계
부지조성	355만평	1,435만평
활주로	3,750×60 m, 2개	3,750×60 m, 4개
여객터미널	11.2만평	26.4만평
화물터미널	14.8만평	24.4만평
부대건물	13개 시설, 47동, 3.9만평	13개 시설, 67동, 5.6만평
항행안전시설	CAT-3a	CAT-3b
고속도로	40.2 km(6~8차선)	40.2 km(8차선)
전용전철	-	61.5 km(복선)
국제업무지역	5만평	45만평
배후자원단지	66만평	264만평
연간 여객처리	2,700만 명	1억 명
연간 화물처리	170만 톤	700만 톤
연간 운항횟수	17만회	53만회

자료 : 신공항건설공단

동북아 지역의 허브공항으로 도약하게 될 인천국제공항의 개항 1주일을 앞둔 2001년 3월 22일, 김대중 대통령을 비롯한 정부요인과 항공관계자와 주민 등 4,900여 명이 참석한 가운데 개항식이 성대히 개최되었습니다.

개항 1주일을 앞둔 2001년 3월 22일, 인천국제공항 개항식이 성대히 거행되었다.

그리고 드디어 3월 29일, 인천국제공항의 역사적인 새 하늘의 길이 열리게 된 것입니다.

"인천국제공항 첫 착륙을 축하한다! 33번 오른쪽 활주로로 진입하라"

"알았다. 로져"

29일 새벽 4시 40분, 방콕에서 245명을 태우고 돌아오는 아시아나 항공의 OZ 3423편 노은상 기장이 착륙허가를 요청하자, 관제탑에서 하후호 관제사는 침착하게 착륙을 유도하기 시작했습니다.

3분 뒤 인천국제공항 남쪽 10마일 상공에서 OZ 3423편 항공기가 어둠을 가르며 모습을 들어냈고, 잠시 후 항공로 유도등을 따라 접근한 뒤, 관제사의 유도에 따라 고도를 낮추어 4시 46분 사뿐히 활주로에 내려앉았습니다.

인천국제공항 건설에 착수한지 만 10년 만에 새로운 역사적인 하늘의 길이 열리는 순간이었습니다.

그리고 8시 30분, 대한항공 KE 621편(기장 고종만)이 승객 278명을 태우고 필리핀 마닐라를 향해 활주로를 박차고 날아올라 여객기 이륙 제1호를 기록했습니다.

이날 오가는 승객들은 모두 한국인의 자긍심을 느끼게 해 주는 새 공항의 위용에 만족했으며, 동북아 허브공항으로 도약할 것을 기대하는 눈치였었다고 합니다.

제1단계 공사가 마무리되어 새로 개항된 인천국제공항의 시설규모를 그간 아시아지역 내에서 새로 건설 운영되고 있는 주요 공항, 즉 일본의 간사이공항, 홍콩의 첵랍콕 공항 그리고 중국의 푸둥 공항 등의 시설규모와 비교해 보면 대략 다음과 같이 되어 있습니다.

[경쟁공항과의 시설규모 비교]

구 분	인천공항	간사이 공항	첵랍콕 공항	푸둥 공항
개 항 년 도	2001. 3	1994. 9	1998. 7	1999. 10
건 설 기 간	'92~'00. 11	'86~'94. 9	'91~'98. 4	'96~'99
총사업비(조원)	7.9	30.0	24.0	2.0
부지면적(만평)	355(1,435)	155(363)	378(450)	287(969)
활 주 로 (개)	2(4)	1(3)	2	1(4)
운항횟수(만회/년)	17(53)	16(26)	16(32)	12(32)
여객처리(만명/년)	2,700(1억)	2,500(4천)	3,500(8천 7백)	2,000(7천)
화물처리(만톤/년)	170	139	300	75

(주) ( )내는 앞으로의 목표 수치임

인천국제공항의 제 3 활주로와 탑승동 1개, 항공기 계류장(33만평), 그리고 다목적 부두와 급유부두 등이 추가로 건설되는 제2단계 사업이 2003년 하반기부터 시작되고 있는데 2008년 말에 완공될 예정이라고 합니다.

이러한 2단계 사업이 완료되면 연간 여객처리 능력이, 2,700만 명에서 4,400만 명으로, 항공기 이착륙 처리능력은 연간 24만회에서 41만회로 각각 늘어나게 된다고 합니다. 아무쪼록 건설사업이 순조롭게 이루어져 동북아 허브공항으로서의 면모가 제대로 갖추어졌으면 좋겠습니다.

인천국제공항
inchon international airport

인천국제공항의 심벌마크

인천국제공항의 여객터미널, 국제 현상설계공모 최우수작품, 1992년 11월 발표

안전운항을 위해 애쓰고 있는 사람들

항공종사자의 자격 종류와 응시자격

산업기술의 발달과 더불어 업무내용이 날로 고도화, 전문화 되어감에 따라 모든 기술 분야에서 그 업무수행능력을 인증해 주는 기술자격증 소지자가 점점 많이 요구되고 있습니다. 그래서 현대 산업사회를 '자격증시대'라고들 말하고 있습니다.

항공기술 분야에서도 항공법과 국가기술자격법에서 기술자격증 제도를 마련하고 그 자격증이 있어야만 항공종사자로서 해당업무에 종사할 수 있도록 되어 있습니다. 따라서 항공기술 분야에 종사하고자 하는 사람은 누구나 이 기술자격증을 취득하는데 깊은 관심을 가지게 마련입니다.

항공기의 안전운항을 바탕으로 하는 항공법(건설교통부에서 주관)에서는 조종사와 항공정비사 등 항공기 운항관련 기술 인력을 모두 '항공종사자'라 하고, 기술자격증을 '자격증명서'라고 하고 있습니다.

항공종사자의 자격증명서의 종류 및 업무범위는 다음과 같이 모두 아홉 가지로 되어 있는데, 그 중에서 조종사와 항공정비사 및 항공기관사에 대해서는 취급할 수 있는 항공기의 종류와 형식 등을 한정하고, 항공공장 정비사의 경우는 업무의 관련분야를 각각 한정해 주고 있습니다.

또한 조종사와 항공사 등 항공기 승무원은 자격증명서 이외에 '신체검사 증명서'와 '계기비행증명서'를, 그리고 조종교육을 담당하고자 하는 자는 '조종교육증명서'를 각각 따로 받아야 합니다.

항공종사자 자격증명시험에 응시할 수 있는 자격은 소정의 연령 이상인 자(자가용 조종사는 만 17세, 사업용 조종사 · 항공사 · 항공기관사 및 항공정비사는 만 18세, 운송용 조종사 · 항공교통관제사 · 항공공장 정비사 및 운항관리사는 만 21세)로서 해당되는 전문지식과 소정의 경력을 가진 건강한 사람이어야 합니다.

[항공종사자의 자격증명서의 종류 및 업무범위]

자격종류	업 무 범 위	비 고
운송용조종사	항공운송사업용 항공기의 조종(대형 여객기 또는 화물기)	기종별 한정 (B747, A300 등)
사업용조종사	항공기 사용사업용 항공기의 조종(영업용 중·소형기)	
자가용조종사	자가용 항공기의 조종(비영업용, 중·소형기)	
항 공 사	운송사업용 항공기에 탑승하여 그 위치 및 항로측정과 관련자료 산출	2인 승무식 최신형기에서는 불필요함. 기장과 부기장이 직접 담당
항 공 기 관 사	운송사업용 항공기에 탑승하여 엔진 및 기체의 이상유무 확인	
항공교통관제사	공항에 있는 항공 교통 관제실(탑)에서 항공기의 안전운항 관리	
항 공 정 비 사	공항 현장에서 항공기를 정비, 수리하는 일	비행기, 회전날개기 등 기종별 한정
항공공장정비사	정비공장에서 항공기 및 장비품을 정비 수리, 개조하는 일	기체, 엔진, 장비 등 분야별 한정
운 항 관 리 사	운송용 항공기의 비행계획, 연료 소비량 및 중량배분 등을 산출하는 일	운송용 항공기에 한함

한편 시험내용은 학과시험과 실기시험으로 구분되고 있는데, 우선 학과시험에 합격해야 실기시험을 치룰 수가 있습니다. 학과시험은 자격별로 항공법규와 전문과목이 4~5개 과목으로 되어 있고, 실기시험은 해당되는 업무수행에 필요한 전문적인 기술내용에 대하여 실시하고 있습니다.

[항공종사자의 자격별 응시자격]

자격별	응시자격 내용
운송용조종사	비행기 : 사업용 조종사 자격+비행경력 1,500시간+계기 비행 증명 회전익 : 사업용 조종사 자격+비행경력 1,000시간+계기 비행 증명
사업용조종사	비행기 : 비행경력 200시간(전문교육기관 이수자는 150시간) 회전익 : 비행경력 150시간(전문교육기관 이수자는 100시간) 상급활공기 : 활공경력 15시간 비행선 : 비행경력 200시간
자가용조종사	비행기, 회전익 : 비행경력 40시간(전문교육기관 이수자는 35시간+단독 야외비행 5시간) 중급 활공기 : 활공경력 6시간 비행선 : 비행경력 50시간
항공사	비행경력 200시간 또는 천체관측으로 위치결정 25회
항공기관사	항공기관사 실기연습 100시간(1년 정비, 200시간 운송용 항공기 조종, 전문교육기관 2년 이수자 또는 사업용 조종사)
항공교통관제사	건설교통부장관이 지정한 전문교육기관에서 항공교통관제사에 필요한 교육과정을 이수한 자
항공정비사	① 정비 3년 이상 경력 ② 전문대 이상에서 2년 이수 후 정비 6개월 이상 경력 ③ 전문대 이상 졸업 후 정비 6개월 이상 경력 ④ 전문교육기관 1년 이상 이수자
항공공장정비사	① 정비, 개조 3년 이상 경력 ② 정비, 개조 2년+검사 1년 이상 경력 ③ 전문교육기관 이수 후 정비, 개조 1년 이상 경력 ④ 전문대 이상에서 2년 이상 이수 후 정비, 개조 1년 이상 경력
운항관리사	① 정기항공의 조종, 공중항법, 기상업무 2년 이상 경력 ② 관제사로서 실무 2년 이상 경력 ③ 전문대 이상에서 2년 이상 이수 후 운항, 관제 3년 이상 경력 ④ 전문교육기관 이수자 ⑤ 최근 2년내에 1년 이상 정기항공의 운항관리 경력

자료 : 항공법 시행규칙 별표 11, 시험응시자가 갖추어야 할 경력

[항공종사자의 자격별 학과시험 과목]

자격별	학과시험 과목
조 종 사 (운송, 사업, 자가용)	항공법규, 공중항법, 항공기상, 비행이론, 항공 교통·통신·정보 업무
항공교통관제사	항공법규, 항행안전시설, 항공기상, 항공 교통·통신·정보 업무, 항로관제, 비행장 관제, 항공교통관제 영어
운 항 관 리 사	항공법규, 항공기일반, 항행안전시설, 무선통신, 항공기상, 기상통보, 기상도 해독, 공중항법
항 공 기 관 사	항공법규, 항공역학, 항공기체, 항공발동기, 항공장비, 항공기 제어
항 공 정 비 사	항공법규, 항공역학, 항공기체, 항공발동기, 항공장비
항공공장정비사	공통과목 : 항공법규, 항공역학 관련과목(1) : 항공기체, 항공발동기, 항공기 전자·전기·계기

자료 : 항공법 시행규칙 별표 12, 시험의 과목 및 범위

운항 승무원과 객실 승무원

여객기의 조종실 안에서 항공기를 조종하고, 또 각 시스템을 조작하는 일을 하는 사람을 '운항 승무원'이라 하고 객실내에서 승객에게 쾌적한 서비스 업무를 담당하고 있는 사람들을 '객실승무원'이라고 하는데, 운항승무원은 기장과 부기장 그리고 기관사 등 3명이 한 팀으로 되어 있습니다.

그 전에는 항공사와 항공통신사까지 합해서 5명이 한 팀이었는데, 항공기술의 발달로 3명으로 줄었고, 또 새로 나온 B747-400이나 A320/330등과 같은 최신 여객기에서는 기장과 부기장 두 사람 만으로 된 2인 승무식으로 되어 있습니다. 모든 조종시스템이 자동화 되어 두 사람 만으로도 안전운항이 가능해 졌기 때문입니다.

기장은 그 항공기의 최고 책임자로서 조종핸들을 잡고 항공기를 조종하는 한편, 객실승무원을 지휘 감독하고 모든 승객의 안전을 책임지고

있으며, 경우에 따라서는 기내에서 일어나는 범죄예방과 그 처리를 위하여 경찰관과 같은 권한을 행사할 수도 있습니다.

2인 승무식 조종실의 기장과 부기장, 기장은 우리나라에서 최고참인 김양옥기장, '91년 퇴역전의 모습

항공운송의 수요 증대로 항공기의 수가 점점 늘어감에 따라 그 만큼 조종사가 더 많이 필요하기 때문에, 항공사 마다 조종사를 양성하고 있는데, 기장까지 되기 위해서는 기종에 따라 좀 다르기는 하지만 대형기의 경우는 10년 정도의 긴 세월이 필요하답니다. 그래서 기장을 캡틴(captain)이라 부르며, 사회적으로 누구나 우러러보고 선망의 대상이 되고 있는 것입니다.

그러나 소형 항공기를 조종하는 자가용 조종사의 경우는, 기본적인 이론을 알고 약 2~3개월간 40시간 정도의 비행훈련만 받으면 쉽게 자가용조종사 자격증을 딸 수가 있습니다. 뜻있는 사람은 항공대학이나 기타 비행훈련기관에서 소정의 교육·훈련을 이수하면 간단히 그 꿈을 이룰 수 있을 것입니다.

한편 넓은 객실에서 근무하는 객실승무원은 남자 승무원과 여자 승무원이 있는데, 그 중에서 제일 높은 사람을 사무장이라 하고, 여자 승무원은 일반적으로 스튜어디스(Stewardess)라고 합니다. B747 점보기에서는 사무장 밑에 4~5명의 남자 승무원과 10~12명 정도의 스튜어디스가 수고를 하고 있습니다.

이러한 객실 승무원이 되기 위해서는 전문대학 이상의 학력을 갖춘 사람으로서, 입사시험에 합격하고 항공회사에서 정해 놓은 기초훈련과 정기훈련, 그리고 승격훈련 등을 제대로 받아야 됩니다.

사회적으로 인기가 아주 높은 스튜어디스 요원을 우리나라에서 제일 먼저 양성하기 시작한 것은 1977년에 개설된 인하공업전문대학의 항공운항과 이었습니다. 그 후 이러한 항공운항과를 설치·운영하고 있는 전문교육기관이 점점 늘어나고 있는 실정입니다.

기내에서 승객에게 음료서비스를 하고 있는 스튜어디스의 밝은 표정

국가 기술자격법에 의한 항공기술자격증

모든 산업기술 분야에 종사하는 기술 인력의 자질향상과 사회적 지휘 향상을 도모하여 국가 경제발전에 기여함을 목적으로, 1973년 12월에 국가 기술자격법이 제정되었는데, 크게 기술계와 기능계로 나누어 기술자격증 제도가 아주 다양하게 마련되어 있었습니다.

그 후 산업기술이 고도·급성장되어감에 따른 기술 인력의 수요변화에 부응하기 위하여, 1999년 3월 이 법을 개정하였는데 계열구분을 폐지하고 자격등급도 8등급(기술계 : 기술사, 기사 1급, 기사 2급, 기능계 : 기능장, 다기능기술사, 기능사 1급, 기능사 2급, 기능사보)이던 것을 기술사, 기능장, 기사, 산업기사, 기능사 등 5등급으로 간소화하고, 기술 분야별 자격증의 종목도 24개 분야 708개 종목이던 것을 25개 분야 565개 종목으로 줄어들게 되었습니다.

이에 따라 종전의 기사 1급이 기사로, 기사 2급과 기능사 1급이 산업기사로 기능사 2급과 기능사보가 기능사로 통합, 개칭되게 되었습니다.

이 국가 기술자격법에 의한 자격등급별 검정 평가 기준내용은 다음과 같이 되어 있습니다.

[자격등급별 검정 평가 기준]

자격 등급	검정 평가 기준
기 술 사	응시하고자 하는 종목에 관한 고도의 전문지식과 실무경험에 입각한 계획, 연구, 설계, 분석, 시험, 운영, 시공, 평가 또는 이에 관한 지도, 감리 등의 기술업무를 수행할 수 있는 능력의 유무
기 능 장	응시하고자 하는 종목에 관한 최상급 숙련기능을 가지고, 산업현장에서 작업관리, 소속 기능 인력의 지도 및 감독, 현장훈련, 경영계층과 생산계층을 유기적으로 연계시켜 주는 현장관리 등의 업무를 수행할 수 있는 능력의 유무
기 사	응시하고자 하는 종목에 관한 공학적 기술 이론지식을 가지고 설계, 시공, 분석 등의 기술업무를 수행할 수 있는 능력의 유무
산 업 기 사	응시하고자 하는 종목에 관한 기술 기초 이론지식, 또는 숙련기능을 바탕으로 복합적인 기능 업무를 수행할 수 있는 능력의 유무
기 능 사	응시하고자 하는 종목에 관한 숙련기능을 가지고 제작, 제조, 조작, 운전, 보수, 정비, 채취, 검사 또는 작업관리 및 이에 관련되는 업무를 수행할 수 있는 능력의 유무

국가 기술자격법에 의한 기술자격의 체제는 기능사를 바탕으로 다음과 같이 되어 있는데 기술사와 기능장은 동격으로 되어 있습니다.

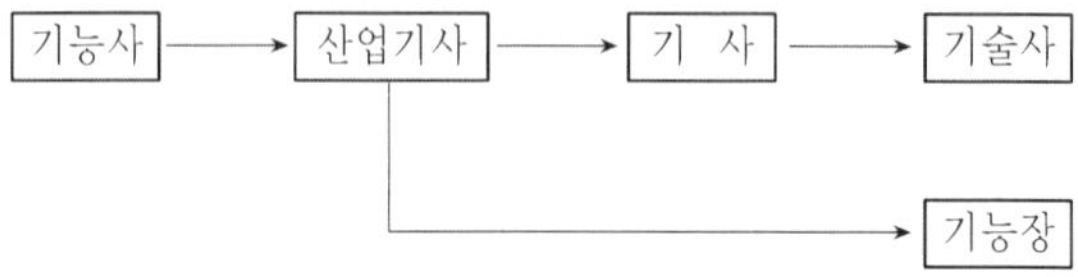

그리고 기술자격별 응시자격은 다음과 같이 되어 있습니다.

[기술자격별 응시자격]

기 술 자 격	응 시 자 격
기 능 사	• 자격제한 없음
산 업 기 사	• 기능사+실무 1년 • 산업기사 자격 취득자(타 분야) • 전문대 졸업자 • 실무 경력 2년 • 학점인정 법률에 의한 41학점 이상인 자
기 사	• 산업기사+실무 1년 • 기능사+실무 3년 • 기사자격 취득자(타 분야) • 대학교 졸업자 • 실무 경력 4년 • 전문대 졸업+실무 2년 • 학점인정 법률에 의한 100학점 이상인 자
기 술 사	• 기사+실무 4년 • 대졸+실무 7년 • 전문대 졸업+실무 9년 • 기능사+실무 8년
기 능 장	• 산업기사(기능사)+기능대학 기능장 과정 이수자 • 산업기사+실무 6년 • 실무경력 11년

또한 기술자격별 검정방법은, 항공법에 의한 항공종사자 자격검정 방법과 마찬가지로, 우선 학과시험에 합격해야 면접시험 또는 실기시험을 볼 수 있게 되어 있습니다.

학과시험은 객관식 4지 택일형이고, 실기시험은 주관식인데 모두 100점 만점에 60점 이상이어야 합격이 됩니다.

항공분야의 자격종목과 학과시험 과목

국가기술자격법에 의한 기술자격은 모두 25개 분야 565개 종목인데, 그 중에서 항공분야의 자격종목은 항공기술사 2종목(기체, 기관)과 항공정비기능장, 항공기사, 항공산업기사 등 3종목, 그리고 항공기능사 4종목(기체, 기관, 장비, 전자) 그래서 모두 9개 종목으로 되어 있습니다.

한편 학과시험의 내용은 항공기사와 항공산업기사의 경우, 각각 다음과 같이 되어 있습니다.

[학과시험 과목]

구분	항공기사	항공산업기사
제1과목	항공역학	항공역학
제2과목	항공기 동력장치	항공기 동력장치
제3과목	항공기 구조	항공기 구조
제4과목	항공장비	항공장비
제5과목	항공제어공학	–

(주) : 과목의 이름은 서로 같지만 문제의 내용은 다릅니다.

이상과 같은 국가기술자격법에 의한 국가기술자격제도의 운영은, 노동부 총괄하에 해당 주무부처에서 해당자격 종목을 관리하고, 검정의 실시, 시험문제 출제, 관리 및 자격증 교부 등 실제적인 검정시행 업무는 '한국산업인력관리공단'에서 도맡아 실시하고 있습니다.

5 헬리콥터 이야기

헬리콥터가 실용화되기까지

헬리콥터는 엔진의 힘으로 회전날개인 로터(Rotor)를 회전시켜 양력(뜨는 힘)을 얻어 나는 회전날개 항공기입니다. 수직 상승·하강이 가능하고 호버링(Hovering)이라 하여 공중에서 제자리에 머물러 있을 수도 있고, 로터를 경사시켜 마음대로 날 수가 있습니다.

그래서 헬리콥터는 아주 편리하고 쓸모가 많은 항공기입니다. 가까운 거리의 여객수송은 물론 농업용으로 씨뿌리기, 농약 살포 그리고 방송사나 신문사의 보도취재, 건설자재의 공중수송, 조난구조 활동, 송전선의 감시 · 정찰, 소화작업 등 여러 가지 용도로 널리 사용되고 있습니다. 군용기로서의 역할도 아주 다양합니다.

이와 같은 헬리콥터는 일반 항공기보다 아주 오랜 역사를 가지고 있습니다. 기원전 중국의 대까차 날개에서부터 시작하여 15세기의 레오나르도 다 빈치가 구상한 나사의 원리를 이용한 헬리콥터, 그리고 18세기의 조지 케일리가 만든 장난감 모양의 헬리콥터 등 여러 가지가 있었습니다.

그러나 실제로 헬리콥터를 만들어 타고 하늘을 날은 것은 20세기에 이르러 일반 항공기가 등장하고 난 다음이었고, 제대로 실용화 된 것은 제2차 세계대전 말기부터였습니다. 이와 같이 헬리콥터가 실용화 될 때까지 오랜 시간이 걸리게 된 것은, 그 때 당시 사람들이 대부분 헬리콥터보다는 일반 항공기 개발에 대한 관심이 더 많았고, 또 공기역학적으로 일반 항공기보다 어려운 점이 많고, 구조적으로 복잡하여 만들기가 어려웠기 때문이었습니다.

그러나 최대의 원인은 사람이 타고 수직 상승하는데 필요한 파워, 즉 가볍고 출력이 큰 엔진이 없었기 때문이었습니다. 헬리콥터의 아버지라고 불리는 시코르스키(1889~1972년)도 1909년에 실험만을 해보고 엔진 때문에 약 20여년동안 실제 제작은 포기해야 할 정도였습니다.

즉 1903년 라이트 형제가 동력비행에 성공하자, 이에 감명을 받은 러시아의 시코르스키는 1909년 모스크바에서 헬리콥터를 만들어 실험을 했는데, 엔진의 마력 부족으로 실패하고, 러시아 혁명이 일어나자 미국으로 건너가 계속 연구를 하다가 1930년부터 본격적인 개발에 착수하게 되었습니다.

헬리콥터용으로 쓸만한 가볍고 출력이 큰 엔진이 그 때서야 개발되어 나왔기 때문입니다. 그래서 1939년에 완성된 것이 바로 유명한 시코르스키 VS-300인데, 이 VS-300이야말로 오늘날의 꼬리 회전날개식 헬리콥터의 원조인 것입니다.

그 후 이 VS-300을 개량한 헬리콥터가 제2차 세계대전이 끝날 때까지 군용기로 많이 쓰여 졌습니다. 저지에 추락한 파일럿을 구출하고, 적

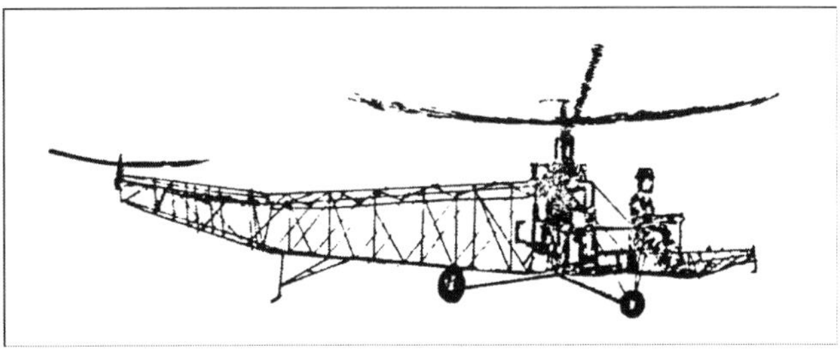

1939년에 개발된 시코르스키 VS-300의 최초 모델

지를 저공비행하면서 정찰하는 한편, 전차나 대포와 같은 무거운 무기를 매달고 수송하는 일 등 많은 활약을 했기 때문에 헬리콥터의 유용성을 크게 인정받게 되었습니다.

한편 미국의 벨사에서도 1941년 헬리콥터 개발사업에 착수하여 1943년에 벨-30이 선을 보였는데, 이 벨-30은 로터를 회전시켜 주는 구조가 좀 색다른 것이었습니다. 제2차 세계대전 후 이를 민간용으로 개량하여 1947년부터 양산 보급된 것이 바로 벨-47이었는데, 성능이 우수하여 세계적으로 인기가 아주 대단했습니다.

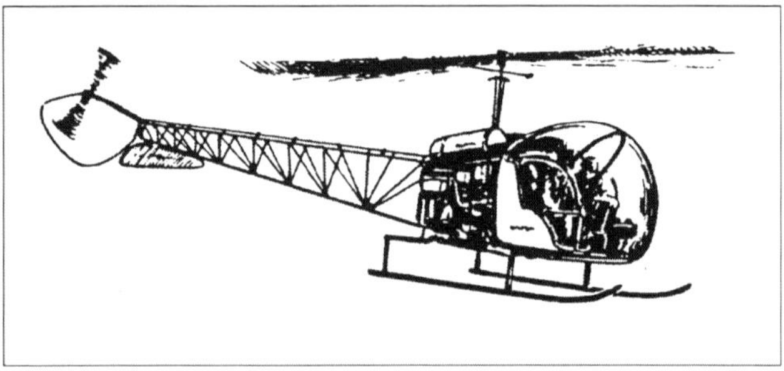

1947년 실용화에 성공한 민간용 헬기, 벨-47

이렇게 해서 헬리콥터는 미국의 시코르스키사와 벨사에 의하여 개발 보급되기 시작했으며, 이후 헬리콥터의 유용성이 점점 높아지면서 세계 여러 나라에서 크고 작은 여러 가지 종류의 헬기가 많이 개발되어, 현재 군이나 민간에서 많이 활용되고 있는 실정입니다.

헬리콥터의 구조와 비행원리

헬리콥터는 고정날개 항공기와는 달리, 기체 중심부분에 수직방향으로 나와 있는 회전축에 메인 로터(주 회전날개)가 달려 있고, 기체 꼬리부분에는 이와 동조해서 회전하는 테일 로터(꼬리 회전날개)가 달려 있습니다.

메인 로터는 수평방향으로 회전하면서 뜨는 힘, 즉 양력을 얻어 상승비행을 하고, 공중에서 호버링(제자리 비행)을 할 수 있고, 또 그 회전면을 경사시켜서 전·후, 좌·우 방향의 비행을 마음대로 할 수 있습니다.

테일 로터는 메인 로터가 회전할 때 생기는 반력에 의하여, 기체가 메인 로터의 회전방향과 반대방향으로 회전하려는 힘을 막아 비행방향을 바르게 조정해 주는 역할을 담당하는 것입니다.

작은 모양의 꼬리날개가 있는 것도 있는데, 이는 어디까지나 방향안정만을 위한 것이지, 고정날개 항공기의 승강키나 방향키와 같은 조종면은 붙어 있지 않습니다.

따라서 헬리콥터를 조종하는 방법도, 일반 항공기와는 근본적으로 다릅니다. 우선 수직상승이나 하강하기 위한 조종방법과 제자리에 머물러 있기 위한 호버링 조종방법이 필요하고, 전진비행은 물론 좌우 옆 방향으로의 이동과 후퇴 비행까지 그리고 기체의 자세 조종 등 일반 항공기보다 좀 복잡한 조종방법이 필요한 것입니다.

그러나 헬리콥터의 실제적인 조종방법은 그리 복잡하지가 않습니다. 메인 로터의 피치각과 회전속도, 그리고 경사각을 적절히 조종해 주고, 테일 로터의 회전속도를 조절하여 기체의 자세를 바로 잡아 주기만 하면 됩니다. 꼬리 회전날개가 없는 쌍 로터형인 경우에는 두 로터간의 도크 차나 추력차를 이용하여 기체의 자세를 조종해 주고 있습니다.

그간 새로운 복합재료가 많이 개발되면서, 아주 복잡했던 메인 로터 연결부분의 구조가 아주 간단하게 개선되었습니다. 그 전에는 엔진에 연결된 수직 회전축에다 여러 개의 로터 깃을 연결하는 중심부분, 즉 허브(Hub)의 구조가 아주 복잡했었는데, 새로운 복합재료를 이용하여 일체구조(또는 통체구조)형식으로 되는 바람에 구조가 아주 간단해진 것입니다. 그러나 메인 로터는 일반 항공기의 날개와 프로펠러를 합친 기능을 만족시켜 주어야 되기 때문에, 공기역학적인 특성이 매우 복

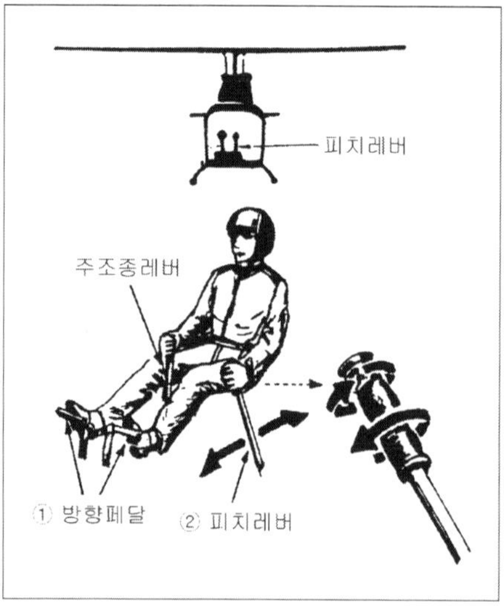

헬리콥터의 기본적인 조종장치, 주조종레버, 피치레버, 방향페달

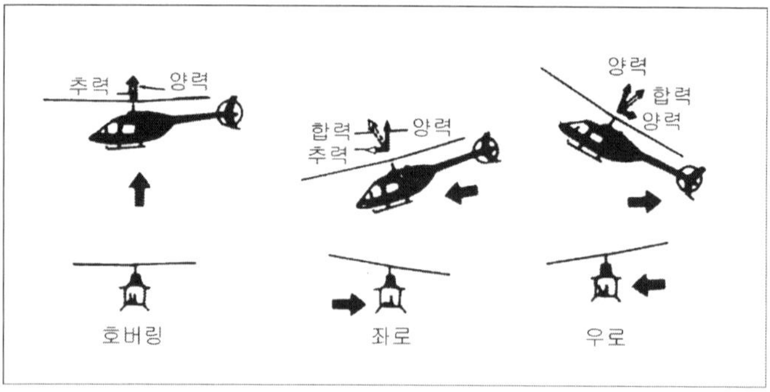

헬리콥터의 조종방법. 로터의 경사각이나 피치각을 조절하여 전후, 좌우, 상하 마음대로 비행을 할 수 있다.

잡하게 되어 있습니다. 그래서 헬리콥터의 비행 안전성 문제가 가끔 논의의 대상이 되고 있고, 아직 일반 항공기처럼 대형·대량화가 이루어지지 못하고 있는 것은 바로 이와 같은 공기역학적인 문제가 제대로 해결되지 못하고 있기 때문입니다.

에베레스트 정상 8850 m 착륙 성공

헬리콥터가 사상 처음으로 세계 최고봉인 에베레스트 정상에 착륙하는데 성공하였습니다. 유럽 최대 방위산업체인 EADS는 2005년 5월 24일, '지난 5월 14일 오전 7시 8분(현지시간) 조종사 디디에 데살레가 해발 8,850 m인 에베레스트 정상에 헬기를 착륙시켜 2분간 머물렀고, 다음 날에도 재 착륙하는데 성공했다'고 발표 하였습니다. 그전 기록은 7,925 m 이었습니다.

착륙에 성공한 이 헬기는 EADS의 자회사인 유로콥터에서 개발한 단발엔진의 AS350-B3이란 최신 기종인데, 데살레 조종사는 "마침내 꿈이 이루어졌다"며 "목표 달성이 힘들어 보였지만 우리 기술의 승리"라고 기뻐했습니다.

고도가 높아질수록 공기의 밀도가 떨어져서 엔진의 작동이 어렵고, 회전날개가 기체를 끌어올리기 어렵기 때문에 일반적으로 상승한도가 6,000 m

사상 처음 에베레스트 정상(8,850 m) 착륙에 성공한 에큐레이 AS350-B3, 착륙에 앞서 정상 주위를 선회하고 있는 모습

정도밖에 안 되었지만, 이 AS350-B3는 최소의 공기량으로 연소가 가능하도록 엔진을 개량하여 상승고도 한계를 높인 것이라고 합니다.

그간 EADS에서는 2004년 4월부터 시험비행을 하기 시작하여 10여 차례에 걸쳐 8,000 m 이상 비행을 실시했는데, 최고 1만 211 m 고도비행까지 성공하였다고 합니다. 그리고 에베레스트 정상 착륙 성공 직후 국제항공연맹(FAI)에다 비행기록 인증을 신청했다고 합니다. 앞으로 고산지대의 인명구조 및 수송활동 등에 크게 기여하게 될 것입니다.

6 국산항공기의 이모저모

순국산 제1호 항공기, 부활호

6.25전쟁 중에 꽃피운 창공의 꿈

6.25 당시 우리 공군에서는 미국 군사원조에 의한 정찰용 경비행기 L-4와 훈련/공격기 T-6, 전투기는 F-51 무스탕 그리고 민항공에서는 쌍발 DC-3 2대와 4발 DC-4 1대 뿐이었습니다. 이들은 모두 피스톤 엔진을 단 프로펠러식 항공기였습니다.

그래서 뜻있는 사람들은 국산 항공기 개발에 대한 창공의 꿈을 나름대로 가지고 있었습니다. 이러한 분위기 속에서 이 '부활호'는 경남 사천비행장에 있던 공군기술학교에서 1953년 6월 28일부터 설계/제작에 착수하여 약 4개월 만에 작업을 완료하고 10월 11일 시험비행(조종사 민영락, 동승자 이원복)을 실시하는데 성공하였습니다.

이 역사적인 쾌사는 당시 공군기술학교 교장인 김성태 대령의 요청으로 정비교육대 이원복 소령(서울공대 항공공학과 1회)이 주도하여 20여 명의 장병들의 노고에 의해 이루어진 꽃이었습니다.

성대하게 거행된 '부활호'의 명명식

경남 사천 비행장에서 시험비행에 성공하자 그 때 당시 대구에 있던

김해 공군기지(공군기술학교)에서 '부활호'명명식 거행(1954. 4. 3) '세우자 대한의 항공기술'이란 표어가 돋보이고 있다.

공군본부에서는 즉시 대구비행장으로 와서 시범비행을 실시하라고 지시했습니다. 그래서 참모총장(최용덕 장군)과 여러 참모들이 참석한 자리에서 제작과정을 설명하고 작전국장(김신장군)을 시승시켜 비행성능을 평가하게 했습니다. 그 결과 '미국 비행기가 아닌 한국 비행기의 성능이 아주 좋았다'는데 모든 참석자들이 크게 감격했습니다.

이 같은 감격은 그 후 5개월이 지난 1954년 4월 3일, 김해 공군기지(공군기술학교 사천에서 김해로 이전)에서 또 한번 재현되었습니다. 이승만 대통령을 대신한 함태영 부통령과 손원일 국방장관, 각 군 참모총장과 많은 귀빈들, 그리고 공군기술학교 장병 전원이 참석한 가운데 '부활호의 명명식'이 아주 성대하게 거행되었기 때문입니다.

이승만 대통령이 친필로 내린 '復活'이란 휘호는 아주 뜻 깊은 것이었습니다. 또 기념식장 정면 양쪽에 높이 세워진 입간판에 '푸른 하늘은 우리를 부른다. 세우자 대한의 항공기술'이란 표어가 크게 쓰여 있는 것이 아주 돋보였다고 합니다.

50년 만에 깨끗이 복원

그 후 이 부활호는 대구비행장 경내에 있던 항공학교로 이양되어 1960년대 말까지 연습기로 잘 운용되다가 폐기처분되어, 같은 재단인 경상공고의 지하창고에 보관되고 있었습니다. 그러나 수십 년이 지나도록 이 사실이 알려지지 않고, 미국 정보기관에서 인수해 갔다는 뜬소문만 돌고 있었답니다.

그러자 2003년 12월 17일, 미국의 라이트 형제 비행성공 100주년을 맞이하면서 중앙일보에 '국산 1호 비행기 부활을 찾습니다.'라는 제목의 기사가 크게 보도되자, 경상공고 퇴직자인 이병치씨의 제보로 지하창고에 보존되어 있다는 사실을 알게 되었습니다. 그래서 2004년 1월 14일 현장답사를 하여 동체의 골격만이 남아 있는 것을 확인하고 6월 9일 공군에서 인수하게 되었습니다.

이를 인수한 대구의 공군 항공정비창에서는 즉각 '부활호 복구 작업팀'을 구성하고, 4개월여 만에 완전 복구작업을 마치고 10월 22일 복원 기념행사를 성대히 거행하였습니다.

2004년 10월 22일, 50년 만에 깨끗이 복원된 국산 제1호 항공기 부활호의 모습

생산과장 이면우 중령 주도하에 20여명의 기술 인력이 협동하여 이룩한 쾌거였습니다. 반세기 전 사천기지에서 처음 설계·제작했을 때와 작업인원수와 작업기간 등 상통되는 점이 많이 있었다고 합니다. 앞으로 복원된 이 부활호는 공군 당국에 의해서 영원히 잘 보존될 것입니다.

형식증명 제1호, 창공 91

경비행기 개발사업의 터전 마련

1982년 6월부터 한국과학기술원(KIST)의 항공우주연구실에서는 경비행기 개발사업의 터전을 마련하기 위하여 캐나다에서 3인승 경비행기와 2인승 복합재료기, 그리고 초경량 항공기와 자이로플레인 등을 각각 1대씩 키트로 도입하여 조립 생산하는 동시에 그 부품의 국산화와 수출 가능성 등을 조사 연구하였습니다.

이 때 조립 생산된 이들 항공기는 1984년 8월 여수비행장에서 시험비행을 실시했고, 그 후 레저 스포츠용으로 각광을 받고 활용되었습니다.

한편 대한항공(KAL)의 기술연구소에서는 1984년 12월부터 유럽형 초경량항공기 X-99를 들여다가, 국산 소재를 이용하여 그대로 본떠서 '창공 1호'를 만들었고, 또 1985년 12월에는 복합재료로 만들어진 시리코기를 복제한 '창공 2호'에 이어 1989년 4월에는 그간 축적된 기술을 바탕으로 자체적으로 설계·제작한 '창공 3호'가 시험비행을 하는데 성공하였습니다. 따라서 이제 경비행기 정도는 독자적으로 개발해 낼 수 있다는 자신감을 갖게 되었습니다.

그래서 한국형 5인승 경비행기 '창공 91'의 개발사업을 본격적으로 시작할 수 있게 되었습니다.

'창공 91' 의 개발과정

창공 1, 2, 3호기를 통해 축적된 기술과 경험을 바탕으로 KAL의 기술

연구소에서는 1987년 4월, 삼선공업과 한국 화이버사와 함께 '한국 항공우주연구조합'을 결성하고, 1988년 6월 과학기술처의 '특정 연구 개발사업'으로 지정을 받아 '창공 91'의 개발사업을 본격적으로 추진하기 시작했습니다.

KAL이 설계, 부품제작 및 최종조립과 전반적인 관리업무를 관장하고, 삼선공업이 알루미늄 압축제의 시제품 개발 및 제작·실험, 그리고 한국 화이버에서는 꼬리날개와 엔진덮개 및 전후방 출입문 등 복합재 부품의 개발제작·실험을 담당하였습니다.

한국 최초로 개발되는 이 창공 91은 세계시장의 동향을 감안하여 순수 우리기술로 설계, 제작되는 일반 항공용 5인승 단발 프로펠러기로서, 항공법상 감항 분류가 보통(N) 및 실용(U)에 해당되는 기술기준을 만족시키는 200마력급의 실용적인 경비행기입니다.

1991년 8월 전체 시스템의 기능시험과 구조시험을 하기 위한 실물 크기의 시험기가 만들어 졌고, 11월에 시제 1호기가 완성되고, 1992년 11월에 이를 약간 개량한 양산형 시제 2호기가 완성되었습니다.

1993년 2월 23일, 이 시제 2호기가 김해공항을 이륙하여 한국 항공대학교 비행장 활주로에 무사히 안착함으로써 장거리 시험비행을 하는 데까지 성공하였습니다.

이 창공 91의 개발사업은 설계 · 제작 · 시험 등 전반에 걸친 요소기술의 통합과 산 · 학 · 연 협동체제를 구축하여 이루어졌다는 점에서 큰 의의를 갖는 것입니다.

한국 최초의 형식증명과 감항 증명

이 창공 91 2호기는 1993년 8월 31일, 건설교통부(항공국)로부터 우리 민항공 사상 처음으로 항공법에 의한 '형식증명(항공기의 설계 내용이 소정 기술기준에 적합하다는 증명)'과 '감항증명(항공기가 안전비행을 할 수 있는 성능이 있다는 증명)'을 받아냈습니다. 8.15 광복 이후 48

형식증명 제1호 창공 91, 한국형 경항공기(5인승) 1991년 8월 16일 김해공항에서 첫선을 보였다.

년 만에 처음 있는 쾌거였습니다.

전금속제 단발기로써 카우링이나 꼬리날개 등 부분적으로 복합재료를 사용하고 있는 좀 새로운 모습을 한 5인승 경비행기인데, 고정식 바퀴다리에다 200마력 피스톤 엔진을 장착하고 있습니다.

KAL에서는 이 창공 91을 군·민 공동으로 정찰·연락 등 다용도기로 사용해 주기를 바라고 있었는데, 그 후 양산한다는 소식은 없는 실정입니다.

한국형 기본 훈련기, 웅비호 KT-1

KT-1 기본 훈련기의 개발과정

1986년 당시 우리 공군에서 운용중이던 노후화 된 초등 훈련기(T-41B)와 중등 훈련기(T-37)를 대체하기 위한 한국형 훈련기 개발사업(KTX-1)이 국방과학연구소(ADD) 주관으로 1988년부터 시작되었는데, 우선 초등 훈련기의 시제기(550마력급) 2대가 1991년 12월에 완성되어 첫 비행을 실시하였습니다.

그러나 엔진출력의 부족 등 군의 요구 성능을 제대로 충족시키지 못해, 이를 개량한 950마력급의 3호기가 1995년 11월 28일 공군 성남기지(서울공항)에서 '웅비(雄飛)'(김영삼 대통령의 휘호)라 명명되어 시험비행을 성공적으로 성대하게 실시하였습니다.

이 웅비호의 개발사업은 주 계약업체인 대우중공업과 협력업체인 대한항공, 삼성항공, LG 정비 등 모두 8개 업체가 공동 참여하여 실시되었는데, 예정대로 순조롭게 사업이 진행되어 1996년 5월 실용시제기(#4)의 시험비행을 실시함으로써 선행개발 단계(1993~1996년) 사업을 성공적으로 마무리하고 1997년 11월 국방부로부터 실용기 개발이 승인되었습니다.

이 실용기 개발단계(1997~1998년)에서는 양산에 대비한 실용 시제기(#5)를 개발하여 1999년 4월 양산 승인을 얻은 다음 바로 양산 1호기를 만들어 초도 생산시험을 한 다음 본격적으로 양산작업에 들어갔습니다.

이 무렵 정부당국에서는 항공우주산업을 보다 효과적으로 발전시키기 위한 구조조정 차원에서 대우, 현대, 삼성 등 3사의 항공부분을 모두 통합하여 1999년 10월 '한국 항공우주산업(주)' KAI를 설립케 하였습니다.

그래서 이 KTX-1 사업이 모두 KAI로 이관되어 그 이름이 KT-1으로 개정되고, 2000년 11월 3일 양산 1호기의 출하 기념식이 KAI 창원공장에서 김대중 대통령 참석하에 성대히 거행되었습니다. 그 후 2002년에는 싱가포르 에어쇼에 참가하여 시범비행을 실시하고 국위를 크게 선양하기도 하였습니다.

이 KT-1은 월 평균 2대씩 생산되어 #85 최종호가 2004년 8월에 출하되어 구형기가 모두 KT-1으로 교체되었습니다. 서울 용산 삼각지에 있는 전쟁기념관의 야외 전시장에 가 보면 이 KT-1 웅비호의 자랑스런 모습을 볼 수가 있습니다.

한편 KAI에서는 이 KT-1의 전자장비와 통신장비를 개량한 KT-1B형을 만들어 2003년 9월 인도네시아 공군에다 수출하기 시작했으며, 무장 장착과 운용능력을 제대로 갖춘 저속 통제기 KO-1과 성능 개량형

XKT-1C 등 보다 우수한 새로운 모델을 개발하고 있습니다.

KO-1 수출용 저속 통제기의 특징

국산 항공기의 수출시대를 개척한 KAI에서는 2004년 8월 28일, KT-1의 성능개량 모델인 KO-1 저속 통제기가 개발 개시된 지 4년 만에 무장성능 시험에 성공함으로써 동남아 및 중남미 국가들에게 대량 수출이 가능하게 되었다고 합니다.

무장시험에 성공한 이 수출형 KO-1 저속 통제기는 KT-1 기본 훈련기의 좌우 날개에다 외부 장착형 중기관총(HMP)과 로켓 발사관, 그리고 외부 연료탱크 등을 장비하여 무장 및 장시간 비행능력을 갖춘 새로운 기종입니다.

국방과학연구소와 산업자원부 및 공군의 지원 아래 각종 안전시험과 지상시험, 그리고 120여회의 비행시험을 통해 항공기의 성능, 조종안전성, 외부 장착물 및 기관총 발사 등에 대한 평가를 거쳐 무장 장착에 성공한 것입니다.

이는 그간의 KT-1 기본 훈련기와 T-50 초음속 훈련기 개발사업을

한국형 기본 훈련기 KT-1 웅비호의 모습

통해 축적된 국내 항공기술의 개가인 동시에, 방산물자 수출 진흥의 방향을 제시한 민·관·군의 유기적인 협조에 의한 빛나는 결과입니다.

이 KO-1 저속 통제기는 공중에서 전투기의 사격 및 작전을 통제하고 지상근접 작전업무를 수행할 수 있도록, 다기능 시험장비와 인공위성을 통한 자동 위치측정, 최신 항법, 그리고 통신장비와 무장 컴퓨터, 무장 제어부분 등을 강화한 엄격한 공중통제 업무 및 작전수행에 매우 적합한 항공기라고 합니다.

초음속 훈련·공격기 T/A-50, 검은 독수리

T/A-50의 개발과정

KT-1 기본 훈련기 개발사업을 끝내고 KF-16 전투기를 면허생산(KFP 사업)하고 있던 한국의 입장으로서는 훈련·공격용 초음속기를 개발하는 것이 당연한 목표였습니다.

그러나 초음속기에 대한 연구 개발경험과 관련 설비가 부족한 상태였기 때문에 미국의 록히드 마틴사의 도움을 받지 않으면 안 될 입장이었습니다. 그래서 개발비를 우리 정부가 70%, 삼성항공이 17%, 그리고 나머지 13%를 록히드사가 부담하기로 하고 1997년부터 사업이 본격적으로 시작되었습니다.

원래 이 사업은 1992년부터 KTX-2 사업으로 시작되어, 초기에는 고익 쌍수직 꼬리날개형으로 설계되었던 것이 1995년 중반에 취소되고 1997년에 현재와 같은 모양으로 바뀌게 된 것입니다.

즉, 주날개가 가변 캠버식으로 바뀌고 후퇴각이 날개 앞전에만 주어지고, 공기흡입구가 동체 좌우 양쪽에 배치되어 있습니다. 조종계통은 세 가지 키가 모두 FBW(Fly-By Wire)식이고, 엔진은 GE사의 F404를 면허생산 하는 것으로 되어 있습니다.

그 후 1999년 10월, 한국 항공우주산업(주) KAI가 설립된 다음 이

KTX-2의 명칭이 연습기형은 T-50, 경공격기용은 A-50으로 변경되고, 비행시험용 원형기 4대와 강도 시험기 2대가 만들어졌는데 그 중 원형 1호기가 2002년 6월 첫 비행을 하는데 성공하고, 3, 4호기는 경공격기형 A-50의 원형기가 되고 있습니다.

한편 생산과정에서는 대우가 중앙동체, 대한항공이 후부동체와 꼬리 부분, 록히드사가 주날개, 그리고 KAI는 동체의 앞부분과 최종조립을 분담하는 것으로 되어 있습니다.

T-50 고등훈련기의 양산 개시

2004년 12월 17일, T-50 고등훈련기의 양산 1호기가 최종조립에 착수함으로써, 본격적인 양산단계에 들어가게 되었습니다. 전·중·후방 동체와 날개의 체결 공정을 시작으로 전자장비, 비행제어, 엔진 등 주요 세부 시스템의 장착과 시험과정을 거쳐 양산 1호기의 출고식이 2005년 8월 30일 경남 사천의 KAI 본사에서 거행되었습니다.

이 T-50 고등 훈련기는 지난 2001년 시제 1호기를 시작으로 6대의 시제기를 만들어 700회에 이르는 무사고 비행시험을 통해, 조종성능과 레이더, 항공전자장비 등에 대한 시험평가를 실시해 왔었습니다.

이러한 여러 가지 시험은 공군과 KAI의 전문요원으로 구성된 'T-50 종합시험 평가단'에서 주관하고, 국방과학연구소와 품질관리소의 연구진이 참여하여 민·관·군의 상호 협동으로 이루어진 것입니다. 특히 2005년 1월 5일, 공군 참모총장이 이 T-50 시제기를 직접 탑승하고 마하 1.2의 초음속 비행을 하는 등 고난도 기동비행을 실시하여 기체의 우수성을 확인하기도 하였습니다.

2005년 후반기부터 공군에 도입될 이 T-50을 최고 지휘관인 참모총장이 직접 점검비행을 함으로써 대내적인 신뢰도 향상은 물론 해외 마케팅에도 큰 효과를 줄 것으로 기대된다고 합니다.

그래서 KAI에서는 2030년까지 800~1,200대 수요의 시장점유율 25%,

총 300억불 상당의 해외 수출을 목표로 중동과 중남미 등 여러 나라와 수출상담을 전개하고 있다고 합니다.

A-50 경공격기의 미사일 발사 성공

2005년 10월 18일부터 23일까지 서울공항(분당)에서 성대히 개최된 제5회 서울 에어쇼에서 T-50이 아주 멋지게 시범비행을 실시하여 그의 실력을 유감없이 과시한 데 이어, 11월 8일에는 서해 상공에서 최초의 국산 경공격기로 개발중인 A-50이 AIM-9L 공대공 미사일을 발사해 1.5마일 떨어진 무인 폭격기를 명중시키는데 성공했습니다.

이 A-50은 초음속 훈련기인 T-50을 경공격기형으로 개조한 모델인데, 이날 미사일 시험발사에 성공함으로써 공대공 작전능력을 제대로 검증받게 된 것입니다. 앞으로 T-50과 더불어 경공격기로서 세계적으로 이름을 크게 날리게 될 것으로 기대되고 있습니다.

우리 한국의 군항공사업은 지난 60년대부터 창정비를 시작으로 70년대에는 500MD 헬기의 면허생산, 그리고 80년대에는 F-5 전투기(제공호)의 면허생산으로 이어져 나름대로 순조롭게 발전되어 오다가, 94년

초음속 고등훈련기 T-50 양산 1호기, 세계 12번째 초음속기, 경남 사천 KAI에서 출고식, 2005년 8월 30일

서해상공에서 경공격기 A-50이 공대공 미사일 발사시험을 하고 있는 모습, 2005년 11월 8일

F-16 전투기 KFP 사업이 시작될 때까지 기종 선정문제 등으로 무려 8년간의 공백을 보임으로써 항공기술 발전에 큰 시행착오를 범했습니다.

그러나 그 후 다행이 F-16에 이어 KT-1과 T/A-50 사업이 순조롭게 계속 됨으로써 그간 축적된 기술을 유지 발전시킬 수 있게 되었으며, 앞으로 2015년까지 한국형 최첨단 전투기의 개발목표를 현실화 시킬 수 있게 되었다고 봅니다.

5. 로켓의 발달과 우주개발 경쟁

1 로켓에 관한 기본지식

로켓의 비행원리 = 작용과 반작용의 원리

고무풍선에다 공기를 잔뜩 불어 넣고 공중에다 놓아주면 그 공기가 다 빠져 나갈 때까지 높이 날아올라 가다가 땅으로 떨어지는 것을 우리는 잘 알고 있습니다. 만일 풍선 안에서 계속 공기를 뿜어낼 수만 있다면 풍선은 계속 더 높이 날아올라갈 수 있을 것입니다.

로켓이 나는 원리도 바로 이와 같은 것인데, 일찍이 뉴턴(1642~1727년)이 밝힌 '작용과 반작용의 원리'(운동의 제3법칙)에 의한 것입니다. 이 작용과 반작용의 원리는 육·해·공 어디에서나 적용되는 것인데, 지상에서는 지면을 뒤로 미는 힘(작용)에 대한 반대방향의 힘(반작용)으로 사람이나 자동차가 앞으로 전진할 수 있고, 선박의 경우는 스크루로 물을 힘차게 뒤로 밀어 보내는 힘에 대한 반력에 의하여 전진하는 것입니다. 항공기도 프로펠러나 제트분사에 의하여 공기를 힘차게 뒤로 밀치는 힘에 대한 반작용의 힘으로 앞으로 추진하는 것입니다.

로켓의 경우는 진공상태에 가까운 우주공간을 나는 것이기 때문에 물이나 공기와 같이 뒤로 밀쳐줄 물질은 없지만 로켓 자체 내부에서 연소가스를 계속 힘차게 분사시켜, 고무풍선의 경우와 같이 분사하는 힘에 대한 반작용으로 추진력을 얻는 것입니다.

제트엔진도 분사 추진이란 점에서는 로켓의 추진원리와 같지만, 제트

엔진은 공기를 흡입하여 그 속에 있는 산소를 이용하여 연료를 연소시켜 분사하는 것이기 때문에 산소가 없는 우주공간에서는 사용할 수가 없습니다.

그러나 로켓엔진은 연소에 필요한 산소까지를 같이 가지고 있기 때문에 산소가 없는 우주공간에서도 작동이 가능하고, 게다가 공기에 의한 저항이 거의 없기 때문에 아주 적은 출력으로도 고속비행이 가능합니다. 그래서 우주공간을 비행하는 우주비행체는 모두 로켓엔진을 사용하게 마련입니다.

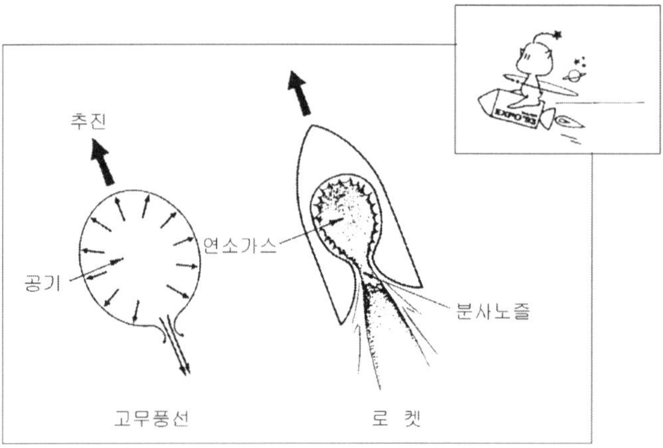

고무풍선이 날아가는 원리와 로켓이 날아가는 원리는 꼭 같은 것이다. 작용과 반작용의 원리

로켓이 빠른 이유

로켓하면 누구나 아주 속도가 빠른 비행체라고 알고 있습니다. 그렇다면 로켓이 빠른 이유를 어떻게 설명하면 될지, 답은 '뉴톤의 운동의 제2법칙인 가속도의 법칙에 의하여'라고 하면 되겠습니다.

우선 진공상태에 가까운 우주공간에서 어떤 물체가 일정한 속도로 직선운동을 하고 있다고 가정을 합니다. 그리고 그 물체에다 외부에서 그 물체가 운동하고 있는 방향으로 힘을 가해주면 그 물체의 속도는 그 만큼 더 증가되고, 반대방향에서 힘을 가해주면 그 물체의 속도가 감소됩니다. 이 때 그 속도의 증감률은 외부에서 가해진 힘에 정비례합니다. 이것을 수식으로 나타내면 다음과 같습니다.

$$Ft = mv \text{ 또는 } F = m\frac{v}{t} \text{ 또는 } F = m\alpha$$

즉 힘 F를 t만한 시간 가해주면 질량 m인 물체의 속도가 v가 된다는 것입니다. 따라서 물체의 질량 m과 외부에서 가해주는 힘 F가 일정한 경우, 힘을 작용시키는 시간 t를 오래 해 주기만 하면 그 물체의 속도 v는 점점 증가될 수가 있습니다. 즉 가속도 α가 점점 커지는 것입니다. 이것이 바로 '가속도의 법칙'인 것입니다.

로켓의 비행속도가 빠르다는 것은 바로 이와 같은 원리에 의한 로켓의 운동량 mv가 그 만큼 커진다는 것인데, 여기서 중요한 것은 로켓의 질량 m은 언제나 일정하고 속도 v는 $v = \alpha t$($\alpha = \frac{v}{t}$에서)이기 때문에 연소가스를 분사시키는 시간 t만 오래해 주면 가속도 α, 즉 분사하는 힘 F가 적더라도 비행속도 v를 빨리할 수 있다는 사실입니다.

따라서 로켓은 적은 힘으로 우주공간을 빠른 속도로 비행할 수 있는 것입니다.

로켓과 미사일의 구분

로켓을 이야기할 때 흔히 로켓과 미사일(Missile)을 혼동하는 경우가 있습니다. 로켓은 앞에서 설명한 바와 같이 로켓 엔진에 의한 추진기관이며, 미사일은 공중을 날아가는 비행체 무기를 말하는 것입니다.

그러나 미사일에는 대포알처럼 쏘아서 그냥 날아가는 것과 로켓 추진

장치가 장착되어 있는 것이 있는데, 유도장치가 달려 있느냐 없느냐에 따라 유도미사일과 무유도 미사일로 구분되고 있습니다. 현재 많이 사용되고 있는 것은 거의 모두 로켓 추진 장치가 달려 있는 유도 미사일인데, 이를 유도탄이라고 합니다. 대표적인 것이 요즘에 관심을 끌고 있는 대륙간 탄도 유도탄, 즉 ICBM(Inter continental Ballistic Missile)입니다.

그러나 지상에서만 사용하는 대전차용 로켓탄이나 전투기에 장착되는 로켓탄 등 전술무기에 속하는 소형 미사일은 탄두가 작고 로켓장치 부분이 대부분을 차지하고 있기 때문에 흔히 이것을 로켓이라고 부르고 있는데, 그냥 로켓이라고 하지 말고 로켓탄이라고 해야 맞는 말이 되겠습니다.

고체연료 로켓과 액체연료 로켓의 장단점

로켓의 비행원리는 앞에서 설명한 바와 같이 연소가스를 계속 힘차게 분사시켜 그 반작용의 힘으로 추진하는 것입니다. 그래서 고온·고압의 연소가스를 계속 많이 발생시켜야 하는데, 그러기 위해서는 연소시간이 짧은 고체연료 로켓보다 오랜 시간 계속해서 연소시킬 수 있는 액체연료 로켓이 적격인 것입니다.

원래 고체연료(화약)나 액체연료(석유)가 연소한다는 것은 탄소나 수소와 같은 연료성분이 산소와 급격히 화학반응을 일으키는 것을 말하는 것인데, 고체연료 로켓은 화약 속에서 미리 연소하는데 필요한 산소를 가미시켜 고체화시킨 것입니다. 그래서 만들기가 좀 어렵기는 하지만 연소폭발력이 순간적으로 아주 강한 것이 장점입니다. 그래서 지상에서 로켓을 발사할 때는 고체연료를 사용하게 마련입니다.

그리고 액체연료 로켓의 경우는 액체연료와 액화시킨 산소를 따로 탱크에 보관하고 필요한 양만큼을 뽑아 쓰게 되어 있는데, 탱크의 용량만 크게 해주면 오랜 시간 연소를 계속시킬 수 있기 때문에 장기간 우주비행을 하는 데는 아주 안성맞춤입니다. 그래서 우주비행용 로켓은 모두 다단식으로 대형화 되어 있는 액체연료식으로 되어 있습니다.

액체산소는 공기 중에 포함되어 있는 기체상태의 산소를 －183℃정도로 냉각시켜서 만드는데, 색깔은 엷은 청색이고 무게는 물보다 조금 무겁다고 합니다. 기화성이 아주 강하기 때문에 단열재로 만든 튼튼한 탱크에다 보관해야 하고, 석유와 같은 액체연료는 안전한 액체이기 때문에 그대로 보통 탱크에다 보관하면 된다고 합니다.

액체로켓의 작동원리는 그림에서 보는 바와 같이 액체산소와 액체연료를 각각 가압펌프를 이용하여 연소실에다 알맞게 분사시켜 연소시킨 다음 분사 노즐(라발 노즐 : Laval Nozzle)에 의하여 속도를 증대시켜 힘차게 분사시키면 그 반작용의 힘으로 로켓의 비행속도가 점점 증가되어 고속비행을 할 수 있게 되는 것입니다.

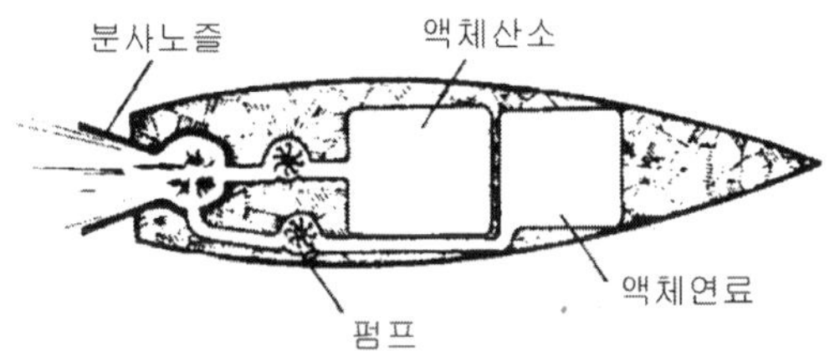

액체로켓의 구조 및 작동원리

[고체연료 로켓과 액체연료 로켓의 장단점]

	고체연료 로켓	액체연료 로켓
장 점	• 구조가 간단하다. • 작동이 용이하다. • 연료의 취급이 간단하다.	• 제어하기가 용이하다. • 대형화가 용이하다. • 연료의 성능이 좋다.
단 점	• 제어하기가 어렵다. • 대형화가 어렵다. • 연료의 성능이 낮다.	• 구조가 복잡하다. • 작동이 어렵다. • 연료의 보관이 어렵다.

라발 노즐의 매력

연소실에서 얻어진 고온·고압가스를 되도록 고속으로 분사시켜야 보다 큰 추력을 얻을 수 있는데 이 분사속도를 증대시켜 주는 장치가 바로 라발 노즐(Laval Nozzle)입니다.

이 라발 노즐의 유래는 1884년 스웨덴의 기술자인 라발(1845~1913년)이란 사람이, 당시 많이 사용되고 있던 증기터빈의 성능 향상책으로 증기의 분사속도를 증대시키기 위하여 나팔 모양의 분출관을 고안해 좋은 성과를 얻었기 때문에 그의 이름을 따서 라발 노즐이라고 했습니다.

현재 공기역학에서는 이와 같은 모양의 분사노즐 장치를 흔히 축소·확대 노즐(Convergent Divergent Nozzle)이라고 하고 있습니다. 이와 같은 노즐에서 단면이 가장 작은 부분을 목(Throat)이라고 하는데 이 목부분에서 최대 유속(임계속도)이 음속까지 달하게 된 다음 계속해서 나팔 모양의 관으로 확대시켜 주면 급격한 확대현상으로 유속이 더욱 빨라져 초음속 흐름으로 변하게 된다는 것입니다.

이 때 속도의 증가율은 목부분과 확대노즐 출구의 단면적비, 즉 확대비율에 따라 결정되는데, 이 확대비율을 적절히 해주면 원하는 고속흐름을 얻을 수가 있습니다.

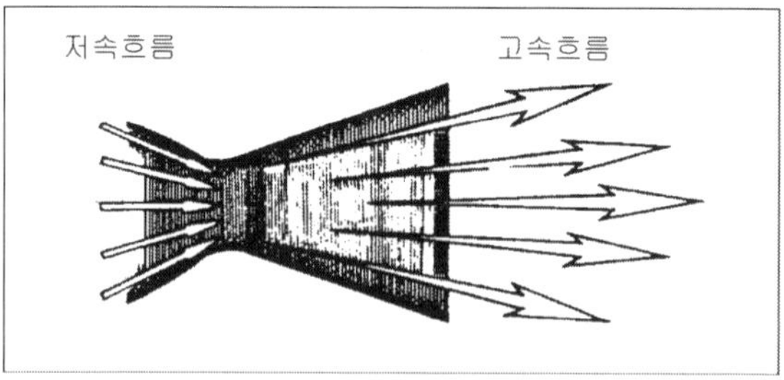

라발 노즐의 매력, 확대비율을 적절히 해주면 원하는 고속흐름을 얻을 수가 있다.

구조가 아주 간단하면서 원하는 고속흐름을 얻을 수 있기 때문에 로켓 엔진뿐만 아니라 일반 고속유체역학 부문에서도 이 라발 노즐이 널리 활용되고 있습니다.

다단 로켓의 위력

현재 사용되고 있는 우주로켓은 모두 다단식 로켓입니다. 1969년 7월 16일, 최초로 역사적인 달 탐사선(3인승) 아폴로 11호를 쏘아 올린 새턴(Saturn) 5형 로켓은 3단식 액체연료 로켓인데, 온 길이가 110.6 m, 최대 지름이 10 m, 그리고 온 무게가 3,050톤, 그 중 93%(2,837톤)가 연료(추진제)로 되어 있는 거대한 로켓이었습니다.

[새턴 5형 로켓의 제원]

	엔진형식	엔진 수	사용 연료	추력	지름	무게
제 3 단	S4B J-2	1	액체수소 액체산소	90톤	6.6 m	130톤
제 2 단	S2 J-2	5	액체수소 액체산소	450톤	10 m	520톤
제 1 단	S1C F-1	5	케로신 액체산소	3,400톤	10 m	2,400톤

이와 같이 거대한 우주로켓이 지상에서 발사되면 불과 몇 분 사이에 제1단, 제2단, 제3단 로켓이 차례로 작동하고 분리된 다음, 마지막으로 우주선(아폴로 우주선의 무게 약 50톤)만이 우주로 향해 날아가기 시작하는 것입니다.

우주과학기술이 많이 발달되어 있는 현 시점에서는 '우주로켓이란 다 그런 것이다.'라고 누구나 당연한 것으로 생각하고 있겠지만, 우주로켓의 '로'자도 모르고 있던 시절(1924년)에 러시아(구소련)의 지올코프스키는 이와 같은 다단로켓을 사용해야 된다고 했고, 또 여러 개의 로켓을 다발로 묶어서 만들면 보다 큰 추력을 낼 수 있다고 주장했던 것입니다.

실제로 1961년 세계 최초로 유인 우주비행을 성공시킨 보스토크 1호는 당시에 이미 개발되어 있던 대륙간 탄도용 로켓을 개량해서 만든 A-1이란 3단 로켓에 의한 것이었는데, 제1단 부분이 4개씩 묶은 것 5다발 모두 20개의 로켓을 큰 다발로 한데 묶어서 만든 것이었습니다.

그래서 밑부분의 지름이 10 m이상이나 되었다고 합니다. 이러한 묶음방식의 로켓이 그 후 러시아에서 많이 활용되었기 때문에 바로 러시아식 우주로켓의 특징이 되어 버렸습니다. 과연 지올코프스키의 아이디어가 선구자적인 기발한 것이었음을 잘 알 수 있습니다.

지구의 인력권 탈출속도

지구의 인력권을 벗어나 우주공간으로 달려 나가는데 필요한 속도를 '탈출속도'라고 하는데, 이 때의 비행경로가 포물선 모양이기 때문에 '포물선 속도'라고도 합니다. 지구의 인력권 탈출속도는 11.2 km/s이고, 달의 경우는 2.37 km/s, 화성에서는 5.09 km/s, 목성에서는 61.5 km/s라고 합니다.

이와 같이 빠른 탈출속도를 얻기 위하여 강력한 다단 로켓이 필요한 것입니다. 우선 지상에서 제1단 로켓을 점화하면 천둥치는 소리와 함께 흰 연기를 내뿜으면서 서서히 떠오르기 시작합니다. 매초 수 톤에 달하는 많은 양의 연료가 소비되기 때문에 무게가 급격히 줄어들면서 가속도가 많이 붙어 점점 속도가 빨라집니다.

제1단 로켓의 연료가 다 소비되면 빈껍데기를 공중에다 떼어 버리는데, 빈껍데기지만 그 무게가 대단히 무겁기 때문에 다음 제2단 로켓에 의한 가속비행에 큰 도움이 됩니다.

그래서 이것을 간단히 생각해보면, 2단 로켓의 경우 1단을 떼어 버리고 2단이 점화되면 2배의 속도를 낼 수 있고, 3단 로켓은 3배, 4단 로켓은 4배의 속도를 낼 수 있기 때문에 지구의 탈출속도 11.2 km/s를 바로 얻을 수 있게 되는 것입니다.

그래서 로켓을 다단식으로 하고 있는데 그 단수에는 한계가 있습니다. 일반적으로 다단 로켓의 크기와 단수는 최종적으로 원하는 속도와 운반하고자 하는 우주선과 같은 적재물의 크기와 무게에 따라 결정되는 것입니다. 현재는 3단 로켓이 가장 많이 사용되고 있는데, 적재물이 크고, 무거울수록 각 단의 용량을 그만큼 크게 해 주면 됩니다.

로켓의 추력

로켓의 출력, 즉 추력은 톤 또는 kg, lb 등으로 표시되고 있습니다. 제트 엔진의 출력도 그러하지만 일반적으로 분사추진기관의 배기노즐에서 분사되는 연소가스의 운동량의 시간적 변화량인 운동량 추력(질량유량×분사속도)과 배기 노즐 출구의 분사압력과 주위의 대기압력과의 차인 압력 추력(분사압력－대기압력) 두 가지를 합한 값이 총추력이 되는 것입니다. 즉

로켓의 총추력＝운동량 추력＋압력 추력

따라서 되도록 많은 질량유량을 빠른 속도로 분사시킬수록 운동량 추력이 커지고, 고도가 증가할수록 대기압이 떨어지니까 압력 추력은 고도와 더불어 증가하게 마련입니다.

[대표적인 로켓의 연료 적재량]

로켓의 종류		무게(톤)	연료 적재량(톤)	비중(%)
델 타 Ⅱ	(미 국)	232	210	90.5
아트라스Ⅱ	(미 국)	187	173	92.5
타 이 탠 Ⅲ	(미 국)	680	560	82.4
프 로 톤 K	(러시아)	690	638	92.5
H － Ⅱ A	(일 본)	285	248	87.0

그러니까 결국 고도가 높아질수록 로켓의 총추력은 점점 증가하게 되는 것입니다. 이것이 바로 로켓의 특징인데, 총추력 중에서 압력 추력이 차지하는 비중은 10~30% 정도로 아주 큰 몫을 차지하고 있습니다.

로켓의 발사장, 우주센터

우주로켓을 쏘아 올리는 장소를 우주로켓 발사장 또는 발사기지라고 합니다. 위성 발사장 또는 우주센터라고도 하지요. 현재 세계 여러 나라에서 소형 과학로켓 발사장과 규모가 아주 큰 위성발사장을 건설하여 운용하고 있는데, 그 중에서 규모가 큰 위성 발사장은 모두 10개 나라에서 19개(미국 4, 러시아 4, 중국 3, 일본 2, 기타 6)나 운용되고 있고 6개(호주 2, 기타 4)가 더 건설 중에 있다고 합니다.

우리나라에서도 전남 고흥 앞바다에 있는 외나로도에다 우주센터를 건설하고 2015년까지 모두 9개의 인공위성을 발사할 계획이라고 합니다.

이러한 우주발사장에는 쏘아올린 우주로켓을 정비·점검하는데 필요한 '정비시설'과 발사하는데 필요한 '발사시설' 그리고 발사 후 추적·관제하는데 필요한 '추적관제시설' 등 크게 세 가지 종류의 시설이 갖추어져 있어야 합니다.

정비시설에는 생산 공장에서 운반해 온 인공위성과 로켓을 조립하기 전에 최종적으로 그 상태를 정비·점검하는 인공위성 정비공장과 로켓 정비공장이 있고, 정비 완료된 로켓의 각 단을 조립하는 조립공장이 있는데 여기서 조립된 로켓은 로켓운반차로 발사대까지 운반됩니다.

발사시설에는 발사할 로켓을 바르게 지지하고, 여러 가지 최종적으로 정비·점검하기 위한 정비탑과 로켓이 점화될 때까지 외부에서 연료와 산화제, 그리고 전기 에너지 등을 공급해 주기 위한 공급탑이 높이 솟아 있는 발사대가 있고, 이 발사대 밑 지하에는 연료 저장고와 산화제 저장고가 마련되어 있습니다.

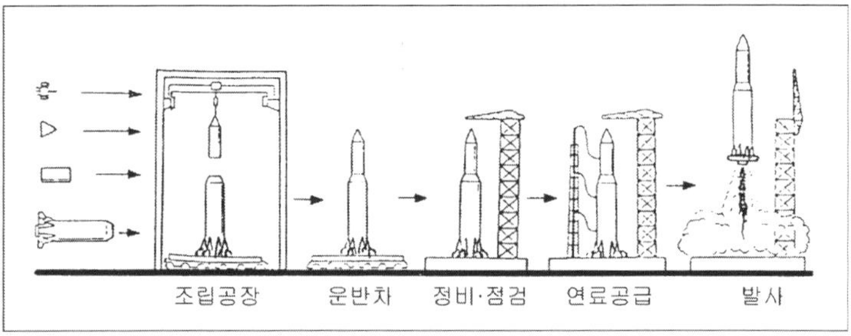

조립에서 발사할 때까지의 과정

아폴로 11호를 케네디 우주센터에서 쏘아 올리는 광경, 새턴 5형 로켓. 1969년 7월 16일, 역사적인 달 여행이 시작되는 순간

또 로켓을 점화한 후 배기가스를 옆으로 배출시키기 위한 배기통로와 배기가스의 방향을 위로 바꾸어 주는 화염전향판 등이 지하에 마련되어 있습니다. 이밖에도 발사장 지하에는 만일의 경우를 대비한 방화·저수 탱크 시설이 마련되어 있습니다.

추적관제시설에는 발사작업의 진행을 맡아 보는 발사관제실과 발사된 로켓을 추적하는 레이더 스테이션, 로켓의 비행방향을 조절해주는 방위관측소, 그리고 발사장 전체의 관리업무와 로켓의 총체적인 비행관제 업무를 담당하는 총본부격인 지령관제실 등 여러 가지 시설이 갖추어져 있습니다.

공중에 떼어 버린 로켓의 껍질

연료를 다 쓰고 공중에다 떼어버린 1~3단 로켓의 껍질은 어떻게 되는 것인가? 제아무리 값비싼 껍질이라 할지라도 회수하기가 아주 어렵기 때문에 그대로 대기권 내에서 소멸시켜 버리고 맙니다.

대단히 비경제적이고 공해문제까지 있기 때문에, 우주왕복선의 경우에는 1단 로켓을 거대한 두 개의 고체연료 로켓으로 만들고 사용 후 분리시킨 다음 파라슈트로 회수하여 20회 정도 다시 쓸 수 있게 하고 있습니다. 앞으로 새로 개발될 우주왕복선은 1단 부분에다 날개를 단 '제트+로켓' 엔진의 형식으로 개선되고 손쉽게 회수하여 반영구적으로 활용할 계획으로 되어 있습니다.

경제적인 문제도 중요하지만 공중에다 떼어 버리는 로켓의 껍질이 점점 많아지게 되면 지구의 쓰레기 처리문제와 같이 우주 공해문제가 되기 때문에 회수해서 재사용하는 것이 바람직한 것입니다.

보도된 자료에 의하면, 퇴역 인공위성이 폭발한 잔해와 용도 폐기된 로켓 등 다양한 우주쓰레기가 지구를 둘러싸고 있는데, 이들은 국제 우주정거장(ISS)에서 활동중인 우주인이나 기타 인공위성에 상당히 위협적인 존재가 되고 있다고 합니다.

2006년 2월 현재, 길이 10 m 이상의 우주쓰레기가 6000개 이상이나 되는데, 대부분 800~1000 km 범위에 몰려있는 상태여서, 고도 350 km 상공에 떠 있는 ISS나 400~600 km 상공에서 비행하고 있는 우주왕복선에는 당장은 위협적이지 않다고 합니다.

그러나 언제 이들이 밑으로 몰려 내려올지, 사고는 늘 예측할 수 없는 법, 지금까지는 어쩔 수 없었지만 앞으로는 더 이상 우주쓰레기를 만들지 않기 위하여, 인공위성이 수명을 다할 즈음 지구 대기권으로 유도해서 완전히 태워 버리는 방법을 강구하고 있다고 합니다.

발사된 로켓의 추적과 비행방향 조종

발사장에서 발사된 로켓은 직접 육안이나 망원경, 그리고 레이더에 의하여 추적되고, 그 로켓 내부의 여러 가지 기기의 작동상태와 자동계측 전송장치인 텔레미터(Telemeter)에 의하여 지상에 있는 관제실에 모니터링 됩니다.

그러나 제1단, 제2단, 제3단 로켓이 차례로 점화되면서 예정된 코스를 점점 빠른 속도로 비행해야 하는데, 돌발적인 기상상태의 변화나 예기치 못한 요인에 의하여 예정된 코스를 크게 벗어나 지상에 위험을 초래할 만한 불행한 사태가 발생하는 경우에는 애석하지만 안전을 기하기 위하여 공중에서 폭파시켜 버리는 경우도 있습니다. 그래서 발사된 로켓이 예정된 코스를 벗어나지 않고 정확한 비행을 하게 하기 위해서 다음과 같은 유도방법과 비행방향 조정방법이 병행되고 있습니다.

로켓의 유도방법

(1) 지령유도방법 : 로켓의 진로를 레이더로 추적하면서 예정된 코스를 얼마나 벗어났는가를 지상 관제실에서 정확하게 파악한 다음, 수정신호를 보내 비행방향을 조종해 주는 방법

(2) 관성유도 방법 : 로켓 내부에 설치되어 있는 비행경로 오차 검출장치(관성력을 이용하는 가속도계)에 의하여 자동적으로 코스에서 벗어난 양을 검출·계산하여 비행방향을 바로 잡아주는 방법

이렇게 해서 발사된 로켓(인공위성, 우주 탐사기 등)은 계속 레이더로

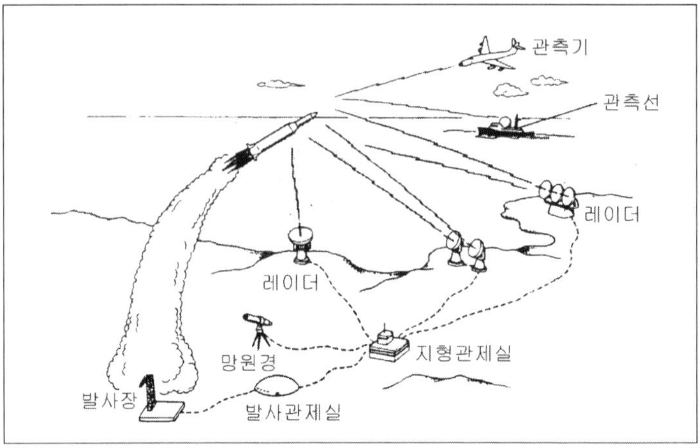

발사된 로켓을 추적·관제하는 방법

추적·유도 되면서 코스(궤도)를 바르게 비행하도록 되어 있습니다.

로켓의 비행방향 조종방법

우주로켓은 공기가 없는 우주공간을 비행하는 것이기 때문에, 선박이나 비행기에서와 같이 조종판(방향키)을 쓰지 않고, 뒤로 분사시키는 연소가스의 분사방향을 변화시켜 그 진행방향을 조종해 주고 있습니다. 분

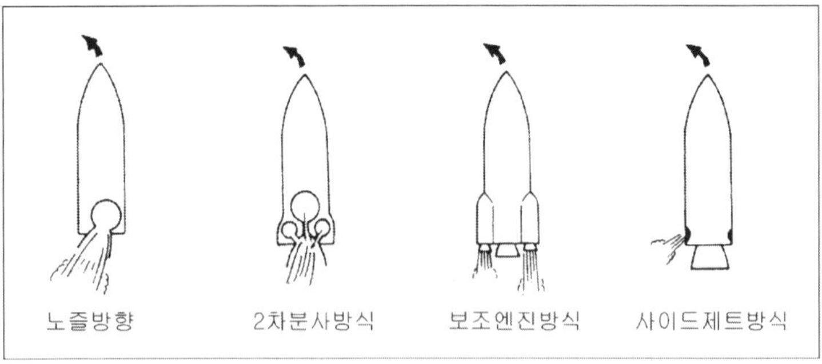

로켓의 비행방향을 조종해 주는 4가지 방법

발사된 로켓이나 인공위성을 추적하는 레이더장치

여러 가지 첨단장비가 가득 차 있는 관제실 내부

사 방향을 변화시켜 주는 방법에는 다음과 같은 4가지 방법이 있습니다.

(1) 노즐의 방향 변화방식 : 분사노즐의 방향을 변화시켜서 분사방향을 조종해 주는 방법(새턴 로켓의 형식)

(2) 2차 분사 방식 : 주 노즐에서 나오는 분사흐름에다 좌우 어느 한

방향에서 연소가스를 추가로 분사(2차 분사)시켜서, 전체적인 분사흐름의 방향을 조종해 주는 방법(타이탄 로켓의 형식)

(3) 보조엔진 방식 : 주 로켓엔진 좌우에 별도로 장착되어 있는 소형 보조로켓을 작동시켜 방향을 조종해 주는 방법(소유즈 로켓의 형식)

(4) 사이드 제트 방식 : 기체 옆에 뚫려 있는 제트구멍으로 연소가스를 일부 분출시켜서 방향을 조종해 주는 방법

2 미·러의 우주개발 경쟁, 그리고

러시아에서 먼저 앞서가다

1945년 제2차 세계대전이 끝나자 승전국인 미국과 러시아(구소련)에서는 패전국인 독일에서 개발한 V-2 로켓과 개발에 참여했던 과학기술자들을 많이 데려다가 각각 우주로켓을 개발하는 데 활용하였습니다.

당시 항공기술 면에서 미국에 뒤져 있던 러시아는 새로 시작되는 우주개발기술 면에서 앞서기 위하여 총력을 기울인 결과, 1957년 10월 4일 인류사항 처음으로 '반려자'란 이름의 스푸트니크 1호 인공위성(무게 83 kg)을 900 km 상공 지구궤도에 쏘아 올리는데 성공하고, 또 한 달만인 11월 3일 스푸트니크 2호(무게 508.3 kg)에다 '라이카'라는 개를 태워서 쏘아 올리는데 성공함으로써 온 세계 사람들을 깜짝 놀라게 하였습니다.

이것을 지켜 본 미국에서는 독일에서 데려온 폰 브라운 팀에게 서둘러 인공위성을 개발하도록 독촉하여 1958년 1월 31일, 뒤늦게 아주 작은 '탐험자'란 이름의 익스플로러 1호(무게 8.16 kg)를 쏘아 올리는데 겨우 성공하고, 미국의 체면을 살리기 위하여 피나는 노력을 하기 시작했습니다.

그러나 러시아에서는 또 다시 1961년 4월 '동방'이란 이름의 보스토크 1호(무게 4,700 kg)에다 유리 가가린이란 우주비행사를 태워 보내는데 성공, 미국을 더욱 창피하게 만들었습니다.

러시아가 이와 같이 우주개발사업에 열중하게 된 것은 앞에서도 말했듯이 제2차 대전 중 러시아의 항공기술이 독일이나 미국보다 많이 뒤져 있었고, 전쟁이 끝나자 미국에서 점점 성능이 좋은 군용 항공기와 민간 여객기를 개발해 내고 있었기 때문에 러시아로서는 역부족인 상태였습니다.

그래서 러시아에서는 독일에서 데려간 로켓 기술자들로부터 로켓 기술을 부지런히 배워 미국에서는 아직 적극적으로 손을 대고 있지 않은 우주로켓을 먼저 개발하여, 우주개발 면에서의 기술적인 우위성을 확보하여 러시아의 체면을 살리고자 했던 것이었습니다.

그러나 이 때 당시 미국에서는 주로 항공기에 대한 연구·개발만을 하고, 독일에서 데려온 폰 브라운 팀은 미 육군의 아주 작은 공장 한구석에서 지금까지 그들이 해오던 소형 로켓만을 연구하게 하고, 고공 기상 관측(기압, 기온 측정)만을 하고 있는 정도였으며, 대형 우주로켓에 대해서는 전혀 힘을 쓰지 않고 있을 때였습니다.

그래서 달이나 화성 탐험까지를 꿈꾸고 있던 폰 브라운 팀은 답답하기 그지없었습니다. 그러나 언젠가는 빛을 볼 날이 올 것이라고 생각하고, 우선 대학에 있는 친구에게 소형 인공위성에 탑재할 관측기기를 만들어 줄 것을 부탁하고 이를 쏘아 올리기 위한 소규모의 로켓을 연구·개발하는데 몰두하고 있었습니다.

드디어 1957년 10월 러시아에서 먼저 지구관측용 인공위성 스푸트니크 1호를 성공시키는 바람에 폰 브라운 팀이 연구·개발하고 있던 소형 우주로켓이 빛을 보게 되었습니다.

그 때 당시 미국의 대통령인 아이젠하워는 제2차 대전 중 유럽전선의 최고 사령관을 지냈었기 때문에 폰 브라운 팀의 실력을 잘 알고 있었고, 그동안 미 해군에서 추진하고 있던 '선구자'란 이름의 뱅가드란 소형 우주로켓과 기타 로켓의 연구·개발 실적이 모두 지지부진한 상태였기 때문에 폰 브라운 팀을 기용하기로 결정하였던 것입니다. 언제나 No.1이라고 자부하고 있던 미국으로서도 외국사람인 폰 브라운 팀을 기용할 수밖에 없는 다급한 처지였기 때문이었습니다.

폰 브라운은 드디어 기다리던 때가 왔다고 좋아하면서, 빠른 시일내에 성공시켜 보겠다고 약속하고, 개발해 낸 것이 바로 1958년 1월 31일 미국에서 처음 쏘아올린 무게 8.16 kg짜리 익스플로러 1호였습니다.

이 익스플로러 1호 위성의 성공은, 야구에서 말하는 대타자 자격으로 안타를 친 것에 지나지 않았지만, 당시 우울했던 미국 사람들의 사기를 크게 진작시켜 주었습니다.

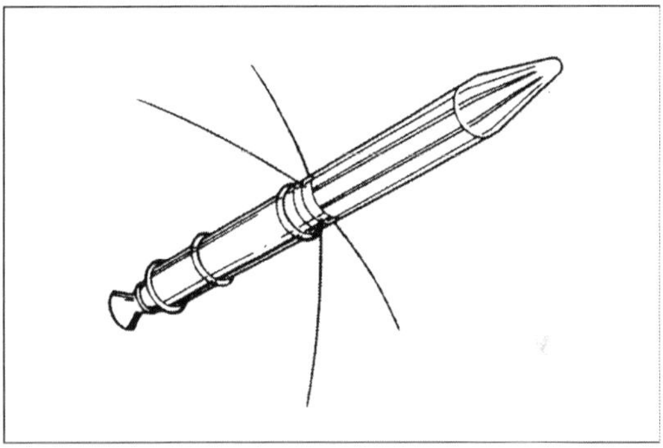

미국에서 처음 쏘아올린 익스플로러 1호, 1958년 1월 31일. 그러나 러시아의 흐루시초프는 "말라빠진 소시지 같다"라고 비웃었다고 한다.(길이 2 m, 지름 0.16 m)

이 때부터 폰 브라운 팀은 직접 정식 타자가 되어, 러시아에 지지 않는 대형 홈런을 쳐 보겠다고 굳게 다짐하고 본격적으로 우주로켓 개발사업을 하기 시작하였습니다.

당시 미국을 크게 당황하게 한 것은 스푸트니크 1호의 무게가 83 kg으로 익스플로러 1호 보다 10배나 더 무거웠고, 이어 라이카를 태운 스푸트니크 2호는 63배나 무거운 대형 우주선이었다는 사실입니다. 그래서 러시아의 흐루시초프가 미국이 쏘아올린 익스플로러 1호(길이 2 m, 지름 0.16 m)를 보고 '말라빠진 소시지 같다'라고 비웃었다고 하는데, 그 만큼 러시아의 우주로켓 기술이 크게 앞서 있었다는 것을 알 수 있습니다.

미국의 끈질긴 추격

스푸트니크 1호를 쏘아 올린 1957년부터 1967년까지 10년 동안은 우주개발 분야에서 러시아가 선두주자 역할을 했고, 미국은 허덕이면서 그를 뒤쫓아 가는데 온 힘을 기울인 숨가쁜 시대였습니다. 원래 우주비행에는 강력한 우주로켓이 있어야 되는데, 미국의 우주로켓 기술이 러시아보다 훨씬 뒤져 있었기 때문입니다.

예를 들면 러시아가 처음으로 인간을 탑승시킨 '동방'이란 이름의 보스토크 1호 위성을 A-1이란 우주로켓으로 쏘아 올린 것이 1961년 4월 12일 이였고, 이 때 우주비행사 가가린은 지구를 한 바퀴 돌고 돌아왔습니다.

그러나 미국이 유인 인공위성을 궤도 비행시키는 데 성공한 것은 그보다 10개월이 늦은 1962년 2월 20일이었습니다. 이것이 머큐리(Mercury : 로마신화에 나오는 심부름을 하는 신의 이름) 계획에 의한 여섯 번째

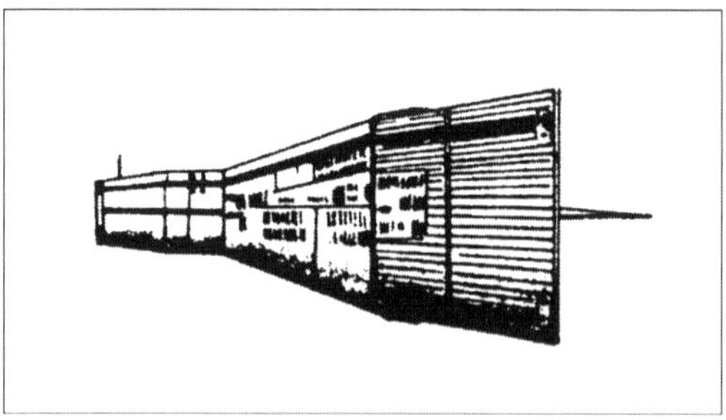

머큐리계획에 의해서 1962년 2월 20일 미국에서 처음 쏘아올린 프랜드십 7호 유인 우주선, 러시아보다 10개월 늦었다.

만의 힘든 성공이었는데, 우주비행사 존 글랜을 태우고 4시간 56분 만에 지구를 세 바퀴 돈 '우정'이란 이름의 프랜드십 7호 우주선이었습니다. 이 때 사용된 우주로켓은 아틀라스 D형.

1966년 1월 31일 발사되어 2월 3일 최초로 달에 착륙한 러시아의 유인 달 탐사선 루나 9호

또 러시아가 먼저 달에다 무인 탐사우주선 루나(Luna : 달이라는 뜻) 9호를 착륙시킨 것이 1966년 2월 3일이였는데, 미국에서는 이보다 4개월 후인 6월 2일 서베이어(Surveyor : 조사원 이란 뜻) 1호를 달 표면에 착륙시키는데 성공하였습니다.

1966년 5월 30일 발사되어 6월 2일 두 번째로 달에 착륙한 서베이어 1호(미국) 러시아보다 4개월 늦었다.

이렇게 추격속도가 점점 빨라진 미국에서는 달 여행에 사용할 유명한 아폴로 우주선(3인승)과 이를 쏘아 올릴 거대한 새턴(Saturn : 로마 신화에 나오는 황금시대의 주신) 5형 로켓을 개발하여 러시아를 앞지르기 시작했습니다.

이와 같이 미국이 10년이란 긴 세월동안 러시아를 끈질기게 추격하고 드디어 앞지를 수 있게 된 것은 러시아가 먼저 성공시킨 스푸트니크 1호를 보고 당황한 나머지 조직을 가다듬고 강력한 우주로켓을 개발하기 위하여 폰 브라운을 대타자에서 일약 감독으로 승격시켜 전력투구할 수 있게 했기 때문입니다.

즉, 미국 정부에서는 러시아보다 10년이나 뒤져있는 미국의 우주로켓 기술을 조속히 만회시키기 위하여 1958년 10월 새로운 항공우주법을 제정하고, 1915년 이래 항공 위주로 운영되어 오던 국립 항공자문위원회(NACA)를 국립 항공우주국(NASA)으로 개편하여 조직을 강화하고 우주개발사업을 종합적으로 일원화시키는 한편, 폰 브라운 팀을 등용하여 강력한 우주로켓 개발을 서두르게 했기 때문입니다.

미국 국립 항공우주국(NASA)의 심벌마크

러시아가 스푸트니크 1호를 성공시킨 것은 제2차 세계대전이 끝난지 만 12년 만이었는데 미국도 러시아와 같이 우주로켓의 연구·개발을 진작 시작했었더라면 미국이 훨씬 앞섰을 것이 틀림없었을 것입니다. 새삼 앞을 내다보는 시각이 대단히 중요하다는 것을 실감케 하고 있습니다.

아폴로 계획 : 달에 먼저 갔다 오다

우주개발사업 면에서 러시아(구소련)로부터 많은 수모를 당했던 아이젠하워 대통령의 뒤를 이어 1961년 1월 제25대 대통령으로 취임한 케네디 대통령은 새로 설립된 항공우주국(NASA)으로 하여금 러시아보다 앞서 달에 갔다 올 유인 우주선과 그를 쏘아 올릴 대형 로켓을 연구·개발하게 하고, 1961년 그 유명한 '아폴로계획'을 발표하였습니다.

아폴로(Apollo)란 그리스 신화에 나오는 태양의 신의 이름을 딴 것인데 우주개발 계획에 아주 적격한 이름이었습니다. 그래서 아폴로 우주선이 한층 더 유명했던 것입니다.

이 아폴로 계획의 목적은 1960년대 말까지, 즉 10년 후에 인간을 안전하게 달에 보내고 지구로 되돌아오게 하는 것이었습니다. 그래서 그 동안 러시아에 뒤졌던 우주개발 기술을 만회하고 미국의 No.1 기질을 되살리고자 했던 것입니다.

이를 위하여 미국 정부에서는 국방비 총액의 반에 가까운 막대한 예산을 쏟아 붓고 아폴로 개발사업을 서둘러 실시하기 시작했는데, 실제로 그렇게 충분한 것은 아니었다고 합니다. 그러나 워낙 미국의 군사기술이 종합적으로 발달되어 있었기 때문에 그리 큰 문제는 아니었다고 합니다.

즉, 세계평화란 입장에서 보면, 그렇게 바람직한 것은 아니지만 원래 우주개발 기술 자체가 미국이나 러시아 할 것 없이 모두 대륙간 탄도유도탄(ICBM)과 같은 군사문제와 깊이 관련되어 있었기 때문에, 이미 축적되어 있던 여러 가지 군사기술의 뒷받침을 받아 가면서 일을 추진할 수 있었기 때문에 그리 큰 어려움은 없었다고 합니다.

또 아폴로계획 자체가 워낙 큰 국가사업이었기 때문에 그 일의 대부분을 여러 민간회사에다 나누어 주고, 국가적인 차원에서 서로 협력해서 일을 추진하도록 했기 때문에, 이 일에 종사하는 사람들은 아폴로 마

우주왕복선 프랜드십 7호가 성공한지 3개월만인 1962년 5월 20일, 케네디 대통령이 "60년대 안에 달 탐사비행을 하도록 하겠다"는 역사적인 연설을 했다.

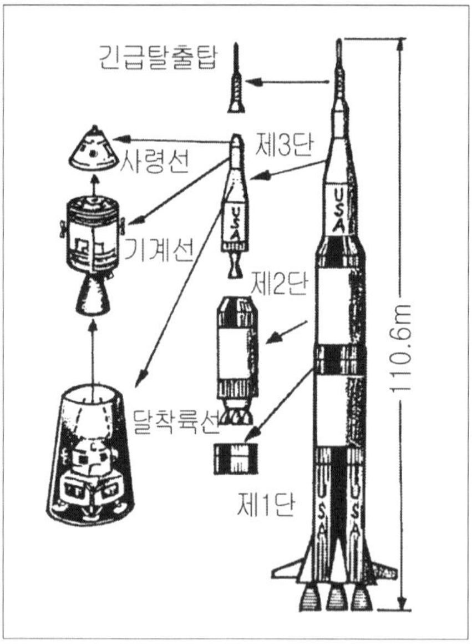

새턴(Saturn) 5형 3단 로켓의 구조. 길이 110.6 m, 앞부분에 긴급 탈출탑, 사령선, 기계선 그리고 달착륙선이 있다.

크를 가슴에 달고 자부심을 가지고 일을 열심히 했다고 합니다.

이렇게 해서 아폴로 계획사업은 순조롭게 진행되어 1967년에 아폴로 우주선과 이를 쏘아 올린 새턴 5형 로켓이 완성되었습니다. 이 때가 바로 러시아가 스푸트니크 1호 위성을 쏘아 올린 지 만 10년이 지난 해였고 케네디 대통령이 약속한 10년 보다는 3년이 빠른 7년째 되던 해였습니다.

그 후 2년 동안 아폴로 10호까지 여러 차례에 걸친 실험을 거듭하고, 1969년 7월 16일 아폴로 11호가 지구를 출발하여 4일 만인 7월 20일 드디어 우주선에서 떨어져 나간 달착륙선을 타고 두 사람이 달 표면에 착륙하는 데 성공하였습니다. 우리 모두가 잘 알고 있는 유명한 암스트롱(Amstrong)과 올드린(Aldrin) 두 우주비행사였습니다. 이 때 아폴로 11호 우주선의 사령기계선에 타고 있던 또 한 사람의 우주비행사 콜린스(Collins)는 달 궤도를 돌면서 주위를 살펴보는 일을 했습니다.

달 표면에 내린 두 사람은 달의 표면상태와 공기상태 등을 면밀히 조사하고 사진촬영을 한 다음, 달착륙선에 다시 올라타고 로켓엔진을 작동시켜 상공에서 대기하고 있던 사령기계선에 옮겨 탔습니다.

그 후 달착륙선은 지구로 되돌아오는 데는 필요없는 것이기 때문에 로켓엔진을 힘차게 작동시켜 우주공간에다 띄워 버리고 말았습니다. 사람이 타고 있지 않은 달작륙선이 계속 날 주위를 돌고 있으면 나음에 날아올 우주선과 충돌할 염려가 있기 때문에 아깝지만 멀리 우주공간에다 떼어 버린 것입니다.

사령기계선에 다시 옮겨 탄 우주비행사들은 달에 갈 때와 마찬가지로 3일 정도 걸려서 지구 가까이까지 되돌아온 다음 이번에는 기계선 부분을 떼어 버리고 사령선만으로 바닷물에 다이빙하듯이 대기권 진입비행에 들어갔습니다.

이 때 진입속도가 아주 빠르기 때문에 공기와의 마찰열에 견디게 하기 위하여, 사령선 앞부분을 특수한 플라스틱 단열판으로 만들었는데도

아폴로 11호를 타고 최초로 달에 갔다 온 세 우주비행사, 좌로부터 암스트롱, 콜린스, 올드린. 1969년 7월 16일 출발하여 8일 만인 24일 귀환

그 표면이 까맣게 그을렸다고 합니다.

드디어 지구 표면 가까이까지 내려온 다음 큰 파라슈트를 펴고 서서히 바닷물 위에 내리자, 미리 대기하고 있던 항공모함에서 헬리콥터가 날아가서 세 우주비행사를 구출했습니다. 7월 16일에 지구를 출발한지 8일 만인 7월 24일의 일이었습니다. 이렇게 해서 인류의 꿈이었던 달 여행을 무사히 마침으로서 명실공히 미국은 No.1 기질을 세계에 자랑할 수 있게 되었습니다.

아폴로 우주선이 달에 갔다 오기까지의 과정

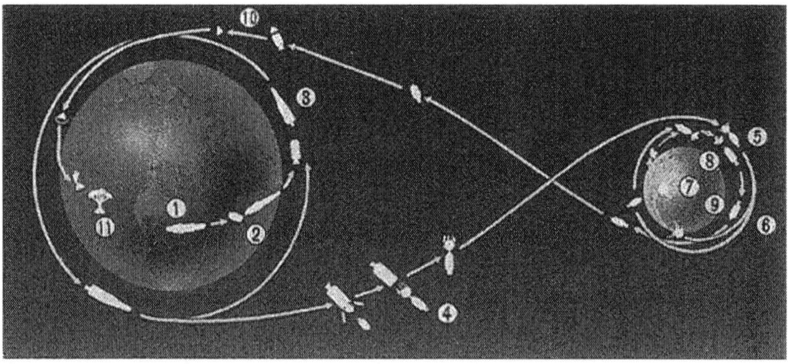

① 로켓 발사, 지구 출발

② 제1단 로켓 분리, 제2단 로켓 점화

③ 제2단 로켓 분리, 제3단 로켓 점화

④ 제3단 로켓 분리, 사령·기계실 방향 전환, 이 때 제3단 부분에 들어 있던 달착륙선이 인출된다.

⑤ 달 궤도 비행에 들어간다.

⑥ 사령·기계선과 달착륙선 분리, 달착륙선은 역분사장치를 이용하면서 서서히 달에 착륙한다. 사령, 기계선은 계속 달 궤도를 돌면서 대기한다.

⑦ 월면 활동이 끝난 다음 달 착륙선이 달에서 이륙하여 대기하고 있던 사령·기계선과 도킹한다.

⑧ 달착륙선에 타고 있던 두 사람이 사령선으로 옮겨 탄 다음, 착륙선을 멀리 공중에다 띄워 버린다.

⑨ 기계선의 로켓을 점화시켜 지구로 향한다.

⑩ 기계선을 분리시켜 사령선만으로 대기권 돌입 비행을 한다.

⑪ 지구면에 가까워지면 파라슈트를 펴고 서서히 태평양 바다에 착

수한다.

케네디 대통령이 1961년에 약속한 것은 10년 뒤인 1970년 이었지만 예정보다 1년 앞당겨 성공한 것이었습니다. 그러나 케네디 대통령은 불행하게도 이와 같은 아폴로 우주선의 성공을 보지 못하고 1963년 총에 맞아 세상을 뜨고 말았습니다. 그러나 이 아폴로계획의 감독이었던 폰 브라운은 그간 자기가 간직하고 있던 꿈이 실현되었기 때문에 매우 기뻐했을 것입니다.

아폴로 11호가 성공한 이후 아폴로 계획에 의하여 계속 달에 갔다온 것은 17호까지 모두 5번이었습니다. 12호에서 17호까지 6번이어야 맞는데 1회가 빠진 것은 13호가 기계선의 산소탱크 고장으로 중간에서 되돌아 왔기 때문입니다.

올드린이 달착륙선에서 달 표면으로 내려와 달에 첫발을 딛는 순간

달 표면에서의 기념사진, 암스트롱

달착륙선과 월면차 옆에다 국기를 꽂아 놓고 경례를 하고 있는 모습

달 표면에 있는 큰 바위 앞에서 달 암석을 수집하고 있는 모습, 아폴로 17호

월면차를 타고 탐사활동을 하고 있는 모습

아폴로 11호의 달 착륙 25주년 기념우표(1994년 발행)

아폴로 우주선이 11호에서 17호까지 달에 갔다 온 내용을 살펴보면 대략 다음과 같습니다.

[아폴로 우주선이 달에 갔다 온 내용]

회수	호수	지구출발 일자	지구귀환 일자	총 비행시간	월면 체재시간	월면 활동시간	수집해온 월석(kg)
1	11	69. 7. 16	69. 7. 24	195 : 19	21 : 36	3 : 32	22
2	12	69. 11. 14	69. 11. 23	244 : 36	31 : 32	4 : 00	32.7
3	14	70. 1. 31	70. 2. 9	216 : 02	33 : 30	4 : 47	42.7
4	15	71. 7. 26	71. 8. 5	242 : 37	66 : 55	18 : 37	77
5	16	72. 4. 16	72. 4. 27	265 : 51	71 : 03	20 : 15	95.5
6	17	72. 12. 7	72. 12. 19	301 : 52	74 : 59	22 : 05	115

러시아의 실패한 달 탐사계획과 성공한 우주정거장 건설계획

미국의 달 탐험을 하기 위한 아폴로 계획이 예정대로 순조롭게 진행되고 있는 동안 러시아에서도 소유즈, 루나 계획 등을 통하여 달 탐험계획이 꾸준히 추진되고 있었습니다.

그러나 대형 로켓의 개발사업이 순조롭게 이루어지지 못하는 바람에 달 탐사계획은 없었던 것으로 하고 일단 포기해야 하는 지경에까지 이르게 되었습니다.

즉, 1957년 R-7 로켓을 개발하여 스푸트니크 1호를 먼저 지구궤도에 쏘아 올리는데 성공한 러시아에서는 1961년부터 N-1이란 대형 로켓을 새로 개발하기 시작했는데, 이에 탑재할 우주선의 무게가 점점 증가(50톤에서 92톤으로)되는 바람에, 다발 묶음식으로 된 제1단 로케엔진의 수를 26개(1964년) 이던 것을 30개(1966년)로 증가시키는 등 설계 변경을 여러 차례 거듭해야만 했습니다.

그러나 그 때 당시 미국에서는 새턴 5형 로켓을 개발하여 발사시험에 성공하고 달에 갔다 올 준비가 모두 다 완료되어 있을 때였습니다. 그래서 러시아에서는 N-1 로켓의 발사시험을 서둘지 않으면 안 될 다급한 입장이었습니다.

그래서 1969년 2월 21일 서둘러서 첫 번째 발사시험을 실시하였는데 겨우 12 km 정도 상승하는데 그치고 말았습니다. 그 후 두 번째 발사시험이 7월 3일 실시되었는데(미국의 아폴로 11호가 7월 16일 발사예정이었기 때문에) 불행하게도 발사되기 전에, 로켓엔진에 공급되는 액체산소가 새어나와 화재가 발생하여 N-1 로켓이 순식간에 발사대에서 폭발하고 말았습니다.

미국과의 달 탐험 경쟁이 끝나는 순간이었습니다. 그러나 러시아에서는 아폴로 11호의 달 탐험 성공 이후에도 1972년 2월과 11월 두 차례에 걸쳐 N-1 로켓의 발사시험을 재시도 했었지만 끝내 성공하지 못하고 말았습니다.

그러나 N-1 달 로켓개발에 실패한 러시아에서는 새로운 소유즈 계획에 의하여, 우주공간(지구 궤도)에서 두 유인우주선이 하나로 결합하는 도킹(Doking)에 성공하고, 우주정거장 건설의 기초를 이루었고 또 루나계획에 의하여 우주공간에서 무인우주선을 달에다 발사하여 달 표면을 탐사하고 달의 흙을 채취하여 지구로 갖고 오는데 성공하였습니

개발에 실패한 러시아의 N-1 로켓이 발사대에 서 있는 모습

다. 그래서 러시아는 인간이 직접 달 탐험을 하는 데는 실패했지만 무인 우주선을 이용하여 경제적으로 달 탐험을 하는 데는 성공하였습니다.

즉, 1969년 1월 14일과 15일에 발사된 유인우주선 소유즈 4호와 5호가 처음으로 우주공간에서 하나로 결합되는 도킹에 성공함으로써 우주정거장 건설사업의 토대가 마련되었고, 그 후 1981년 5월 14일까지 40호가 발사되었으며, 개량형인 소유즈 T 우주선이 1986년 9월 17일까지 14호가 발사되었습니다. 그 후 더욱 개량된 TM 우주선이 1995년 3월까지 21호가 발사되었는데 이 우주선은 우주정거장에다 교대 근무할 우주비행사를 수송하는 역할을 맡아서 지금까지 계속 그 임무를 수행하고 있습니다.

3명의 우주비행사가 탑승할 수 있는 이 소유즈 TM 우주선의 길이는 6.98 m, 무게는 7톤, 지구에 되돌아오는 귀환 모듈의 무게는 2톤이라고 합니다.

또한 N-1 달 로켓개발에 실패한 러시아에서는 루나계획에 의한 무게가 5.7톤인 무인우주선 루나 15호를 1969년 7월 13일(아폴로 11호 발사 3일 전)에 발사하여 달의 흙을 채취해 올 계획으로 아폴로 11호가 달에서 출발하기 2시간 전에 달 착륙을 시도하다가 달에 충돌하여 실패하고 말았습니다.

그 후 두 달 뒤인 9월 12일 발사된 루나 16호는 9월 20일 무사히 달에 착륙한 뒤 100 g의 달의 흙을 채취하여 지구 귀환용 캡슐(지름 35 cm, 무게 39 kg)에다 실고 9월 24일 지구로 되돌아오는데 성공하였습니다.

또 그 후 러시아에서는 1970년 11월 1일, 무게가 756 kg이나 되는 무인 달 차량(루나호드)을 실은 루나 17호를 발사하여, 11개월 동안 달 표면을 돌아다니며 TV 카메라로 사진을 찍어 지구로 보내오는데 성공하였습니다.

또 1972년 2월 14일 발사된 루나 20호와 1976년 8월 9일 발사된 루나 24호에 의하여 모두 320 g의 달의 흙을 채취하여 오는데 성공하였습니다.

루나 17호에 실려 달에 착륙한 무인 달 차량, 루나호드의 모습

우주개발사업에 뛰어든 여러 나라들

미·러 양대국이 치열한 우주개발 경쟁을 펼치고 있는 가운데, 뒤를 이어 프랑스, 중국, 일본, 영국, 인도 그리고 이스라엘 등 여러 나라가 우주개발사업에 뛰어들기 시작했습니다.

유럽경제협력기구(EEC)나 원자력협력기구(AEC)도 그러하였지만 미·러 양대국에 대한 대항의식과 우주개발사업이란 매력 때문에 여러 나라가 이에 참여하게 된 것입니다.

프랑스가 주도한 유럽의 우주개발기구, ESA

유럽에서 제일 먼저 우주개발사업에 뛰어 든 나라는 프랑스입니다. 1962년 3월에 국립우주연구소(CNES)를 설립하고 군·민 합동으로 우주개발사업을 추진하여, 1965년 11월 A-1(무게 42 kg, 지름 50 cm, 공모양)이란 인공위성을 디아망(Diamant)이란 소형 3단 로켓(무게 18톤, 길이 19 m)으로 지구궤도(133~1,800 km)에다 쏘아 올리는데 성공하였습니다.

또 1966년 2월에는 D-1A 위성을 발사하여 반 알렌대(방사능대)를 조사 연구하였고 1967년 2월까지 D-10 위성까지 발사하였습니다.

그 후 1969년에는 중남미의 대서양 연안에 있는 프랑스령 가이아나의 쿠루(Kourou)에다 대규모의 우주로켓 발사장을 건설하기 시작했습니다. 적도에서 5°밖에 떨어져 있지 않고, 로켓 발사장으로서의 입지조건이 아주 좋은 곳이어서, 적도 상공에다 정지위성을 발사하는 데는 물론 저궤도 위성을 발사하는데도 아주 유리한 장소였습니다.

그래서 이 쿠루 발사장은 현재까지 세계에서 가장 좋은 발사장의 하나로 세계 여러 나라에서 많이 이용하고 있는데, 1992년 8월 11일 우리나라 최초의 인공위성 '우리별 1호'도 이 쿠루 기지에서 발사되었습니다.

그러나 1970년대 당시 미국에서는 미국이 독점하고 있던 대형 우주로켓 발사장을 무기로 삼아, 프랑스를 위시한 유럽 또는 일본 등 다른 나라에서 대형 우주로켓을 개발하고 발사장을 건설하는 것을 은근히 저지하는 입장을 취하고 있었습니다.

대표적인 예로써 1970년대 중반 프랑스와 독일이 공동으로 개발한 통신위성 심포니(Symphony)를 미국의 발사장을 빌어 발사할 때, 미국에서는 이 위성을 상업용으로 사용해서는 안 된다는 조건을 달았었습니다. 그 당시 이를 쏘아 올린만한 발사체가 없었던 두 나라에서는 굴욕적인 불리한 조건을 그대로 받아들일 수밖에 없는 입장이었습니다.

또 1969년 미·일 양국간에 체결되었던 우주기술 이양에 관한 합의각서를 1976년에 개정할 때도 그간 미국의 기술지원으로 개발한 N형 우주발사체로 다른 제3국의 인공위성을 발사해 주지 못하도록 억제했었습니다.

이렇게 미국이 기술우위를 내세워 은근히 유럽과 일본의 우주시장 진출을 억제했었기 때문에, 반사적으로 프랑스를 위시한 유럽과 일본에서는 자체적으로 대형 우주로켓 개발과 발사장 건설을 서두르게 되었던 것입니다.

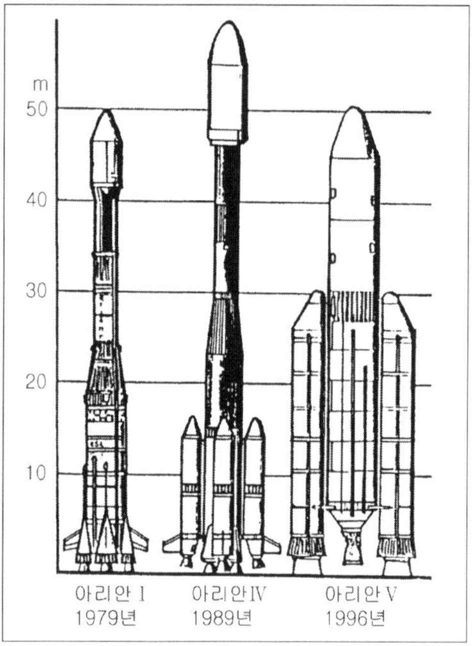

유럽의 우주개발기구 ESA에서 개발한 아리안 우주로켓, 1979년에서 1996년까지

즉, 유럽에서는 프랑스의 제의로 1964년부터 운영해 오던 유럽우주연구기구 ESRO(인공위성 개발)와 유럽 우주로켓개발기구 ELDO(발사체 개발)를 통합하여 보다 강력한 유럽 우주개발기구, ESA를 1975년 5월에 설립하고, 아리안(Ariane) 대형 발사체와 여러 가지 용도의 인공위성을 공동 개발하여 미·러 양국과 경쟁을 하기 시작했습니다.

이 때 ESA에 참여한 나라는 프랑스, 영국, 독일, 이탈리아, 네덜란드, 스페인, 스웨덴, 스위스, 벨기에, 덴마크 등 모두 10개국이었는데 그 후 1987년 오스트리아와 노르웨이, 핀란드 등이 추가로 참여하였습니다.

그 후 캐나다와 일본이 정회원국은 아니지만 일부 특정분야에서 서로 기술협력을 하였고, ESA에서는 1979년에 개발한 발사능력 900 kg급의 아리안 I형에 이어 1989년에는 발사능력 2,200 kg급의 아리안 IV형, 그리고 1996년에는 발사능력 6,800 kg급의 아리안 V형 등이 개발되어 잘 활용되고 있는 실정입니다.

또 2005년 11월 9일에는 비너스 익스프레스(Venus Express)란 금성 탐사선을 발사하기도 하였습니다.

중국의 장성공사(長成公司)

중국의 우주로켓 개발사업은 다른 선진국들이 오랜 시간에 걸쳐 축적된 항공기술을 바탕으로 시작한 것에 반하여, 우주로켓 개발을 항공기보다 먼저 시작한 것이 특징입니다. 그래서 중국은 항공기술 면에서는 좀 뒤지고 있었지만 우주로켓 분야에서는 미국, 러시아, 프랑스 다음으로 앞서가고 있었습니다.

중국은 제2차 세계대전 중 일본군에 의해 많은 피해를 입었고, 그 후 6.25 한국전 참기, 대만해협에서의 포격작전, 북방 국경선에서의 잦은 마찰, 그리고 강대국들의 핵무기 개발과 대륙간 탄도유도탄(ICBM)의 개발경쟁 등 여러 가지 면에서 로켓개발을 우선해야 되겠다고 판단하고, 1956년부터 ICBM 개발사업에 박차를 가했기 때문에 로켓기술이 항공기술에 앞서 발전하게 된 것입니다.

개발사업 초기에는 러시아의 도움을 많이 받았지만, 다른 사업에 우선하여 많은 예산을 배정하고 우수한 인재를 배치하는 등 여러 가지 혜택을 주어가며 사업을 추진하여, 1966년 10월 ICBM을 자체 개발하여 발사 시험하는데 성공하고, 이어 인공위성을 발사할 3단형인 장정(長征)

1호(길이 29.5 m, 무게 81.6톤)를 개발하여 1970년 4월 24일 세계에서 다섯 번째로 동방홍(東方紅) 1호 인공위성을 지구궤도에 쏘아 올리는데 성공하였습니다. 두 달 정도 차이로 아깝게 일본에게 4위를 빼앗기기는 했지만, 그 후 쏘아 올린 인공위성을 지구로 회수시키는 데는 미·러에 이어 세 번째로 성공한 나라가 되었습니다.

이 때 당시 중국에서는 우주개발사업의 내용을 가족에게도 알리지 못하게 하고, 내몽골 지방에 건설되어 있는 주천 우주센터까지 연결되어 있는 300 km 길이의 철도를 지도에 표시하지 못하게 할 정도로 약 10년간 극비리에 진행시키다가 1978년부터 겨우 공개하기 시작했습니다.

그 후 1986년 미국의 챌린저호 폭발사고로 약 2년 반 동안 우주로켓 개발사업이 주춤해지고 있을 때 중국에서는 장성공사(長成公司)를 설립하고, 장정-2E 로켓(길이 57.8 m, 무게 432톤)을 비롯하여 장정 3, 4호(발사능력 3톤급)을 개발하여 30여개의 인공위성을 발사하였고, 1990년 4월부터는 외국의 인공위성 발사업무를 유치하기 시작하여 많은 성과를 올리며 오늘에 이르고 있습니다.

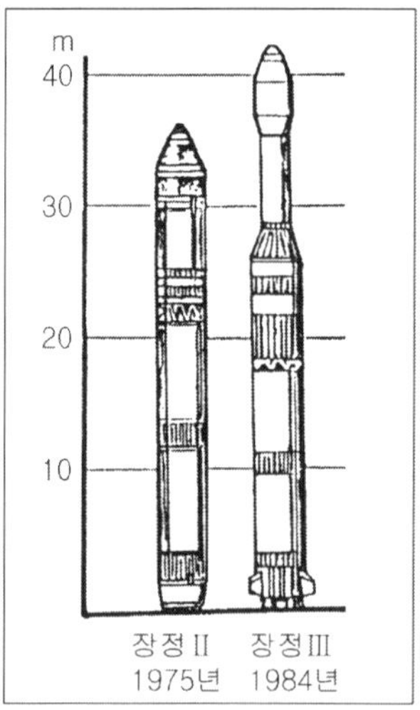

중국이 개발한 장정 발사체

중국의 인공위성 동방홍 1호의 모습

그러나 그간 1996년 2월에 발사된 로켓의 폭발사고가 한번 있었지만, 1997년 5월 동방홍 3호 로켓이 개발된 후 1999년 11월에 첫 무인우주선 선저우(神舟) 1호를 발사하는데 성공하고, 2002년 12월 선저우 4호까지 21회 모두 성공하였습니다. 그리고 2003년 10월 15일에는 유인우주선 선저우 5호(승원 1명, 무게 7.8톤, 길이 8.65 m, 지름 2.8 m, 날개폭 19.4 m)를 세계 3번째로 발사하여 지구의 타원궤도(200~350 km)를 14바퀴 돌고 21시간여 만에 60만 km의 우주비행을 마치고 무사히 지구로 되돌아오는데 성공하였습니다.

유인우주선 두 번째 성공, 중국의 꿈 우주장성(長城)

중국의 두 번째 유인우주선 선저우(神舟) 6호가 2005년 10월 12일 간쑤(甘肅)성 주취안(酒泉) 위성기지에서 발사되어 약 5일간 고도 343 km의 지구궤도를 115시간 30여분 동안 77회 선회비행하고, 17일 새벽에 무사히 쓰쯔왕치(四子王旗)란 초원으로 되돌아오는데 성공하였습니다.

지난 2003년 10월 처음으로 1인승 선저우 5호가 성공한지 2년 만에, 2명의 우주인을 태우고 약 5.5배나 많은 비행시간을 기록한 것입니다.

이로써 중국은 미·러에 이어 우주강국으로서의 위상과 첨단 기술력을 과시하고, 우주개발사업의 다국화 시대의 문을 활짝 열어 놓게 되었습니다.

이와 같은 중국의 빛나는 성공은 세계 최고수준인 위성발사 로켓 장정(長征) 2-F의 위력과 우주개발사업을 위하여 연간 20억~30억 달러란 많은 예산을 쏟아 부은 덕분이라고 합니다. 이는 미국의 NASA 예산의 5분의 1 정도이지만, 러시아보다는 10배나 많은 것이라고 합니다.

앞으로 중국에서는 2단계 사업으로 2007년부터 선저우 7호와 8호를 발사해서 우주공간에다 단기간 체류하는 우주실험실을 만들고, 2010년경 3단계에서는 우주선끼리의 도킹기술을 개발하여 우주 정거장까지 건설할 계획이라고 합니다.

또 달 탐사계획인 창어(嫦娥) 프로젝트도 같이 추진하고 있는데, 2007

년까지 달 탐사위성을 발사하고 2012년까지 달 탐사선을 착륙시킬 것이며 2017년에는 달기지에다 인간을 보낼 계획이라고 합니다. 이는 미국의 달기지 건설계획보다 1년 앞선 계획이라고 하는데 아마 우주를 향한 중국의 꿈은 만리장성과 같은 우주장성(長城)인 것 같습니다.

선저우(神舟) 6호가 창정(長征) 2-F 로켓에 실려 힘차게 발사되고 있는 모습

선저우(神舟) 6호에 탑승하기 전 손을 흔들고 있는 페이쥔룽과 네하이성 대령의 환한 모습

일본의 우주개발사업단, NASDA

일본에서는 1954년, 항공기와 유도탄 개발사업 금지조치가 풀리면서 로켓에 관한 연구를 재개하고, 1969년 10월 국립우주개발산업단 NASDA를 설립하여 우주개발사업을 본격적으로 추진하기 시작하였습니다.

일본의 최남단 다네가시마에다 우주센터를 설립하고 1970년 2월 람다(Lambda) 4S-5란 비교적 작은 로켓(길이 16.5 m, 최대 지름 73 cm, 무게 9.4톤)으로 '오호스미'란 인공위성(무게 23.8 kg)을 지구 궤도에 쏘아 올리는데 성공하고, 우주개발 경쟁에서 두각을 나타내기 시작하였습니다.

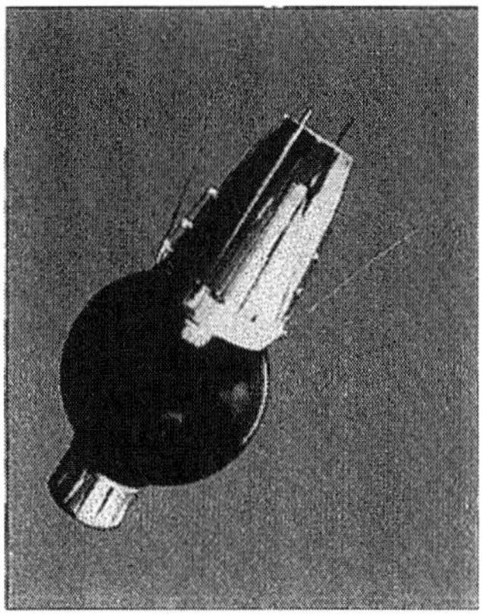

일본이 최초로 개발한 인공위성 오호스미, 무게 23.8 kg

그러나 일본에서는 보다 강력한 큰 규모의 발사체를 개발하는데 있어서는 독자적으로 개발하는 것보다 미국의 선진기술을 도입하는 것이 보다 효과적이라고 판단하고, 맥도널 더글라스사의 토어-델타(Thor-Delta) 발사체의 기술을 도입하여 일본식 N형 발사체를 개발하였고, 또 쏘아 올릴 인공위성도 미국의 필 코프트사와 기술제휴로 단시일내에 개발해 냈습니다.

그러나 1976년에 개정 체결된 미국과의 협약에 의하여 N형 발사체로는 제3국의 위성발사를 할 수 없었기 때문에 일본에서는 기술 도입선을 유럽으로 바꾸고 유도 조종장치 등 핵심기술을 도입하여, 1981년부터 자체 개발에 착수하여 1986년 완성된 것이 발사능력 550 kg급인 H-1이란 발사체였습니다.

그 후 일본에서는 발사능력이 2,000 kg급인 대형 H-2형 발사체를 개발하고, 우주공간에서의 각종 과학실험과 유인 우주정거장 건설사업 등 국제협력사업에도 참여하는 등 여러 가지 면에서 두각을 나타내고 있습니다.

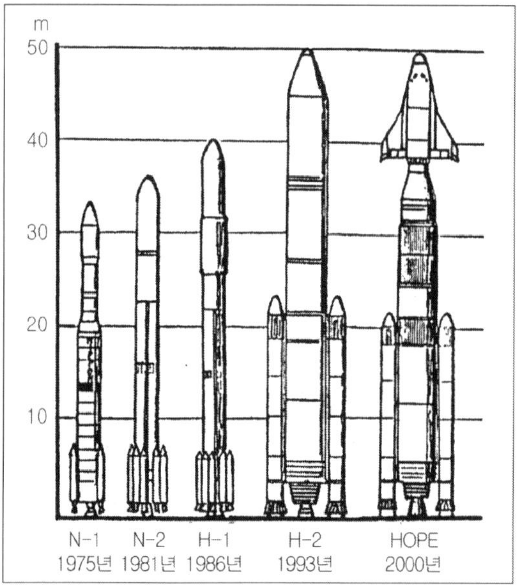

일본에서 개발한 N형과 H형 발사체, 1975년에서 2000년까지

영국의 우주개발사업

영국에서는 일찍이 1950년대부터 우주로켓 개발사업을 하기 시작했습니다. 그러나 다른 나라에서처럼 많은 투자를 하지 않고 경제성에다 우선순위를 두고 소극적으로 사업이 추진되었었기 때문에 큰 성과를 올리기에는 좀 힘겨운 입장이었습니다.

그래서 영국의 우주개발 팀은 어려운 조건하에서 블랙 애로우(Block Arrow)란 길이 13 m 정도의 작은 3단 로켓을 겨우 만들어 1969년 6월 첫 발사시험을 실시했는데 불행하게도 실패했고, 그 후에도 계속 여러 차례 실패를 거듭하는 바람에 1971년 7월 사업이 취소되고 말았습니다.

그러나 개발팀에서는 마지막 한번만 더 기회를 달라고 간청을 하여, 1971년 10월 프로스페로(prospero) X-3이란 소형 인공위성(무게 72.5 kg)을 지구궤도(547~1582 km)에 진입시키는데 성공, 중국에 이어 여섯 번째로 인공위성 발사능력 보유국에 간신히 끼어들게 되었습니다.

그 후 영국에서는 유럽공동의 ESA의 아리안 발사체가 개발되기까지 주로 미국의 발사체를 빌려 인공위성을 발사했습니다. 그러나 현재 ESA에서의 영국의 역할은 아주 활발하고, 인공위성 분야뿐만 아니라 활주로에서 항공기처럼 이착륙할 수 있는 항공우주기 개발사업 등 차세대 우주비행에 대비한 여러 가지 우주비행체에 관한 연구개발사업을 활발히 추진하고 있는 중입니다.

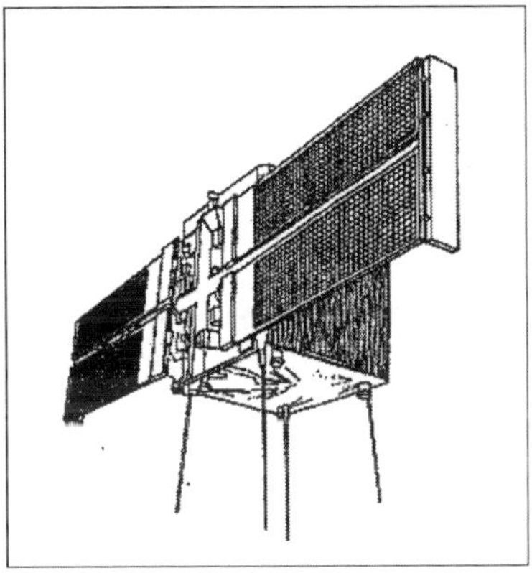

1971년 10월 28일, 세계에서 여섯 번째로 성공한 프로스페로 X-3 위성의 모습

일곱 번째로 성공한 인도 그리고 이스라엘

영국에 이어 일곱 번째로 인공위성 발사에 성공한 나라는 인도입니다. 인도는 1969년 우주연구소(ISRO)를 설립하고 인공위성과 발사체를 개

발하기 시작했습니다.

초기에 개발한 인공위성은 러시아와 미국의 발사체를 무료로 빌려 발사하다가 1979년 중반에 이르러 인도가 자체 개발한 SLV-3 로켓으로 1980년 7월 로히니(Rohini)라는 과학위성(무게 40 kg)을 지구궤도(295~745 km)에다 진입시키는데 성공하였습니다. 1971년 영국이 여섯 번째로 성공한지 9년 만에 인도가 일곱 번째로 성공한 나라가 된 것입니다.

1979년 PSLV 로켓으로 발사된 인도 최초의 인공위성, 로히니 1호의 모습

SLV-3은 4단형 고체연료 로켓인데, 길이가 23 m, 무게가 17톤, 1983년까지 40 kg급 인공위성을 세 번이나 쏘아 올렸다고 합니다.

그 후 인도에서는 SLV-3보다 더 강력한 PSLV(무게 283톤)란 로켓을 개발하여 1987년 3월과 1988년 7월에 발사실험을 하고, 1994년 10월 15일 마드리스 근처에 있는 스리하리코타 관제센터에서 870 kg짜리 인공위성을 쏘아 올리는데 성공하였습니다.

또 인도에서는 그 후 PSLV보다 더 강력한 로켓을 개발하여 인공위성 발사에 성공했는데, 파키스탄 등 주변 국가에서는 인도의 로켓 개발사업이 대륙간 탄도미사일 개발과 관련이 있는 것으로 보고 있습니다.

한편 이스라엘에서도 일찍부터 아랍제국과의 마찰문제 때문에 각종 미사일을 개발하고 있었는데, 그 중 제리코(Jericho) 2호란 중거리 탄도미사일(IRBM)을 개조하여 사빗(Shavit : 히브리어로 혜성이라는 뜻)이란 우주로켓(3단형 고체연료 로켓)을 개발하여, 1988년 9월 무게 155 kg짜리 오페크(Offeq : 지평선)란 인공위성을 근지점 250 km, 원지점 1,150 km인 타원 궤도에다 쏘아 올리는데 성공하였습니다. 인도에 이어 여덟 번째 인공위성 타자가 된 것입니다.

1957년부터 1971년까지 10년 동안 미·러 양대국에 이어 프랑스, 일본, 중국, 영국 등 여섯 나라가 인공위성 발사에 성공한 것에 비하면 인도와 이스라엘은 아주 느린 속도로 이 대열에 끼어들게 된 것입니다.

즉 인도는 영국보다 9년 늦고, 또 이스라엘은 인도보다 8년 더 늦었으니 우주로켓 개발사업이 그만큼 어려웠기 때문인 것입니다.

최근 보도된 자료에 의하면 인도에서는 1989년 사거리 2,000 km인 아그니 2호 시험발사에 성공하고 군사배치까지 완료했으며, 2004년에는 사거리 3,000 km 이상인 아그니 3호의 발사준비를 완료하고 미국의 압력으로 2차례나 발사를 연기했다가 2006년 7월 9일 발사하는데 성공했다고 합니다.

또 앞으로 인도에서는 사거리 5,000 km(ICBM급)에 이르는 아그니 4호를 개발하여 2008년에 발사할 계획이라고 합니다.

이스라엘의 인공위성 오페크 1호를 발사하기 전에 점검하고 있는 모습

다른 여러 나라들의 우주개발사업 참여

앞에서 설명한 바와 같이 우주로켓(발사체)을 개발하여 활용하고 있는 나라는 미·러 양대국과 유럽공동의 ESA, 그리고 중국·일본·영국·인도·이스라엘 등 여러 나라가 있습니다.

그러나 우주개발사업에서 발사체도 중요하지만, 개발비가 많이 들고 발사장을 아무데나 만들 수도 없으며, 필요할 때 돈을 내고 빌려 쓰면 되기 때문에 쏘아 올릴 여러 가지 종류의 필요한 인공위성과 기타 관련 기술만을 개발하는 것도 대단히 효과적인 일이 될 것입니다.

그래서 독일 · 이탈리아 · 캐나다 · 인도네시아 · 네덜란드 · 브라질 · 스웨덴 · 스위스 등 여러 나라에서는 주로 인공위성체와 기타 관련기술만을 개발하는 우주개발사업에 참여해 오고 있습니다. 이들 나라의 활동사항을 살펴보면 대략 다음과 같습니다.

(1) 독일

프랑스에 이어 유럽에서 적극적으로 우주개발사업에 참여하고 있는 나라는 독일입니다. 종래의 항공우주연구소(DLR) 이외에 우주개발사업을 전담하는 항공우주국(DARA)를 신설하고 본격적으로 우주개발사업을 전개해오고 있습니다.

그동안 프랑스와 공동으로 통신·방송위성 심포니와 TV-Sat/TDF-1 등을 개발하였으며, 스페이스 랩(Space Lab)에서 진공상태를 이용한 여러 가지 과학실험에도 적극 참여해 왔습니다.

최근에는 차세대용 우주왕복선 젱거(SANGER) 계획을 추진하고 있는데 동서독 통합 이후 재정상태가 여의치 않아 제대로 사업을 추진하는데 어려움이 있는 것 같습니다.

(2) 이탈리아

이탈리아는 1960년대 중반부터 실험용 과학위성과 통신위성을 개발하며, 미국의 발사체를 이용하여 쏘아 올리기 시작한 저력이 있는 나라입니다.

최근에도 국제협력사업으로 진행되고 있는 우주정거장 건설사업에 ESA의 일원으로 참여하고 있을 뿐만 아니라, 단독으로 미국과의 특별협력 프로그램을 계획·추진하는 등 매우 의욕적인 자세를 보이고 있습니다. 그래서 ESA 멤버 중에서 프랑스와 독일에 이어 세 번째로 실력을 인정받는 나라로 부상되고 있습니다.

(3) 캐나다

캐나다는 지리적 여건 때문에 미국과의 협력관계가 많은 나라입니다. 그래서 미국의 NASA와 협조하여 1972년에 아니크(Anik) A-1이란 통신위성을 개발하여 운용하기 시작했고, 1983년까지 모두 12개의 각종 인공위성을 개발해 냈습니다.

그 후 미국의 스페이스 셔틀용 원격조종 기계팔장치(Remote Manipulator System)를 공동 개발했고, 최근에는 우주정거장 건설사업에 참여하여 국제 협력사업에 적극성을 보이고 있습니다.

1990년 12월에 캐나다 우주청(CSA)를 발족시키고, 우주개발사업을 보다 효율적으로 추진시켜 오고 있는데 특히 우주비행체의 원격조종기술 분야에서 두각을 나타내고 있습니다. 또 광대한 국토를 가지고 있기 때문에 국내 위성통신 분야에서도 뛰어난 운용기술을 가지고 있습니다.

(4) 인도네시아

인도네시아는 수많은 섬으로 이루어지고 있는 특수한 나라입니다. 2억에 가까운 많은 인구에다 나라 끝에서 끝까지의 거리가 5,000 km가 넘습니다. 이와 같은 지리적 여건 때문에 일찍이 1976년부터 팔라파(Palapa)란 통신위성을 개발하여 국내 통신용으로 활용하고 있으며, 1981년부터는 미국의 랜드샛(Landsat) 위성의 데이터를 수신·분석 처리하기 위한 지상수신소를 설립·운용 해오고 있습니다. 최근에는 네덜란드와 공동으로 열대 지하자원 탐사위성을 개발하여 운용하고 있습니다.

(5) 브라질

브라질은 일찍이 1960년에 우주에 관한 일반연구를 하는 우주연구소(INPE)와 우주로켓을 연구하는 우주사업기구(IAE)를 설립·운용하고 있는 나라입니다.

1973년부터 미국의 랜드샛 지상수신소를 설치하고 브라질 지역의 지질조사와 지도 작성 등 여러 가지 사업을 추진해 오고 있습니다. 특히 IAE에서는 그동안 2단식 소형 로켓을 개발했고, 이어 인공위성을 발사할 3단식 발사체 개발까지 추진해 오고 있었는데, 그 실적에 대해서는 잘 알려지지 않고 있습니다.

(6) 스페인

스페인은 ESA의 멤버로서 1979년부터 국가사업으로 우주개발사업을 적극 추진하여, 1985년 바이킹(Viking)이란 인공위성을 개발하는데 성공했고, 특히 통신·방송 위성 분야에 주력하고 있는 나라입니다.

(7) 스위스

스위스도 ESA의 멤버인데, 독자적인 우주개발사업보다 주로 국제 공동사업에 힘을 기울이고 있습니다. 그간 아폴로와 스카이 랩의 계측장비개발 분야와 스페이스 셔틀에서의 의약품 제조사업에 참여하는 등 많은 활약을 하고 있습니다.

우리나라의 우주개발사업

우리나라 최초의 인공위성은 1992년 8월 11일, 중남미의 대서양 연안에 있는 가이아나의 쿠루기지에서 유럽 공동우주개발기구(ESA)의 아리안 V52 로켓에 의하여 발사된 과학위성 '우리별 1호'입니다.

한국과학기술원(KIST)의 인공위성센터(1990년 8월 설립)가 영국의 세레이 대학의 도움을 받아 개발한 것인데, 무게가 약 50 kg, 크기는 50×50×80 cm의 사각통, 지표면 분석능력은 1~2 km 정도이고 궤도의 높이는 약 1,300 km, 공전 주기는 112분이었습니다.

그 후 우리 기술만으로 설계 제작된 같은 규모의 우리별 2호가 1993년 9월 26일 아리안 V59 로켓에 의하여 발사되었고, 또 1999년 5월에 발사된 우리별 3호에 의하여 한반도 사진촬영에 성공하였습니다. 그 후 2003년 9월 27일에는 우주관측용 과학기술 위성 제1호가 러시아의 플레세츠크 우주센터에서 코스모스 로켓에 실려 발사되었는데, 4각통 모양을 한 이 위성에는 우주 관측용 원자외선 분광기와 원격자료 수집장치 등 여러 가지 천문학적 관측장비가 설치되어 있습니다.

또한 지구 관측용 다목적 실용위성인 아리랑 1호가 1999년 12월에 미국 캘리포니아 주 반덴버그 공군기지에서 발사되었고, 우리 기술 주도로 개발된 아리랑 2호 위성이 2006년 7월 28일 러시아 플레세츠크 우주센터에서 발사되었습니다.

2006년 7월 28일 오후 4시 5분(한국시간) 우리나라에서 9번째로 발사된 아리랑 2호의 모습. (만화, 스포트라이트 : 김남복, donga.com)

이 아리랑 2호는 무게 800 kg인데 수명은 3년, 685 km 궤도에서 지구를 한 바퀴 돌때마다(하루에 14.5바퀴) 지상국과 7~12분간 송수신할 수 있고, 아리랑 1호가 흑백 6.6 m, 칼라 1 km의 범위를 한 픽셀에 촬영할 수 있는 것에 비해 이번 2호는 흑백 1 m, 칼라 4 m의 범위를 촬영해 세계 최고 수준의 위성 영상을 얻을 수 있다고 합니다.

우리나라 최초의 인공위성 우리별 1호, 1992년 8월 11일, 아리랑 V52 로켓으로 발사되어 지구를 112분에 한 번씩 회전

그래서 정밀지도 제작과 도시계획, 도로사업, 해양 기상관측 등과 기타 정밀 정보수집 등에 이용될 것이라고 합니다.

최근 보도된 자료에 의하면, 이 아리랑 위성 개발사업에는 한국항공우주연구원과 한국과학기술원(KAIST) 등 연구기관과 한국항공우주산업, 대한항공, 한화, 두원중공업 등 여러 산업체가 참여하고 있는 데, 앞으로 2008년 12월에는 아리랑 5호, 2009년 7월에는 아리랑 3호(흑백 0.8 m급, 국산화율 100%)가 발사될 것이라고 합니다.

3호와 5호의 순서가 바뀐 것은 과학카메라를 탑재한 1, 2, 3호와 달리 5호는 레이더 장치를 탑재한 것이기 때문이라고 하는데, 사람의 눈에 해당하는 카메라로 지구를 내려다보는 대신 전파를 쏴서 구름이 끼거나 컴컴한 밤에도 보다 정밀하게 지상을 훤히 내려다 볼 수 있게 된다는 것입니다. 그래서 민·군 공용으로 이용가치가 매우 높다는 것입니다. 그래서 인지 아리랑 4호는 계획이 취소되었다고 합니다.

그리고 방송통신위성인 무궁화 1호(수명 10년 이상)가 1995년 8월에 발사되어 위성통신·방송시대의 문이 열리게 되었고, 이어 1996년 8월 무궁화 2호(수명 12년 이상)가 또 발사 되었습니다.

이렇게 같은 위성을 두 개 쏘아 올린 것은 만일의 경우 어느 하나의 고장으로 통신·방송 중계가 중단되는 경우에 대비하기 위해서입니다. 물론 이 무궁화 위성은 이미 선진국에서 운용되고 있는 통신·방송위성과 같이 지구의 적도 상공 3만 6,000 km에서 지구와 동기회전하는 정지위성입니다.

그 후 1999년 8월에 무궁화 3호가 발사되었고, 2006년 8월에는 우리나라 최초의 민·군 공용위성인 무궁화 5호가 하와이 남쪽 태평양 적도 공해상의 선박발사기지인 '오디세이'에서 발사되었습니다.

이렇게 선박을 이용해서 정지위성이 위치할 목표지점 바로 아래에서 쏘아 올리면 연료가 많이 절감되고, 그 만큼 탑재량을 증대시킬 수 있어서 아주 효과적이라고 합니다.

이 무궁화 5호는 죽을 사(死)자와 음이 같은 4를 피하여 5호라고 했는데, 탑재된 통신중계기가 상업용 24개, 군용 12개로 모두 36개이고, 서비스 범위는 1만 2,000 km까지, 그래서 지금까지 1,000 km 이내의 국내를 주 대상으로 했던 것과는 달리 중국 동부와 일본, 타이완, 필리핀까지 확대되어 '아시아 위성통신시대'가 열리게 된 것입니다.

적도 공해상 선박발사기지 '오디세이'에서 발사되고 있는 무궁화 5호, 2006년 8월 22일

또한 이 무궁화 5호는 우리나라 최초의 군용 통신위성으로써 모든 전투력을 위성 네트워크로 연결하여, 적의 공격은 물론 자연재해를 받지 않고, 음성과 영상, 문자 등 모든 통신이 가능하며, 3만 6,000 km 상공에서 한국을 지키는 '수호천사' 역할을 하게 될 것이라고 합니다.

이 무궁화 5호의 수명은 13~14년간이며, 본체는 프랑스의 알카텔사에서 제작했고, 발사는 미국의 씨 런치사인데 세계 유일의 해상발사업체로서 1999년 3월부터 현재까지 모두 20여 차례나 발사에 성공했다고 합니다.

우주센터 건설사업

우리나라에서도 인공위성 발사장인 우주센터의 건설사업이 2007년 말까지 독자적으로 개발한 과학기술 위성 제2호(우리별 5호) 발사를 목표로 본격적으로 추진되어오고 있습니다.

1997년 2월부터 우주센터 건립 자문위원회를 구성하고, 남해안 일대와, 제주도 등 11개 지역에 대한 타당성 조사를 실시한 결과, 최종적으로 전남 고흥군 봉래면 여내리 외나로도(옛이름 : 나라섬) 일대(150만평 규모)가 우주센터 부지로 선정되었습니다.

이 나로도 우주센터는 순수한 민수용으로, 세계 13번째로 건설되는 것인데, 첨단 우주과학기술과 우주개발 교육의 장으로도 활용하기 위하여, 우주체험관과 우주박물관 등이 건설되고 있습니다.

이제 우리나라도 2단형 KSL V-1 우주발사체를 독자적으로 개발하여 실용화할 수 있는 안정적인 발판이 마련됨에 따라 정부 당국에서는 2015년까지 20개의 인공위성을 개발하여 쏘아 올리는 등 국내 우주사업을 세계 10위권에 진입시킬 계획이라고 합니다.

그래서 2005년 5월 '우주개발 진흥법'을 새로 제정하고 본격적인 우주개발사업의 원년이란 차원에서 'Space Korea 2005'라고 하고 있습니다.

우주센터의 위치와 부지전경, 고흥군 봉래면 여내리 외나로도

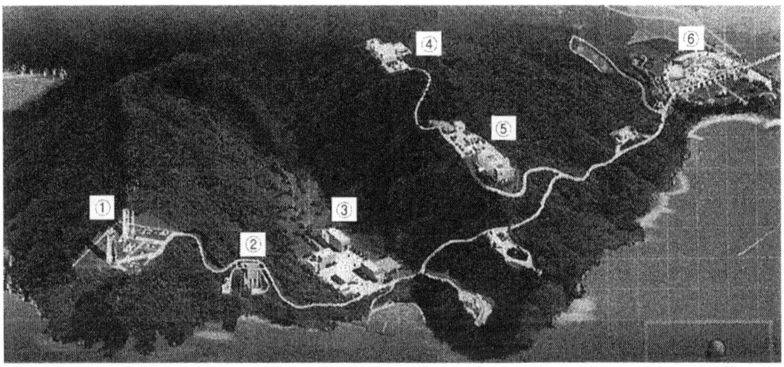

우주센터 건립 계획도 ; ① 우주체험관, ② 발사통제동, ③ 프레스센터, ④ 위성시험동, ⑤ 추진기관 시험동, ⑥ 발사대

[나로도의 유래]

우주센터가 건립되고 있는 외나로도는 전남 고흥군 남해안에 있는 섬의 이름인데, 고흥반도 가까이 안쪽에 있는 작은 섬이 내나로도(內羅老島)이고 바깥쪽에 있는 조금 큰 섬이 외나로도(外羅老島)입니다.

이 나로도는 조선시대 초기부터 나라에다 바칠 말을 키우는 목장이 여러 군데 있어 '나라섬'이라 불려오다가, 일제 시대에 지명이 모두 한자로 바뀌면서 뜻 보다는 음을 딴 나로도(羅老島)로 된 것이라고 합니다.

우주로켓 개발사업

우주개발사업에는 인공위성 개발사업과 우주센터 건설사업, 그리고 우주로켓 개발사업 등 3가지 사업이 기본요소로 되어 있는데, 그 중에서 우주로켓 개발사업이 가장 어려운 것으로 되어 있습니다.

그래서 우리나라에서도 그간 많은 연구/개발사업을 추진해오고 있었는데, 오는 2007년 말까지 러시아의 도움을 받아 KSLV-1(Korea Space Launch Vehicle)이란 2단형 우주로켓이 개발될 것이라고 합니다.

길이가 33 m, 무게는 140톤, 1단은 고체연료 엔진이고 2단은 액체연료 엔진인데, 국산화율 100%인 100 kg급 과학기술위성을 쏘아 올릴 예정입니다.

그리고 2015년까지는 1.5톤급 대형 인공위성을 쏘아 올릴 대형 우주로켓을 개발할 것이라고 하는데, 아무쪼록 모든 일이 순조롭게 잘 이루어지기를 바라는 바입니다.

3 눈부시게 발전하고 있는 우주개발 사업의 이모저모

우주개발사업의 현재와 미래를 살펴보는 일

불과 100년 밖에 안 되는 사이에 항공기의 눈부신 발달로 넓고 넓은 지구촌이 1일 생활권화 됨에 따라 우리 인간의 생활양상이 크게 달라지기도 했지만, 그보다 반 밖에 안 되는 50년 정도 되는 사이에 우주개발사업이 비약적으로 발전함으로써 우리 인간생활의 새로운 무대가 한없이 넓어지고, 앞으로 보다 큰 발전적인 변화가 예상되고 있습니다.

즉, 방송·통신위성에 의한 전 세계적인 생생한 TV방송, 선명한 전화통화, 기상위성에서 보내오는 상세한 기상자료에 의한 폭 넓고 신속·정확한 일기예보, 또 항법위성에 의한 항행중의 선박이나 항공기와의 교신 및 위치확인, 그리고 지구관측·탐사위성에 의한 지구의 환경 변화 관측과 자원탐사 등 여러 가지 새로운 일들이 이미 오래 전부터 이루어지고 있습니다.

한편 우주탐사위성에 의하여 태양계의 혹성과 위성들을 가까이 가서 관측하고, 일부는 착륙까지 해서 귀중한 여러 가지 자료를 지구로 보내옴으로써 신비에 찬 우주세계가 하나하나 파헤쳐져 가고 있습니다.

또 최근에 와서는 우주왕복선, 스페이스 셔틀을 타고 우주공간을 마음대로 오가고 있고, 실험용 우주정거장까지 건설하는 등 보다 광범위한 제2의 우주개발사업을 진행해 나가고 있습니다.

앞으로 항공기와 맞먹는 편리한 항공우주기의 개발과 실용적인 우주 정거장(우주 터미널)의 건설문제 등이 구체화 되면서 우리 인간의 생활 무대가 더욱더 광대해지고, 생활양식이 크게 변화될 것으로 전망되고 있습니다.

이러한 관점에서 지금까지의 우주개발사업의 이모저모를 한번 살펴 보고, 앞으로의 우주시대를 전망해 보는 것은 대단히 유익한 일이 될 것입니다.

달에서 본 지구의 모습 검은 밑 부분이 밤이고 윗부분이 낮이다. 지구에서 본 달의 모습과 같다.

인공위성사업의 이모저모

태양을 중심으로 그 인력의 영향을 받아가며 나름대로 회전운동을 하고 있는 별들의 가족을 우리는 '태양계'라 하고, 태양과 같이 언제나 변함없이 제자리를 지키고 있는 별을 '항성', 지구와 같이 그 항성 주위를 돌고 있는 별을 '혹성', 또 달과 같이 혹성 주위를 돌고 있는 별을 '위성'이라고 합니다.

그리고 태양계에는 잘 알고 있는 바와 같이 수성, 금성, 지구, 화성 등 8개의 큰 혹성과 미지의 작은 혹성들이 있고, 가끔 긴 꼬리를 달고 나타나는 '혜성'과 혹성 주위를 돌고 있는 많은 '위성'들, 그리고 그 우주공간에는 크고 작은 많은 양의 '우주진'이 산재하고 있습니다.

또 지구 주위를 돌고 있는 위성은 달 하나뿐이지만 화성에는 2개, 목성에는 12개, 토성에는 10개, 천왕성에는 5개, 그리고 해왕성에는 2개 등 여러 가지 형태의 위성을 많이 가지고 있습니다.

인공위성의 종류와 모양

인공위성(Artificial Satellite)은 문자 그대로 인간이 만들어낸 위성입니다. 1957년 러시아(구소련)에서 처음 만든 스푸트니크 1호를 우주로 쏘아 올리는데 성공한 이래 현재까지 50년도 채 안 되는 짧은 기간에 미·러를 위시하여 중·일·불·독, 기타 여러 나라에서 쏘아 올린 인공위성의 수는 자그만치 5,000여개가 넘는다고 합니다.

그 중에는 군사위성도 포함되어 있지만, 그 만큼 인공위성이 여러 가지 면에서 우리 인간생활 향상에 크게 기여하고 있기 때문일 것입니다. 특히 1964년 도쿄 올림픽 때부터 적도 상공 3만 6,000 km에 원궤도 정지위성이 등장함으로써, 위성 방송·통신이 시작되었고, 그 후 기상관측위성, 우주탐사위성과 우주왕복선 등 여러 가지 종류의 인공위성이 개발되어 인간생활과의 밀착도가 점점 높아지게 되었습니다.

또한 1990년 8월 시작된 걸프전쟁 당시 이라크군이 발사한 스커드 미사일을 거의 100% 확률로 격추시킨 패트리어트 미사일의 위력도, 높은 우주공간에서 지구를 감시하고 있던 군사위성의 정확한 감시능력과 통신능력에 의한 것이었습니다.

[인공위성의 종류]

인공위성에는 앞에서 언급한 바와 같이 여러 가지 종류가 있습니다. 그 사용 목적에 따라 크게 나누어 보면 과학위성, 통신·방송위성, 관측·측지위성, 군사위성 그리고 유인우주선 등 5가지로 구분될 수 있습니다.

(1) 과학위성 : 우주과학위성, 기술시험·개발위성, 우주·혹성탐사위성 등

(2) 통신·방송위성 : 통신위성, 방송위성 등

(3) 관측·측지위성 : 지구·태양관측위성, 측지위성, 기상위성, 항법위성 등

(4) 군사위성 : 조기경계위성, 정찰위성, 미사일 경계 · 요격위성, 군사항법위성, 기타

(5) 유인우주선 : 우주왕복선, 스페이스 셔틀(Space Shuttle)

한편 그동안 쏘아 올린 인공위성의 크기와 모양도 아주 다양합니다. 1957년 10월 4일 우주시대를 개막시킨 최초의 인공위성 스푸트니크 1호는 지름이 겨우 58 cm 밖에 안 되는 공과 같이 둥근 구형에다, 4 m나 되는 긴 4개의 안테나가 달린 괴상한 모양이었습니다.

그 후 여러 가지 종류의 인공위성이 개발되면서 1980년까지는 그 모양이 대부분 깡통 모양과 같은 원통형으로 바뀌고, 그 크기도 최대 길이가 1 m에서 3 m정도로 커지면서 그 용도가 점점 고도/다양화되게 되었습니다.

그 후 오늘날까지 등장하고 있는 인공위성의 모양은 대부분 네모진 상자 모양의 본체에다, 네모진 긴 날개모양의 태양전지판이 붙은 새로운 모습으로 바뀌고, 그 크기도 3

깡통 모양을 한 초기의 방송·통신위성의 모습

m에서 20 m 이상으로 커지게 되었습니다.

또 그동안 인공위성을 쏘아 올리는 로켓 발사체 기술과 쏘아 올린 인공위성의 자세를 제어해 주는 기술이 발달하여 인공위성의 수명이 5년에서 10년 이상으로 연장됐고, 용도별로 인공위성이 더욱 고도/다양화되어가고 있습니다.

4각 상자모양의 본체에다 긴 4각 날개모양의 태양 전지판이 붙어 있는 현재의 방송·통신위성의 모습

인공위성의 비행원리와 공전주기

앞에서 설명한 바와 같이 50년도 채 안되는 짧은 기간에 수많은 인공위성이 쏘아 올려져 그 목적에 따라 나름대로의 궤도를 돌면서 임무를 수행하고 있습니다. 그러나 로켓 발사체에 의하여 하늘 높이 쏘아 올려진 인공위성이 왜 떨어지지 않고 정해진 궤도를 돌고 있는지, 인공위성이 상식화되어 있는 현 시점에서도 그 비행원리를 잘 모르고 있는 사람이 많은 것입니다.

간단히 대답하자면 강력한 로켓 발사체로 우주공간에다 인공위성을 높이 쏘아 올린 다음, 수평방향으로 로켓을 분사시켜 주면 됩니다. 이때 쏘아 올리는 높이는 150 km 이상, 수평 방향의 속도는 최소한 7.9 km/s 정도가 되어야 합니다.

그러면 그 인공위성은 원심력과 지구의 인력(중력)이 서로 균형을 이루는 무중량 상태가 되어, 관성력(추진력)에 의하여 원궤도 비행(자유비행)을 계속할 수 있게 되는데, 이와 같은 인공위성의 수평 비행속도를 '위성 궤도 속도' 또는 '제1우주속도'라고 합니다.

이와 같은 인공위성의 비행원리를 더욱 쉽게 이해하기 위하여, 지금 높은 곳에서 돌이나 공을 힘차게 수평방향으로 던지는 경우를 생각해 봅시다. 던지는 속도를 크게 할수록 날아가는 경로가 점점 완만해지고, 낙하지점이 멀어질 것입니다. 이와 같이 수평방향으로 그 물체의 속도를 아주 빠르게 해 주면 그 물체는 지구표면에 떨어지지 않고 둥근 지구 표면을 따라 계속 날아가게 될 것입니다.

실제로 150 km 상공에서 그 속도를 7.9 km/s 정도로 빨리 해주면, 그 물체에 작용하는 원심력과 중력이 균형을 이루어 약 1시간 25분 만에, 지구를 한 바퀴 돌고 제자리에 돌아올 수 있는 것입니다. 그러니까 하루 24시간 동안에 지구를 약 17회 회전하는 셈이 되는 것입니다.

고도별로 지구를 한바퀴 도는데 필요한 속도(위성 궤도 속도)와 시간(공전주기)은 다음과 같이 계산되고 있습니다.

[고도별 위성궤도 속도와 공전주기]

고도(km)	위성궤도속도(km/s)	공전주기(분)	비고
150	7.92	84.3	1시간 24분 18초
1,000	7.36	104.9	1시간 44분 54초
5,000	5.92	200.6	3시간 20분 35초
7,000	5.46	256.1	4시간 16분 05초
⋮	⋮	⋮	⋮
36,000	4.34	1440.0	24시간 (정지위성)

인공위성의 속도와 궤도의 모양

최소한 150 km 만큼 높은 우주공간에서 인공위성의 비행속도가 7.9 km/s인 경우에는 원궤도비행을 하게 된다고 했는데, 그보다 속도를 더 빠르게 하면 어떻게 될까요?

우선 11.2 km/s까지 범위에서는 지구에서 점점 멀어지면서 지구의 인력권을 벗어나지는 못하고 그 궤도의 모양이 타원형으로 변하게 됩니다. 그리고 그 이상 속도를 더욱 빠르게 해 주면 드디어 지구의 인력권을 벗어나 먼 우주공간으로 날아가게 되는데, 이 때 그 궤도의 모양은 포물선 모양이 된다고 합니다. 그래서 11.2 km/s를 '탈출속도' 또는 '제2우주속도'라고 하고 있습니다.

또 인공위성의 비행속도가 더 빨라져 16 km/s 이상이 되면 쌍곡선을 그리면서 태양계 밖으로 날아가게 되는데, 이와 같은 속도를 '제3우주속도'라고 합니다. 인공위성이 아닌 지구의 진짜 위성인 달은 고도 약 38

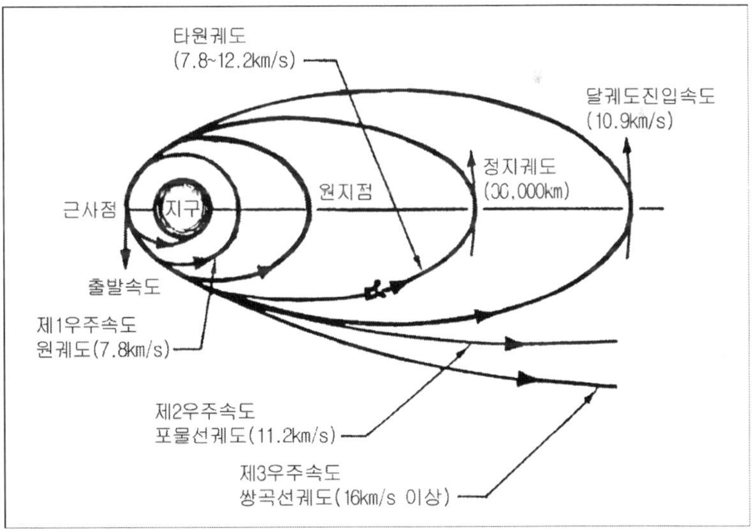

인공위성의 속도와 궤도의 모양, 그리고 근지점과 원지점

만 km 상공의 원궤도를 약 1 km/s의 속도로 돌고 있습니다.

지구 주위를 돌고 있는 인공위성은 그 비행고도와 방향, 속도에 따라 궤도의 모양이 원 또는 타원형이 되는데, 언제나 지구 중심을 통하는 궤도면(원둘레에 둘러싸인 평면)을 따라 비행하고 있습니다.

그러나 지구의 모양이 완전한 구형이 아니기 때문에 지역별로 약간의 인력차가 있고, 달의 인력과 대기(기상)상태 변화에 의한 영향 등으로 실제 인공위성은 수학적인 의미의 완전한 원이나 타원이 아니고 약간 변형성이 가미된 궤도를 돌고 있는 것입니다.

그래서 인공위성이 지구에 가장 가까이 왔을 때를 '근지점', 반대로 제일 먼 곳에 있을 때의 위치를 '원지점'이라고 하고, 그 때의 고도를 각각 '근지점고도'와 '원지점고도'라고 합니다.

또 인공위성의 비행속도도 언제나 일정한 것이 아니고 시시각각 조금씩 변화하는데, 근지점에서 가장 빠르고 원지점에서 가장 느리게 마련입니다.

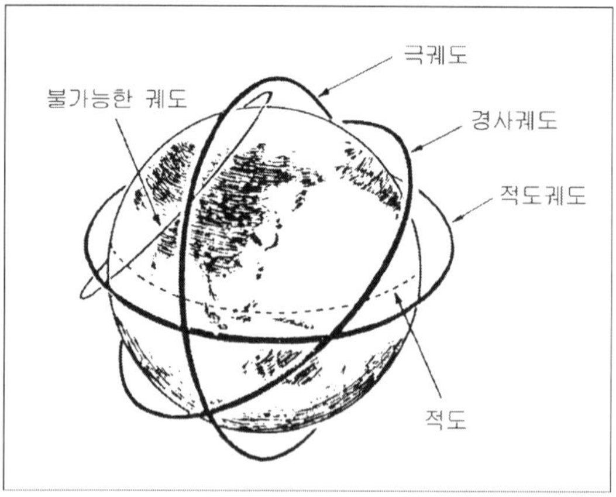

지구궤도의 종류, 극궤도 경사궤도, 적도궤도, 어느 것이나 그 회전면이 지구중심을 통과하고 있다.

또 인공위성의 비행방향은 적도상공(적도궤도)을 지구와 동기회전하고 있는 방송·통신위성과 같은 정지위성은 동서방향이고, 극궤도를 돌고 있는 관측위성 같은 것은 남북방향, 또 그 사이의 경사궤도를 따라 비행하는 경사방향 등 3가지 종류가 있습니다.

그러나 인공위성의 공전주기, 즉 자기 궤도를 한 바퀴 도는데 걸리는 시간은 길쭉한 원의 평균 반지름(원지점과 근지점 거리의 평균치)에 비례하는 것이기 때문에 언제나 일정하게 마련입니다. 이것이 바로 인공위성이 갖는 주목할 만한 아주 중요한 성질입니다.

우리 귀에 익은 방송·통신위성은 적도상공 3만 6,000 km(정확히는 3만 5,786 km) 상공에서 동쪽방향, 즉 지구의 자전방향과 같은 방향으로 434 km/s의 속도로 돌면 지구의 자전속도와 일치되면서 공전주기가 1440분, 즉 24시간(1일)이 됩니다.

그래서 지구에서 보면 마치 그 위성이 정지하고 있는 것과 같이 보이기 때문에 '정지위성'이라 하고 있는데, 이와 같은 정지위성은 항상 같은 시간에 같은 지점의 상공에서 지구를 내려다 볼 수 있다는 것이 특징입니다.

따라서 정지위성의 입장에서 보면 지구가 태양광선을 받는 방향과 그 시간이 언제나 일치하기 때문에 이와 같은 궤도를 '태양동기궤도'라고 하고 그 정지위성을 '동기위성'이라고도 합니다.

[궤도 변경]

인공위성이 소정의 궤도를 약간 벗어났을 때 또는 다른 궤도를 돌고 있는 인공위성과 랑데부하거나 도킹을 하고잘 할 때는 '자세제어로켓'을 작동시켜 궤도를 변경시켜 주어야 합니다.

같은 궤도면에서 비행 고도만을 변경시키는 경우에는 진행속도만을 조절하면 간단히 궤도수정이 가능합니다. 그러나 랑데부나 도킹을 하기 위하여 속도와 궤도면 자체를 변경시켜 주어야 하는 경우에는 인공위성이 워낙 빠른 속도로 움직이고 있는 물체이기 때문에 컴퓨터에 의한 정확한 계산이 필요하고 자세를 제어하는데 많은 에너지가 소비되어야 한답니다. 이와 같이 인공위성이 궤도를 변경시켜 주는 것을 '궤도전이'라고 합니다.

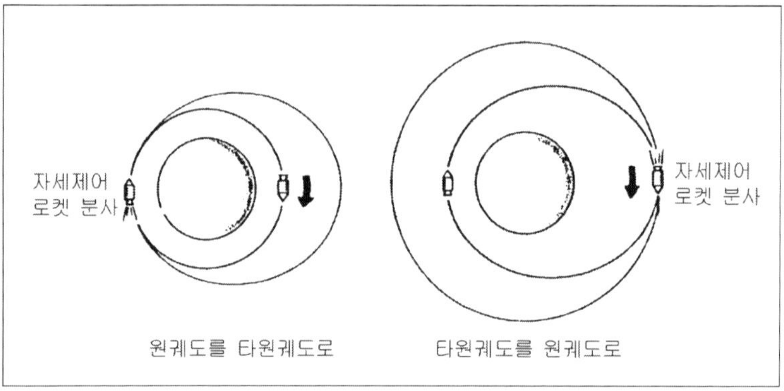

궤도 변경, 자세제어로켓을 작동시켜 원궤도를 타원궤도로, 타원궤도를 원궤도로 변경

인공위성끼리의 데이트-결합, 랑데부-도킹

우주공간에서 인공위성(유인우주선)끼리 서로 만나 결합하는 것을 도킹(Docking)이라 하고, 결합시키기 위하여 서로 가까이 접근하여 데이트 비행을 하는 것을 랑데부(Randezvous)라고 합니다. 그간 우주개발 기술이 많이 발달하여 우주공간에다 국제 우주정거장(ISS)까지 건설하여 2000년 10월부터 세 사람의 우주비행사가 상주할 수 있게 되었습니다.

이와 같은 대규모의 우주개발사업을 할 수 있게 된 것은 1960년대 말 유인인공위성이 등장한 다음, 1970년대에 들어서면서부터 앞으로의 우주정거장 건설을 내다보고 추진한 미국의 스카이 랩(Sky Lab) 계획과 러시아의 소유즈(Soyuz) 계획에 의하여, 우주공간에서 인공위성끼리 서로 데이트하고 결합하는 실험연구를 오랫동안 계속해 오다가 드디어 1975년 7월, 미국의 아폴로 17호 우주선과 러시아의 소유즈 19호 우주선이 독일 상공에서 역사적인 도킹을 하는데 성공하고 나서부터 국제적인 협력의 문이 열리게 됐기 때문입니다.

이 때 도킹 장소로 독일 상공을 택한 것은, 제2차 세계대전 당시 동서양 방향에서 독일을 공격해 들어간 미·러 양국군이 서로 만나 악수를 했던 동맹국이었다는 지난날의 역사를 되살리기 위한 정치적인 배려에 의한 것이었습니다.

자동차나 선박 같은 것은 그 속도만 조절해서 쉽게 랑데부를 할 수 있지만, 인공위성의 경우는 그렇게 간단하지가 않습니다. 앞에 가는 것을 쫓아가기 위하여 속도를 증가시키면 고도가 증가되면서 궤도 자체가 높아지고, 또 궤도가 높아지면 공전주기가 길어지기 때문에 그 만큼 속도가 줄어들게 됩니다.

따라서 앞에 가는 인공위성과 랑데부하려면 일단 속도를 줄여 낮은 궤도에 들어가 얼마만큼 앞지른 다음, 속도를 증가시켜 고도를 높여주어야 합니다. 말은 간단하지만 실제는 아주 복잡하고 어려운 코스를 밟아야만 데이트 결합이 가능한 것입니다.

그래서 언제, 어느 방향으로 얼마만한 세기로 자세 제어용 로켓을 작동시켜 주어야 되는지, 전자계산기에 의하여 정확하게 제어해 주지 않으면 안 됩니다. 그래서 우주비행사는 미리 지상에서 시뮬레이터(모의실험장치)에 의한 훈련을 충분히 받도록 되어 있습니다.

우주공간에서 인공위성끼리 데이트, 즉 랑데부를 처음 시도한 것은 1962년 8월, 러시아의 보스토크 3호와 4호였는데, 겨우 5 km까지 밖에 접근하지 못했고, 그 후 실제로 성공한 것은 미국의 제미니 6호와 7호였습니다.

1965년 12월 4일 제미니 7호가 먼저 발사되고, 15일에 6호가 발사되어 우선 30 m까지 접근한 다음, 7분간에 걸친 정밀한 조작으로 1 m까지 접근을 했다가 그 후 약 5시간 동안 6~30 m 간격을 유지하면서 계속 랑데부를 했다고 합니다.

1975년 7월, 독일 상공에서 미국의 아폴로 17호와 러시아의 소유즈 19호가 역사적인 도킹을 하는 순간

그 후 미·러 양국 모두 우주에서 데이트하는 랑데부 기술에 익숙해지고 서로 결합하는 도킹 단계에 들어가게 되었습니다.

[도킹의 선구자들]

대형 인공위성을 단번에 쏘아 올리려면 그에 걸 맞는 거대한 로켓 발사장치가 있어야 되는데 그리 쉬운 일이 아니었습니다. 그래서 그것을 몇 개로 나누어 손쉽게 차례차례 쏘아 올린 다음 우주공간에서 조립해서 쓰는 방법을 오래 전부터 생각하게 되었습니다.

그래서 우주공간에서 서로 결합하는 도킹 기술이 필요하게 되었는데 맨 먼저 도킹 실험에 성공한 것은 미국의 제미니 8호 위성이었습니다. 1966년 3월 16일은 우선 '아제나'란 무인위성을 궤도에 쏘아 올리고 1시간 41분 후에 2명의 우주비행사가 탄 제미니 8호를 쏘아 올려 서로 랑데부 시킨 후, 예정대로 발사된 지 6시간 34분 만에 무사히 도킹하는데 성공하였습니다. 그러나 제미니 8호의 자세 제어용 로켓의 점화장치 고장으로 28분 만에 다시 떨어져 급하게 되돌아 왔다고 합니다.

이 때 제미니 8호에는 암스트롱과 스코트란 두 우주비행사가 타고 있었는데, 암스트롱은 그 후 아폴로 11호를 타고 인류역사상 처음으로 달에 착륙하는 영광을 차지한 사람입니다. 암스트롱이 선발된 이유 중의 하나가 바로 제미니 8호의 비행중 고장에도 불구하고 이를 침착하게 극복하고 무사히 지구로 귀환한 것이 높이 평가되었기 때문이라고 합니다.

한편 러시아에서 처음 도킹에 성공한 것은 1967년 10월, 무인위성 코스모스 186호와 188호였고, 또 다음 해에는 코스모스 212호와 213호가 도킹하는데 성공하였습니다.

이렇게 인공위성끼리 도킹을 하려면 아주 가까이 다가가서 랑데부하면서 상대속도가 0이 될 때까지 서서히 접근해서 서로 연결되는 도킹장치가 제대로 작동되도록 해주어야 합니다.

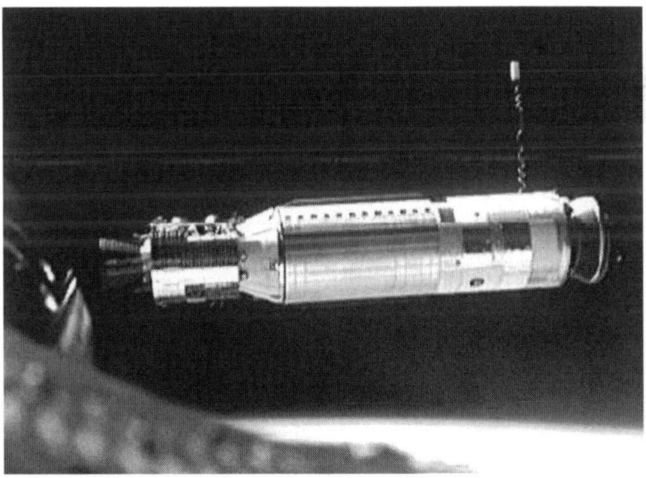

제미니 8호가 아제나 위성과 도킹을 하기 위해 접근해 가고 있는 모습

지상에서 인간끼리의 결합도 쉬운 일이 아니지만 높은 우주공간에서 인공위성끼리 서로 결합하는 것은 아주 어려운 일일 것입니다.

서로 결합해서 만들어진 미국 최초의 우주 정거장, 스카이 랩(Sky Lab). 네모진 태양 전지판이 비행기 날개처럼 양쪽에 있어야 하는데, 왼쪽 것이 파손되어 버렸다.

우주왕복선, 스페이스 셔틀(Space Shuttle)

항공기를 타고 지구 곳곳을 마음대로 날아다닐 수 있는 것과 같이, 넓은 우주공간을 어디나 마음대로 날아 왕복할 수 있다면 그 얼마나 좋을까요. 이와 같은 소망을 실현시켜 준 것이 바로 1981년 4월 12일 미국에서 처음 발사된 우주왕복선(스페이스 셔틀) 컬럼비아(Columbia)호였습니다.

존. W. 양(기장)과 로버트 L. 그리픈 두 우주비행사를 태운 이 컬럼비아호는 발사된 지 54시간 21분 만에 우주비행을 마치고 에드워드 공군기지에 무사히 귀환함으로써 새로운 역사의 한 페이지를 장식하였습니다.

그 후 미국의 우주왕복선이 여러 가지 면에서 개량되어 순조롭게 운용되다가 1986년 1월 28일, 25번째로 발사된 챌린저(Challenger)호가 발사된 지 73초 만에 공중 폭발하는 참사(옵서버로 동승했던 여교수 1명 포함, 7명 사망)가 발생하는 바람에 전반적인 개량·개조작업을 수행하느라 1988년 9월까지 2년 8개월 동안 비행이 전면 중지되었다가 다시 운용되기 시작했습니다.

1981년 4월 12일, 최초의 우주왕복선 컬럼비아호가 발사되는 광경

1981년 4월 14일, 발사된 지 2일 6시간 21분 만에 에드워드 공군기지 활주로에 착륙하는 컬럼비아호의 모습

1986년 1월 28일, 25번째로 발사된 챌린저호의 공중폭발 참사, 그 후 1988년 9월까지 2년 8개월 동안 스페이스 셔틀의 발사가 중지되었다.

한편 러시아에서는 1986년에 미르(Mir)란 과학실험용 인공위성(우주정거장 역할)을 쏘아 올렸고, 1987년에는 에너지아(Energia)란 대형 우주로켓(미국의 새턴 5형급)을 개발하고, 이어 1988년에는 부란(Buran)이란 우주왕복선을 개발하는데 성공했습니다. 미국보다 7년 늦었지만 러시아도 우주왕복선 개발에 성공한 것입니다.

게다가 1988년 같은 해에 치토프와 마나코프란 두 우주비행사가 366일간이란 긴 우주비행 기록을 수립하기도 했습니다. 우리 인간이 얼마나 오랫동안 우주공간에 체류할 수 있느냐 하는 문제는 현재도 관심거리의 하나이지만 러시아에서는 1988년에 이미 1년보다 하루가 더 많은 366일이란 기록을 세웠습니다.

1986년 러시아에서 쏘아 올린 과학실험용 우주정거장, 미르호. 좌로부터 소유즈 TM 3 우주선, X선 천체관측 모듈, 미르의 기본 모듈 순

한편 유럽 공동의 우주개발기구인 ESA가 개발한 아리안(Ariane) Ⅳ 로켓이 운용되기 시작한 것도 1988년이었습니다. 이 아리안 Ⅳ 로켓은 약 2톤의 정지위성을 쏘아 올릴 수 있는 능력을 가지고 있는데, 그 후 ESA에서는 보다 강력한 아리안 Ⅴ 로켓을 개발하여 헤르메스(Hermes)란 우주왕복선을 쏘아 올릴 계획을 추진하고 있는 중입니다.

아리안 V 로켓과 헤르메스 우주왕복선의 모습, 상상도

우주왕복선의 초기구상

우주왕복선, 스페이스 셔틀에 대한 기본 구상은 이미 1941년부터 독일의 과학자들 사이에서 제기되기 시작했었지만, 실제로 실물실험을 한 것은 1944년 폰 브라운 팀이 V-2 로켓탄에다 날개를 달고, 사정거리의 연장을 시도해 본 것이 처음이었습니다. 이것이 바로 우주왕복선의 뿌리가 되고 있는 것 같습니다.

그 후 실제로 사람이 타는 우주왕복선에 대한 연구는 1950년대부터 미국의 NASA에서 실시하기 시작했는데, 그 중에서 유명했던 것이 X-15란 실험용 로켓비행기였습니다. B-52 폭격기의 배 밑에 매달려 공중에 높이 올라가서 분리된 다음, 약 6~10만 m 상공까지 날아 올라가서 우주비행 실험을 하고, 되돌아올 때는 글라이더처럼 활공비행을 해서 지상에 안착하는 방식이었습니다.

1944년, V-2 로켓탄에다 날개를 단 최초의 유익로켓, 이것이 바로 우주왕복선의 뿌리

1968년 10월까지 무려 199회에 달하는 많은 실험을 거듭하면서 자신을 얻은 다음, 1972년 닉슨 대통령 시절부터 본격적인 개발사업에 들어갔는데, 그 후 10년이 지난 1981년 4월 드디어 컬럼비아호가 성공하게 된 것입니다.

원래 새로운 것을 개발하는데 있어서는, 그 목적을 달성시키는데 가장 적합한 개념설정 과정과 그 실행방법을 면밀히 검토하고 결론을 도출하는 결정 단계를 거친 뒤, 세부설계를 하고 제작하여 실험을 충분히 한 다음 실용단계에 들어가는 것이 일반적인 개발순서로 되어 있습니다.

그러나 이와 같은 과정을 거쳐 새로운 것을 개발하려면 많은 예산과 시간이 필요하게 마련인데, 1970년 초 당시 미국의 경제사정은 월남전 때문에 아주 어려운 때였습니다. 그래서 NASA의 연구개발팀은 일찍부터 어려운 여건을 극복하면서 아폴로계획과 병행해서 보다 새로운 우주왕복 수송수단에 관한 연구를 계속 추진하고 있었습니다. 크게 본받을 만한 일이라 아니할 수 없습니다.

그 때 당시 새로운 우주왕복 수송수단의 개념은 값이 비싼 우주로켓을 한 번 쓰고 공중에다 버리지 않고 회수하여 재사용함으로써 보다 경제적으로 우주왕복 비행을 하는 것이었습니다.

그래서 그 실행방법으로 처음에 생각해 낸 것이 바로 점보 여객기만한 대형 유익로켓기(연료탱크 역할) 등 위에다 소형 유익로켓기(우주왕복선)를 겹쳐 업고, 우선 어느 정도 우주공간까지 높이 올라간 다음 서로 분리시키는 방법이었습니다.

따라서 연료탱크 역할을 하는 어미 로켓기나 높은 우주공간에서 분리되어 예정된 궤도를 향해 새로 출발하는 자식 로켓기나 다 같이 날개가 달려 있기 때문에 임무를 마치고 비행기처럼 날아서 지상으로 되돌아올 수가 있으니까 몇 번이고 재사용이 가능하다는 아주 합리적인 구상이었습니다.

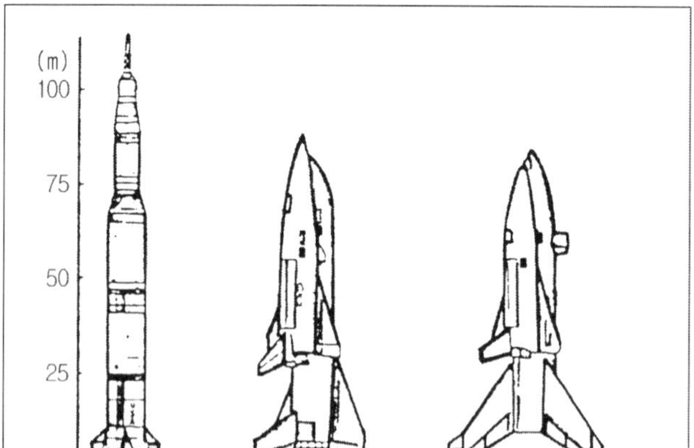

스페이스 셔틀의 초기구상, 어미·자식형 유익우주선

그러나 이 어미·자식형 유익우주선의 개발계획은 개발비가 너무 많이 든다는 이유로 미 의회의 승인을 얻어내지 못하고, 차선책으로 대형 어미로켓기 대신에 아폴로 계획에서 사용하고 있는 새턴 5형 로켓을 이용하여 개발비를 줄이려고 했는데 이것마저도 부결되고 말았습니다.

그래서 할 수 없이 최종적으로 낙찰된 방법이 현재 사용되고 있는 우주왕복선의 형식인데, 어미 로켓 부분을 대형 액체연료 탱크와 그 양 옆

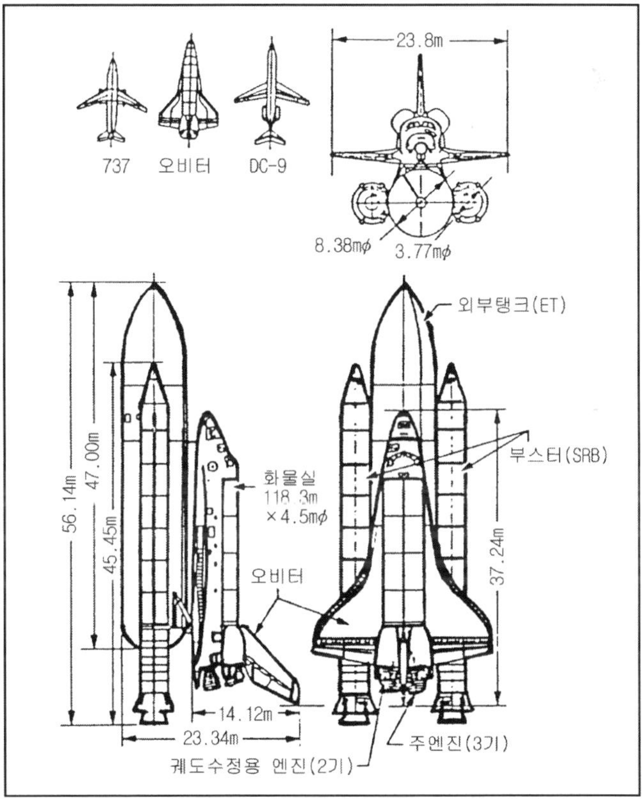

현재 운용되고 있는 스페이스 셔틀의 모양, 탑승인원 7명(비행사 2, 기술요원 5), 화물실 적재능력 : 약 30톤, 외부탱크(ET) 용량 : 액체산소 약 600톤, 액체수소 약 100톤, 고체연료 로켓(SRB) : 추력 약 120톤×2기, 무게 : 약 2,000톤

에다 비교적 값이 싸게 먹히는 2개의 고체연료 로켓(부스터)을 장치하는 방법으로 낙착되게 되었습니다.

원래 계획은 어미 로켓을 회수하여 재사용한다는 것이었지만 이렇게 실행방법이 변경되는 바람에 작은 고체연료 로켓의 껍질만 파라슈트로 회수하고, 큰 액체연료 탱크는 종전과 같이 다 쓰고 난 다음 분리시켜 대기권내에서 마찰열에 의하여 소멸시켜 버릴 수밖에 없었습니다.

그나마 고체연료 로켓을 파라슈트로 회수하는 작업을 바다에서 해야했기 때문에, 해수에 의한 부식문제로 겨우 20회 정도까지만 재사용이 가능하게 되었습니다. 재사용을 목적으로 거창하게 구상했던 어미·자식형 스페이스 셔틀이 경제적인 문제 때문에 취소되어 우주로 올라갈 때는 거의 종전과 같이 한번 쓰고 버리는 방식으로 하고, 돌아올 때만 원래 구상했던 대로 비행기와 같이 날개를 이용하여 날아오는 방법으로 낙착되고 말았습니다. 그러니까 자식을 살리기 위하여 어미의 모양이 경제적인 사정 때문에 많이 변경되게 된 것입니다.

이상에서 보는 바와 같이 새로운 것을 개발하는데 있어 기본개념을 설정하는 것도 중요하지만 그보다 현실에 적합한 실행방법을 제대로 결정하는 문제가 더욱 중요하다는 것을 실감케 해주고 있습니다.

우주왕복선의 비행방법

비행기 모양을 한 궤도선(우주왕복선), 즉 오비터(Orbiter) 뒷부분에 장착되어 있는 주엔진(3기)을 외부 탱크에 채워져 있는 추진제(액체산소와 액체수소)를 이용하여 먼저 점화시키고, 이어 두 개의 고체연료 로켓인 부스터(SRB)가 점화되면, 천둥치듯 큰 소리를 내면서 서서히 발사장에서 출발하게 됩니다.

상승속도가 점점 빨라지고 약 2분 후에 고도가 45 km정도에 달하면 고체연료가 다 소모되고 마는데, 이 때 부스터를 분리시켜 파라슈트로 회수하여 재사용하게 합니다.

그 후 오비터의 주엔진 3기가 약 6분간 계속 작동하면 고도가 약 100 km에 달하고 속도가 마하 15정도로 빨라지게 되는데, 이 때부터 정해진 궤도진입 비행에 들어가야 됩니다. 궤도에 진입할 때는 우선 주엔진을 끄고 외부탱크(ET)를 분리시켜 버린 다음, 궤도 수정용 엔진(2기)을 작동시켜 제대로 궤도를 타게 해야 합니다. 이 때 궤도의 높이는 수백 km입니다.

궤도에 들어간 다음 우선해야 할 일은 궤도수정용 엔진을 끄고 오비터 화물실의 문을 열어 그 안에 장착되어 있는 방열판을 우주공간에다 노출시켜 그동안 비행중에 받은 내부의 열을 모두 밖으로 방출시켜 주어야 합니다.

그 후부터는 궤도를 계속 돌면서 예정했던 여러 가지 임무를 수행하면 되는데, 최장 체제시간은 30일 정도라고 합니다.

궤도를 돌면서 작업을 마치고 지구로 되돌아 올 때는 우선 화물실의 문은 닫은 다음 비행속도를 줄이기 위해 오비터의 꽁무니를 돌려 비행방향을 바꾸기 위한 자세제어에 들어가는데, 이 때는 자세제어용 로켓을 사용합니다.

자세를 반대로 바꾼 다음 착륙하기까지 약 60분 정도 되는 위치에서 다시 궤도수정용 엔진을 작동시켜 감속 강하하는 단계에 들어갑니다. 이와 같은 역주진 자세로 비행속도가 약 7.6 km/s까지 감소되고, 고도가 약 120 km에 달하게 되면 궤도수정용 엔진을 끄고 다시 자세를 제어하여 머리를 진행방향으로 바꾸어 줍니다.

다음에는 아주 어려운 대기권 진입인데, 이 때는 기수를 30~40°정도(이것을 제어각 또는 진입각이라고 합니다)를 많이 올려서, 공기의 저항력으로 브레이크를 걸어 비행속도를 서서히 줄여주면 됩니다.

이 때 공기와의 마찰 때문에 기체 앞부분의 온도가 1,500℃ 이상까지 올라가 표면의 내열 타일이 오렌지색으로 변할 정도라고 합니다. 또 이 때 약 13분 동안은 열에 의하여 전리된 공기분자가 기체 주위를 감싸는 현상이 일어나기 때문에 지상과의 통신도 두절된다고 합니다.

다음은 대기권에 돌입할 때 적당한 진입각(자세각)을 취하는 것이 아주 중요한 기술인데, 진입각이 너무 클 경우에는 공기의 저항력이 너무 많아서 순간적인 과열현상으로 기체에 무리가 가게 되고, 반대로 진입각이 너무 적을 때는 다시 대기권 밖으로 튕겨져 나가고 말기 때문입니다. 이는 마치 수면을 향하여 둥근 돌을 힘차게 던졌을 때 흔히 경험하는 현상과 꼭 같은 것입니다.

대기권에 무사히 진입한 다음, 속도가 점점 떨어져 마하 2.5정도가 되면 진입각을 14°정도로 작게 하고 착륙할 준비에 들어가는데, 이 때 고도는 약 25 km, 착륙지점까지의 거리는 약 100 km정도가 된다고 합니다.

이 때부터 오비터는 더욱 감속을 하기 위하여 S자형으로 활공비행을 하면서 활주로 가까이 약 13 km 위치까지 접근한 다음, 자동착륙장치

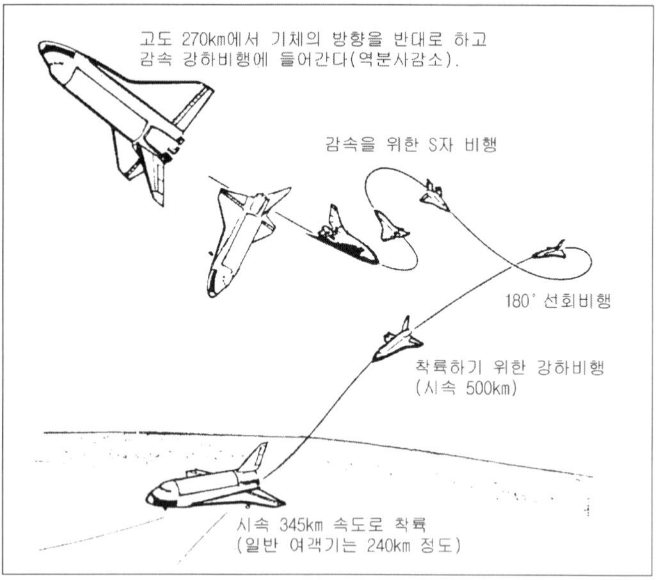

스페이스 셔틀이 S자형으로 활공비행을 하면서 활주로에 착륙하는 과정

의 유도를 받아 안전하게 활주로에 착륙하게 됩니다. 이 때 착륙속도는 일반 여객기가 시속 240 km 정도인데 반하여 시속 345 km 정도로 아주 빠른 속도라고 합니다.

이와 같은 우주 비행과정에서 최대 가속도는 지구 표면에서의 중력가속도의 3배(3G)이하로 제한되어 있습니다. 따라서 스페이스 셔틀을 타는 비행사는 인공위성 비행사처럼 5G 이상까지 견디어 내야 하는 초인적인 체질이 필요없게 되었습니다. 그래서 일반 비행기를 모는 조종사 정도의 체질이면 누구나 스페이스 셔틀을 탈 수가 있습니다.

이렇게 해서 비행기처럼 날개가 달린 우주왕복선, 스페이스 셔틀은 안전하게 우주공간을 왕복비행하면서 우주공간에서의 각종 관측실험, 제작연구와 우주기지를 건설하는데 필요한 기자재 운반, 또 우주공간에서 고장 난 인공위성의 수리 및 회수작업 등 여러 가지 임무를 우주공간에서 잘 수행하고 있습니다.

우주관광 여행시대의 개막

스페이스 셔틀의 등장으로 우주공간을 마음대로 비행해 보고자 했던 오랜 인간의 꿈이 실현됨으로써 그동안 우주여행을 체험한 사람이 점점 늘어나고 있습니다.

예를 들면 1990년 12월 2일 일본의 아키야마란 기자가 우주특파원의 자격으로 러시아의 소유즈 TM-11호를 타고 9일간에 걸친 우주여행을 마치고 무사히 지구에 돌아 왔는데 아주 재미있는 이야기를 했습니다.

그는 우주선에서 내리자마자 "배가 고프다, 공기가 맛있다. 빨리 담배도 피고 싶고, 맥주나 주스도 마시고 싶다. 무엇이든 우선 먹고 싶은 생각이 앞선다."고 말했습니다.

또 공항 로비에서 기자회견을 할 때도 "푸른 하늘과 사람의 입에서 나오는 하얀 입김을 보고 공기가 있다는 것을 새삼스럽게 알았다. 물체의 무게와 공기의 존재를 느끼게 된 것은 이번이 처음이다. 공기가 그립다.”라고 했습니다.

아마 아카야마 특파원은 지구표면 환경에서 많은 공기를 마셔가며 사는 것이 그리웠고 더 좋았던 모양 같습니다. 앞으로 우리 인간이 우주에 가서 오래오래 살려면 어떻게 해야 될지... 모든 것이 보다 새롭게 전개될 우주개발기술 여하에 달려 있다고 하겠습니다.

보도된 자료에 의하면 미국의 백만장자 기업인들이 우주를 향한 인간의 꿈을 실현시키기 위한 우주관광여행 사업에 많은 관심을 가지고 있다고 합니다.

우선 1996년 미국의 X 프라이즈(Prize)재단에서 2004년 말까지 순수한 민간 자금과 기술로 개발한 우주왕복선에다 3명을 태우고 100 km 상공(우주영역)까지 2주내에 2회 왕복비행 실시 성공자에게 상금 1천만 달러를 지급한다는 내용의 ‘X 프라이즈상’을 발표하고 나서부터 더욱 인기가 높아졌는데, 2004년 6월까지 7개국에서 27개 팀이 참가신청을 했고, 관광요금은 1인당 10~15만 달러가 될 것이라고 했습니다.

자금 자원은 우주광인 마이크로 소프트(MC)사의 공동 창립자인 폴 엘렌(보유재산 360억 달러, 세계 3위 ?)과 수십 명의 백만장자 기업인들이라고 합니다.

그래서 제일 먼저 첫 시험비행에 성공한 것이 2004년 5월 19일, 폴 엘렌이 설립 운영하고 있는 모하비 벤처에서 개발한 ‘스페이스십 원(Spaceship One, SS1)’인데, 2000만 달러란 거금을 들여 개발한 것이라고 합니다.

6월 21일에는 캘리포니아 모하비 사막에서 공개비행을 실시하여 드디어 100 km 상공까지 도달하는데 성공했는데, 이 때 조종사는 마이크 멜빈이란 62세 노장이었다고 합니다.

이 스페이스십 원, SS1은 어미 비행기인 화이트 나이트(White Knight, 백기사) 배에 매달려 15 km 상공까지 올라가 분리된 다음, 고체연료와 액체연료를 같이 쓰는 하이브리드 엔진을 가동시켜, 음속의 3배 속도로

100 km 상공(우주영역)까지 올라가, 무중력상태와 우주의 검은 구름, 그리고 둥글게 굴곡진 지구의 모습 등을 살펴보고 내려오는데, 비행예정 시간은 약 90분 정도가 된다고 합니다.

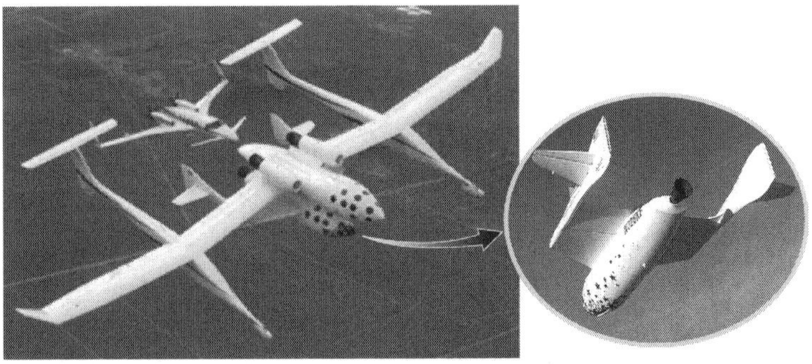

첫 민간 관광우주선인 스페이스쉽 원(SS1)이 어미 비행기 화이트 나이트 배에 매달려 비행하고 있는 모습

또 인터넷 서점으로 유명한 아마존닷컴의 제프 베조스 회장도 우주선 제작사인 '블루오리진'을 설립하고 텍사스 지역에다 우주선 발사기지 터로 수만 평의 땅을 사 놓았다고 합니다.

그 외에도 우주로켓 제작회사를 설립하거나, 민간우주연구 단체를 설립하는 등 미국의 유력한 기업인들이 민간 우주여행 사업에 많이 뛰어들고 있다고 합니다.

이들은 주로 1960년대 미국이 우주개발 사업을 본격적으로 시도하고 있을 때 어린시절을 보낸 첨단기술 분야의 종사자들인데, 기업인으로서 성공한 뒤 두둑한 자금력을 무기삼아 우주여행 사업에 뛰어들고 있는 것이라고 합니다.

이들이 우주여행 사업에 매달리는 이유는, 어린시절의 꿈을 실현시키기 위해서가 아니라 그것이 성장 가능성이 무궁무진한 사업이기 때문이랍니다. 항공우주산업 컨설팅회사 푸트론의 조사에 의하면 2020년에는 연간 1만 5000여 명의 승객이 우주여행에 나설 것이며 시장규모는 연 7억 달러로 급성장할 것이라고 전망하고 있습니다.

지난 해 시험비행에 성공한 스페이스십 원의 탑승요금은 1인당 10만 달러인데, 앞으로 3년간 예약이 꽉 차 있을 정도라고 합니다. 이는 100 km 정도 상공까지 올라가 무중력상태를 체험하고 되돌아오는 코스라고 하는데, 우주를 향한 꿈이 아주 높다는 것을 입증하는 것이라 하겠습니다.

공기마찰과의 전쟁, 내열 타일

1990년대에 초음속 비행기가 처음 등장했을 때도 그러했지만, 우주왕복선에서 제일 어려운 문제는 공기 마찰열과의 전쟁이랍니다. 현재 사용되고 있는 우주왕복선의 기체 재료는 융점이 750℃ 정도나 되는 알루미늄 합금인데 구조 안전상 200℃이하 범위에서만 사용하도록 규제하고 있습니다.

그러나 우주왕복선이 지구로 되돌아오기 위하여 대기권으로 진입할 때 공기와의 마찰열로 날개 끝 부분의 온도가 1,000℃ 이상, 기수 앞부분은 1,500℃ 이상까지 가열됩니다.

그래서 최고 내열온도가 1,500℃가 넘는 특수한 내열타일(도자기 성분의 실리카 타일)을 기체 표면에다 붙여주고 있는데, 온도에 따라 부분별로 차이가 있지만 크고 작은 것 모두 합쳐서 3만여 장이나 되고, 그 무게가 모두 10톤이 넘는다고 합니다.

이렇게 많은 내열타일을 알루미늄 합금으로 된 기체표면에다 하나하나 부착시키는 것도 아주 어려운 일이지만, 그 중 몇 장이라도 떨어져 나가면 안 되기 때문에 미리 1만 5,000번에 달하는 실험을 지상에서 실시해 보았다고 합니다.

그 후 타일의 재질과 부착시키는 방법이 많이 개선되었는데, 지난 2003년 2월 컬럼비아호가 임무를 마치고 귀환할 때 텍사스 주 약 60 km

내열 타일을 한 장 한 장 붙여 가고 있는 모습, 모두 3만 1,000장 그 무게가 무려 10톤이 넘는다고 한다.

상공에서 대기권 진입비행 도중 공중폭발로 승무원 7명이 모두 사망하는 참사가 발생하였습니다.

1986년 챌린저호가 발사 후 1분 13초 만에 폭발하여 승무원 7명이 전원 사망한 이후 두 번째로 일어난 끔직한 사고였습니다. 사고의 원인은 다른데도 있겠지만, 공기와의 마찰열 때문인 것이 가장 큰 원인으로 꼽히고 있는 것 같습니다.

또 지난 2005년 7월 26일에는 컬럼비아호 참사 이후 30개월 만에 발사된 디스커버리호가 이륙 직후 내열타일 조각이 몇 개 떨어져 나가는 바람에 공중폭발 재현이 우려되기도 했지만, 28일 무사히 국제우주정거장 ISS와 도킹하는데 성공하고, 승무원 7명이 모두 ISS로 건너가 "정말 만나보고 싶었어요."(아일린 콜린스 디스커버리호 선장, 미국 여자), "어서 오세요, 지구에서 온 손님 반갑습니다."(세르게이 키르 카레프, 러시아의 ISS선원)라고 하면서 서로 손을 맞잡고 껴안으며 반가워했다고 합니다.

디스커버리호의 승무원들, 왼쪽부터 스티븐 로빈슨, 심 캘리, 앤디 토머스, 웬디 로렌스, 차리 카마다, 아일린 콜린스(선장), 노구치 소이치(일본인)

미국 우주왕복선 디스커버리호의 승무원들이 국제우주정거장(ISS) 안으로 들어가서 선원들을 만나 기뻐하고 있는 모습

이 ISS는 1998년 11월 20일 발사된 후 우주인들이 교대로 근무하면

서 각종 실험을 수행하고 있는데, 이 때는 러시아의 키르카레프씨와 미국의 존 필립스 씨가 근무중이었습니다.

디스커버리호의 승무원들은 8일간 도킹상태를 유지하면서 15톤 분량의 보급품을 전달하고, ISS의 고장난 자이로스코프(회전의)의 교체작업 등 여러 가지 임무를 순조롭게 수행했습니다.

문제는 이륙 직후 떨어져 나간 타일이었는데, 카메라로 떨어져 나간 부분을 점검해 본 결과 심각한 상태는 아니었다고 합니다. 그래서 임무를 완수하고 무사히 되돌아오게 된 것입니다.

앞으로 이 내열타일 문제는 보다 새롭게 개선되어야 할 큰 과제로 남게 되었으며 다음과 같은 새로운 내열구조 방식이 연구 추진되고 있습니다.

[새로운 내열구조판 개발]

초내열 티탄합금판과 카본 복합재료판을 서로 겹쳐서 만든 새로운 타일 모양의 내열판, 겹쳐 만드는 방법에는 샌드위치식 구조와 벌집모양의 허니콤 구조형식이 있고 접착제를 쓰지 않고 나사못으로 부착시킬 수 있기 때문에 떨어져 나갈 염려가 없습니다.

[기체 표면 전체를 내열구조재로 하는 방법]

초내열 합금판과 복합재료의 합판 또는 초내열 복합재료 만으로 만든 샌드위치식 내열구조재를 기체표면 전체에다 입하는 방식. 특히 초내열 복합재료판을 만드는 기술이 점점 발전하고 있기 때문에 이 방식이 앞으로 유망시 되고 있다고 합니다.

우주에서 먹는 우주식, 스페이스 라면까지

2005년 7월 26일, 컬럼비아호 참사 이후 30개월 만에 발사된 미국의 우주왕복선 디스커버리호에는 일본인 우주 승무원 노구치 소이치(40세)씨의 12일간 우주비행에 대비한 컵라면이 실렸다고 일본 언론들이 27

일 보도했습니다.

이 컵라면, 즉 '스페이스 라면'은 일본 최초의 컵라면 제조회사인 닛싱(日淸)식품이 우주항공연구원의 도움을 받아 새로 개발한 것인데, 섭씨 70°의 더운 물을 부은 뒤 5분 정도만 지나면 맛있게 먹을 수 있게 된다고 합니다. 스프는 간장 맛, 카레 맛, 된장 맛, 돼지뼈국물 맛 등 여러 가지 맛이 가미되어 있답니다.

닛싱식품은 27일 도쿄 시내 '인스턴트라면 발명기념관'에서 이 스페이스 라면을 공개하고, 발빠르게 판촉전을 전개하기 시작했다고 합니다.

우주에서 먹는 우주식(Space Foods)하면, 우주 공간을 비행하는 비행사나 승무원들이 먹는 특수한 식품인데, 우주왕복선의 발전과 더불어 점점 지상에서 먹는 식품과 유사한 방향으로 발전되어 오고 있습니다.

그러나 무중력상태인 우주공간에서의 음식물은 그 형태에 제한을 받게 마련입니다. 즉 음료수나 고형물은 무중력상태로 인해 공중에 흩어져 버리기 때문에 음료수는 뚜껑이 있는 용기에 넣어 빨대로 빨아 먹고, 고형물도 뚜껑이 있는 용기에서 한 개씩 꺼내어 먹는 수밖에 없습니다.

그래서 초기 단계의 우주식은 튜브에 든 페이스트 모양의 식사나 건빵류, 소량의 냉동 또는 건조식품이 주된 것이었으며 가공하기 위해 불을 사용하는 것은 생각할 수도 없었다고 합니다.

그 후 아폴로 우주선에서는 처음으로 온수와 냉수에 의한 식품처리가 가능해졌는데, 밸브를 통해 물을 넣으면 스크램블 애그나 칠면조 요리를 만들 수 있고 또 유연성이 있는 주머니의 지퍼를 열고 스푼으로 식품을 꺼내어 먹는 방법도 개발되게 되었습니다.

또 그 후 스카이 랩에서는 냉동 냉장고와 가열기가 사용되기 시작했으며, 특수하게 만들어진 알루미늄 깡통에 든 요리도 등장하게 되었습니다. 그리고 스페이스 셔틀시대에 접어들면서 하루 3,000 kcal를 섭취할 수 있는 식사를 6일간 매일 다른 메뉴로 짤 수 있게 되었고, 85℃까지 가열하고 65℃를 유지하는 오븐까지 이용할 수 있게 되었다고 합니다. 그래서 이제는 우주식이 지상에서 먹는 식품과 거의 같은 상태로 발전되어 가고 있습니다.

디스커버리호의 여선장과 기술장이들

2003년 2월 미국 우주왕복선 컬럼비아호의 공중폭발 사고 이후 30개월 만에 최초로 우주왕복비행을 하게 될 디스커버리호 발사를 앞두고, 이 우주왕복선을 이끌게 될 선장인 아일린 콜린스(여, 48세)씨에 대한 관심이 미국 전역을 휩쓸고 있다고 보도되고 있었습니다.

뉴욕타임스는 2005년 4월 17일부터 연재하기 시작한 디스커버리호에 관한 기사 첫 회에서 '최초'라는 수식어가 수없이 많이 따라 붙은 콜린스 선장의 이력, 그리고 지도력과 자상함을 함께 갖춘 그의 성품을 자세히 소개하였습니다.

콜린스 선장은 뉴욕주 엘미라에 있는 어려운 가정에서 태어나, 학비를

"여러분이 30개월간 흘린 땀방울 덕분에 무사히 올라왔어요. 감사합니다."콜린스 선장이 우주에서 보내온 첫 소식. 왼쪽은 기술장이 스티븐 로빈스씨

벌기 위하여 식당 종업원으로 일해야 했던 소녀시절부터 비행사가 되겠다는 꿈을 갖고 있었답니다. 그래서 뉴욕주 코닝 커뮤니티 칼리지를 거쳐 시라큐스 대학을 졸업한 후 ROTC 장교로 공군에 입대해, 1979년 꿈에 그리던 조종사가 되었습니다. 공군에서 맞난 남편 패트 영씨와 결혼한 후 9살 난 딸과 4살 된 아들을 두고 있는 엄마인데 남편은 현재 민간 항공사의 조종사라고 합니다.

1991년 7월 우주비행사가 된 콜린스 선장은 우주선 지원팀의 요직을 두루 거친 뒤 1995년 2월 미국 최초의 여성 우주왕복선 비행사가 됐고, 1999년에는 최초의 여성 우주왕복선 선장이 되는 등 그의 경력에는 언제나 '최초'라는 수식어가 따르고 있었습니다. 지금까지 30여종의 우주선을 타고 6천 시간에 걸쳐 우주비행을 했으며 우주체류시간 만도 500시간이 넘는 베테랑 우주인이라고 합니다.

콜린스 선장은 2003년 2월 컬럼비아호의 귀환 도중 발생한 사고에 대해 남달리 아픈 기억을 갖고 있었는데, 많지 않은 우주비행사 세계에서 컬럼비아호 승무원들과는 바로 옆에 사무실을 두고 한 가족처럼 가까이 지냈을 뿐만 아니라 그 자신도 다음 달 3월에는 컬럼비아호를 이끌 예정이었기 때문이었습니다.

컬럼비아호가 공중폭발 하던 그날 아들과 함께 TV를 보고 있었던 콜린스 선장은 그 후 기자들에게 "컬럼비아호의 통신이 두절됐다는 소식을 듣고 큰 일이 났음을 짐작했다."면서 "당시 아들이 너무 어려 어떤 일이 일어났는지를 몰랐던 것이 참 다행이다."라고 말하고, 컬럼비아호 사고를 지켜 본 콜린스 선장으로서는 이번 우주비행이 두려울 것이 인지상정이겠지만, 자신이 몰고 갈 "디스커버리호는 더욱 안전해졌다."면서 자신감을 드러냈다고 합니다.

또 콜린스 선장은 "우주왕복선의 귀환은 언제나 쉽지 않은 일이지만, 바로 그 때문에 우리는 더 영리해졌고, 더 강해졌고, 더 겸손해졌으며 더 안전해졌다."고 말했다.

휴스턴의 존슨 우주센터에서 같이 근무하고 있는 한 동료는 "존슨 우주센터에서 식사라도 하기위해 밖으로 나서면 사인을 받으려는 사람들 때문에 갈 길을 제대로 못갈 정도로 그가 슈퍼스타가 됐다."고 말했습니다.

또 뉴욕타임스는 콜린스 선장이 미 항공우주국 NASA의 대표선장임을 자각하고, 팬들을 어떻게 대해야 하는지를 잘 알고 있는 그의 성품을 높이 평가하고, 다음 달 세계인들의 주시 속에 우주왕복 비행을 무사히 마치고 나면 슈퍼스타를 넘어 국민적 '영웅'으로 부상할 것이 분명해 보인다고 했습니다.

한편 이번 디스커버리호에는 처음으로 우주유영을 하면서 기체 표면에 붙어 있는 내열타일 등 손상부분을 수리하거나, 화물칸이나 기타 필요한 부분의 정비작업을 담당하는 기술장이 승무원이 동승하고 있었습니다.

미국의 스티븐 로빈스씨와 일본의 노구치 소이치씨가 바로 그 사람들인데, 수리공구를 손수 만들어 쓸 만큼 장인정신이 아주 투철한 사람들

지구를 선회하고 있는 디스커버리호의 화물칸에서 정비작업을 하고 있는 스티븐 로빈스씨의 모습. 함께 수리작업에 나선 노구치 소이치씨가 헬멧에 달린 카메라로 찍은 것

또 지구를 배경으로 마지막 우주유영 장면 찰칵, 디스커버리호에
장비되어 있는 작업용 팔다리장치의 받침판에 서 있는 모습

이라고 합니다.

그 중 일본의 노구치씨는 출발 전 인터뷰에서 자기 임무에 대해 "요리사가 식칼을 잘 다루듯, 수리공구를 잘 다룰 수 있도록 그동안 기술을 많이 연마해 왔다."며 준비된 우주기술자로서의 자부심을 드러냈습니다.

노구치씨는 고교시절 우주왕복선이 발사되는 장면을 TV를 통해 본 뒤 우주비행사의 꿈을 갖게 되었답니다. 대학시절 항공공학을 전공한 뒤 중공업 회사에서 차세대 초음속기 엔진개발을 맡고 있다가 1996년 NASA가 주관한 우주비행사 선발시험에 합격하고, 2001년 우주왕복선 승선이 결정되었는데 컬럼비아호 폭발참사로 발사가 연기되는 바람에 4년 이상을 기다린 끝에 드디어 이번에 우주 맥가이버의 꿈을 이루게 된 것이라고 합니다.

국제우주정거장과 달기지 건설계획

국제우주정거장, ISS의 건설

국제우주정거장, ISS(International Space Station)는 금세기 최대의 국제협력사업으로써 미국 NASA의 주도하에 러시아, 일본, 브라질, 캐나다와 유럽 11개국 등 모두 16개국이 공동 참여하여 진행되고 있는 거대한 우주기지 건설사업입니다. 우리나라에서도 앞으로 제한된 부분이기는 하지만 이 사업에 참여하게 될 것이라고 합니다.

이 ISS는 주로 미국의 우주왕복선과 러시아의 우주화물선 등에 의하여 운반되는 여러 가지 구성품의 조립으로 건설되어 오고 있는데, 지난 96년 11월 '자리아'란 동체 모듈에 이어 현재까지 모두 40여개의 모듈로 이루어지고 있다고 합니다.

그래서 이 ISS는 거대한 '무중력 실험실'이라고 할 수 있는데 6개의 실험실을 갖춘 그 내부의 크기는 747 점보기의 객실과 맞먹는 정도가 될 것이라고 합니다.

앞으로 지구상에서는 불가능한 무중력 상태를 이용해서 각종 생태학적, 화학적, 물리적, 의학적 실험을 실시할 것이라고 하는데, 암세포 등에 대한 다양한 형태의 세포 배양이 가능해져, 이에 근거한 신약개발이 가능해질 것이고, AIDS 등의 불치병에 대한 치료제 개발도 기대되고 있다고 합니다.

무중력상태에서는 온도차에 의한 대류현상이 발생되지 않기 때문에 각종 유체에 대한 보다 정확하고 다양한 연구가 가능하고, 이를 이용해 보다 강하고 가벼운 합금으로 된 신소재의 개발도 가능하답니다.

또 장기간 무중력 상태에서 생활하는 것이 인간에게 어떤 영향을 미치는지에 대한 연구와 극한 온도와 우주공간에 떠돌고 있는 각종 미세입자에 대한 연구를 하여, 보다 안전하고 효율적인 우주개발사업에 이용될 것이라고 합니다.

또한 NASA에서는 태양과 그 밖의 수많은 우주환경에 대한 연구로 지구의 먼 미래에 대한 예측도 할 수 있을 것이고, 여러 가지 새로운 우주 상품의 개발로 엄청난 상업적 이익까지도 크게 기대하고 있다고 합니다.

ISS 건설사업이 본격화되면서 각종 실험장비와 더불어 상주할 우주인을 위한 생필품을 운반하는 작업이 계속되어 2000년 11월부터 3명의 우주인이 교대로 상주하기 시작했고, 2001년 2월 7일에는 ISS의 핵심이 될 최초의 과학실험 모듈인 '더스티나'가 완성되었습니다. 무게가 16톤에 달하는 14억 달러짜리 모듈인데, 여기서 매년 30여 차례의 각종 실험을 실시할 것이라고 합니다.

ISS에서 교대 근무 할 우주인 3명을 태운 러시아의 소유즈 우주선이 카자흐스탄 바이코누르 우주기지에서 발사되고 있는 모습. 2005년 4월 1일 11번째로

이 ISS 건설사업이 2010년까지 완성되면 길이가 108 m, 무게는 450톤 규모인데, 비행궤도는 약 450 km 상공, 궤도의 경사각은 28.5°, 7명의 우주인들이 3~6개월 간격으로 교대로 파견되어 다양한 실험을 하게 될 예정이라고 합니다. 이 ISS의 수명은 30년 정도로 예상하고 있습니다.

NASA의 인정으로 우리나라가 참여할 ACCESS(Advanced Cosmic ray Composition Experiment for the Space Station) 프로젝트는 ISS 외부에 탑재되어 1015 eV에 이르는 고에너지를 가진 우주입자선을 검출하는 실험장비입니다.

그동안의 미세입자에 대한 연구는 대부분 운석에 의한 연구에만 의존해 왔었기 때문에 많은 한계를 지니고 있었는데 NASA에서는 이런 한계를 극복하기 위해 광속에 가까운 속도로 우주공간을 떠도는 우주입자선을 이용하기로 하고 이 ACCESS를 ISS 외부에다 장치하기로 한 것이라고 합니다.

국제우주정거장, ISS가 완성되었을 때의 모습

수백만 광년 떨어져 있는 은하에서 방출되는 양자, 중성자 등 다양한 형태의 우주입자선을 분석해 그의 기원과 분포상태 등을 밝혀내 궁극적으로 우주에 대한 이해의 폭을 넓히는 것이 이 ACCESS 사업의 목표라고 합니다.

국제우주정거장과 우주왕복선의 미래

2003년 2월 미국의 우주왕복선 컬럼비아호가 국제우주정거장, ISS에 가서 임무를 마치고 되돌아올 때 대기권 진입과정에서 공중 폭발하여 승무원 7명 모두 사망한 끔찍한 사고가 발생하자 "이미 여러 가지 문제점이 지적되어 온 국제우주정거장 운영에 암운이 드리우고 있다."며 한 우주항공전문가는 "우주왕복선 운영을 아예 중단해야 한다."는 주장을 제기하는 등, 컬럼비아호 공중폭발 사고의 충격이 크게 확대되고 있었는데, 당시의 보도자료를 살펴보면 대략 다음과 같은 내용으로 되어 있습니다.

"컬럼비아호 폭발로 ISS 건설은 큰 차질을 빚을 것이 분명해 보인다. 현재 전체 공정 가운데 3분의 1도 완성되지 않은 ISS 조립작업은 미 항공우주국(NASA)이 컬럼비아호의 문제점 치유를 위해 상당한 시간을 드릴 경우 그 기간만큼 최소한의 인원만으로 운영되거나, 심지어 장기간 그대로 방치될 수도 있는 운명에 처할 수 있다고 우주전문가 들은 경고한다."

"컬럼비아호와 나머지 3개의 우주왕복선도 NASA가 사고원인을 정밀조사하는 동안 지상에 그대로 머물러 있어야 하며, 이번 사고의 원인을 밝히는 데 얼마나 걸릴지는 아무도 모르는 일이다."

"그러나 우주 관리들과 의원들은 우주왕복선 운행 재개 시점과 관련, 사고 후 32개월이 걸렸던 지난 86년 챌린저호 사고 때 보다는 훨씬 빠를 것이라는 분석을 내놓고 있다."

"어쨌든 이번 사고는 컬럼비아호 등 미국의 우주왕복선만이 태양 전지판이나 트러스 등 부피가 큰 물품을 운반할 능력을 갖추고 있다는 점에서 ISS 건설 계획에 큰 타격을 줄 것이 확실하다."

"러시아의 한 우주전문가는 미국의 우주왕복선이 모두 지상기지에 머무른다면 ISS는 무기한 무인기지로 남을 수도 있다고 우려했다."

"오는 2006년, 무중력상태의 우주실험실로 활용하게 한다는 계획아래 조립공정이 진행중인 ISS는 현재 40개의 예정된 조립공정 작업 중 단지 20개만 완성된 상태이다. 모두 완성됐을 때의 무게는 450톤으로 예상되고 있으나 현재의 무게는 130톤에 불과하다."

"여기에 이제 남은 유일한 우주선인 러시아의 소유즈도 예산 부족으로 1년에 두 번 이상은 발사될 수 없다는 점도 ISS운영을 더욱 힘들게 하고 있다."

"지난 86년 1월 챌린저호 폭발사고 5년 전에 이미 챌린저호의 문제점을 지적한 바 있는 이스터브룩 연구원은 '불행하게도 챌린저호 비극의 핵심에 놓여 있던 주요한 문제점이 컬럼비아호 사고에도 그대로 적용됐다.'면서 핵심 문제점은 바로 우주왕복선 그 자체에 있다고 지적했다."

"또 그는 '지난 20년간 미국의 우주 프로그램은 너무 비용이 많이 들고 너무도 위험한 우주왕복선 시스템에만 고정되어 왔다.'면서 '우주왕복선은 기술적인 측면을 보면 인상적이나 재정적인 측면과 안전문제를 보면, 어떠한 프로젝트도 우주탐사와 관련해 해악이상의 결과를 주지 않았다.'고 비난하고, '우주왕복선 프로그램이 중단되어야 한다는 점이 분명해지고 있다.'고 강조했다."

또 뉴스위크지에서도 "여전히 별에 다가가려고 하는 중"이라는 제목의 기사를 통해 "챌린저호 이후 17년 만에 발생한 우주왕복선 폭발사고는 우주왕복선의 미래에 '유인우주선 임무의 대가로 우리는 무엇을 지불할 것인가'라는 복잡한 의문점을 남기고 있다."면서 향후 우주왕복선 운행이 상당한 영향을 받을 것이라고 분석하고 있었습니다.

디스커버리호의 성공과 기대되는 효과

미국의 우주왕복선 디스커버리호가 온 세계적인 관심아래 국제우주정거장 ISS와 도킹하여 소정의 임무를 제대로 수행하고, 사상 최초로 우주공간에서 선체 수리작업까지 마친 다음 2005년 8월 9일 캘리포니아 주 에드워드 공군기지에 무사히 안착하였습니다.

원래 출발했던 케네디 우주센터에 8월 8일 귀환할 예정이었는데, 기상상태의 악화로 3번이나 연기되었다가 하루 뒤인 9일 에드워드 공군기지로 변경된 것입니다.

2003년 2월 귀환 도중 폭발한 컬럼비아호 참사 이후 30개월 만에 임무를 완수한 NASA의 첫 우주왕복선이 된 것입니다. 2005년 7월 26일 플로리다 주 케네디 우주센터에서 발사된 지 15일 만의 경사였습니다.

그간 25년 동안 추진해 온 미국의 우주왕복선 프로그램의 성과가 이번 디스커버리호의 두 날개에 달려있었다고 해도 과언이 아니었습니다. '우주왕복선 무용론'까지 대두됐던 부정적 분위기가 이제 해소될 것이며, 특히 역사상 처음으로 실시된 '우주유영 선체수리작업'이 더욱 좋은 인상을 남겼습니다.

미 항공우주국 NASA에서는 이번 디스커버리호 발사에서 외부 연료탱크 표면의 단열재 파편이 떨어져 나간 원인을 조사하고 있는데, 9월 22일자로 예정되고 있는 또 다른 우주왕복선 아틀란티스호의 발사가 불투명한 상태입니다.

우주왕복선의 단열재는 이전에도 문제가 됐던 것으로 그동안 NASA가 전력을 다하여 개선에 힘써왔던 부분입니다. 이번에 원인을 밝혀낸다 해도 그것이 디스커버리호에만 있었던 문제인지 아니면 근본적인 구조적 문제였는지, 제대로 판단을 내려야 하는 것입니다.

만약 우연한 일이었다면 아틀란티스호는 계획대로 발사될 수 있을 것이나, 그렇지 않다면 발사가 연기될 것입니다. 그렇게 되면 우주왕복선 프로그램 자체가 폐기되어야 한다는 어려운 상황을 또 맞을 수도 있을 것입니다.

그래서 이번 디스커버리호의 무사귀환은 30개월만의 새로운 시작이 아니라 은퇴의 시작이어야 한다는 주장도 나오고 있습니다.

우주왕복선에 들어가는 250만개나 되는 많은 부품 중 대부분이 1970년대 기술로 만들어진 것이고, 이를 수리 운영하는데도 엄청난 비용이 들어가고 있습니다. 현재도 우주왕복선의 운영비가 NASA 예산의 3분의 1이상을 잡아먹고 있어 다른 우주개발 사업계획의 발목을 잡고 있다고 합니다.

그러나 미국의 조지 W 부시 대통령은 디스커버리호의 성공적인 무사귀환을 축하하고 '우주탐사비전(VSE)'을 통해 2010년까지 현재의 우주왕복선을 대체할 차세대용 유인 우주 탐사선을 개발해 2020년 경 달

747 점보기에 업혀서 제자리로 되돌아오는 디스커버리호. 에드워드 공군기지에서 케네디 우주센터로, 총비용 100만 달러

을 우주 식민화하고 그 이후에는 화성으로 향한다는 원대한 계획을 제시해 놓고 있습니다. 아주 크게 기대되는 효과라 하겠습니다.

또 보도된 자료에 의하면, NASA에서는 우주왕복선이 안전을 점검하기 위한 2차적인 시험비행 차원에서 2006년 3월에 디스커버리호를 다시 발사할 것이라고 했습니다. 따라서 아틀란티스호의 발사는 그의 성공 이후로 연기되었습니다.

다시 발사될 디스커버리호는 13일 간의 임무기간 중 세 차례에 걸쳐 모두 6시간 반의 우주유영을 시도하며 국제 우주정거장 ISS에 보급품도 전달하고 지난번 발사 때 미처 마무리하지 못한 '안전문제'를 최종 점검할 것이라고 합니다.

[디스커버리호, 2차 시험비행 성공 - 우주왕복선 계획의 정상화]

2006년 3월로 예정됐던 디스커버리호의 2차 시험비행이 미국의 독립

13일간의 임무를 마치고 케네디 우주센터로 무사히 귀환하고 있는 디스커버리호의 모습 미국의 우주왕복선 계획 다시 본궤도 진입

기념일인 7월 4일 발사되어 예정대로 13일간의 임무를 제대로 수행하고 7월 17일 무사히 귀환하는데 성공하였습니다.

이로써 NASA에서는 우주왕복선 계획을 다시 정상화시켜, 앞으로 국제 우주정거장 ISS완공을 위해 16차례 허블 우주망원경 수리를 위해 1차례 더 발사할 계획이라고 합니다.

그래서 2010년으로 예정되어 있는 현재의 우주왕복선 퇴역때까지 해마다 4~5 차례씩 더 발사해야 한다고 합니다.

달기지 건설계획

미국의 항공우주국 NASA에서는 새로운 차세대용 유인 우주탐사선 개발 프로젝트를 추진하고 있는 중이라고 합니다. 2006년에 개발업체를 선정하고 2008년에 제작이 완료되어 2011년부터 국제 우주정거장 ISS를 왕래하고 2015년부터는 달기지 건설사업에, 그리고 2020년부터는 화성 탐사작업에 들어 갈 예정이라고 합니다. 우주정거장 건설이 주임무였던 기존의 우주왕복선과는 달리 이 새로운 우주왕복선은 달기지 건설과 화성탐사에다 초점을 맞추고 있는 것입니다.

이 프로젝트에 참여하고 있는 록히드 마틴사에서는 최근 개발중에 있는 새로운 우주왕복선의 겉모양 사진을 공개했는데 유인 우주탐사선, CEV(Crew Exploration Vehicle)라고 명명된 이 새로운 우주왕복선은 크게 3부분으로 구성되어 있는데, 4~6명이 같이 탈 수 있는 '유인 모듈'과 바로 그 아래에 있는 '궤도임무 모듈' 그리고 '추진기관' 등으로 구성되어 있습니다. 이 중에서 궤도 임무 모듈은 유럽 방위항공우주산업체인 EADS(European Aeronautic Defence and Space)사가 담당하고 있다고 합니다.

그리고 이 CEV의 유인모듈은 기존의 우주왕복선과 외견상으로는 비슷하게 닮았지만, 대기권 진입비행을 할 때 충격을 완화시켜 주는 시스템과 파라슈트의 도움으로 지나친 충격을 받지 않게 될 것이라고 합니

록히드 마틴사에서 공개한 사진. 유인 우주탐사선, CEV의 개념도

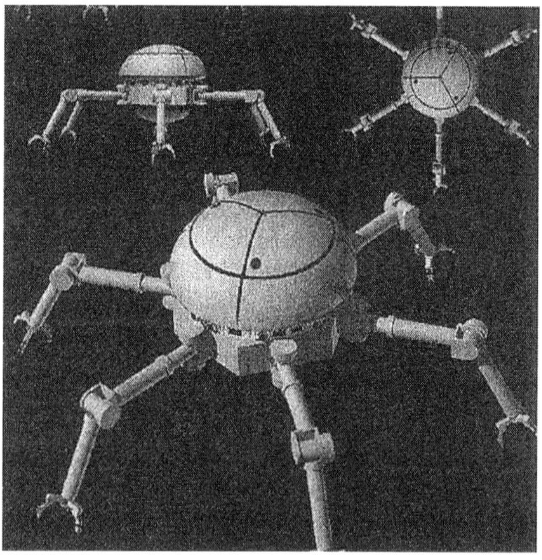

노스럽 그루만사가 공개한 곤충형 우주선 수리로봇의 개념도. 6개의 다리로 우주선 외부를 돌아다니며 결함을 조사하고 수리하게 될 것이라고 한다. NASA에서 공모한 우주탐험 아이디어상 수상

NASA에서 구상하고 있는 달기지의 개념도. 우주비행사 12명이 거주할 수 있는 규모. 체력 단련실, 기지 조정실, 수경식물 재배실, 승무원 침실 등 다양한 구조

다. 그 밖에 모든 시스템이 우주비행사들에게 최대한의 '안전'을 보장하는 형식으로 새롭게 개선될 것이라고 합니다.

달의 상주 기지로는 달 남극의 '새클턴 크레이터'가 물망에 오르고 있는데, 다른 지역에 비해 상대적으로 수소가 풍부하고 얼음이 존재할 가능성도 크기 때문이랍니다. 달의 북극과 1969년 아폴로 11호가 착륙했던 '고요의 바다'도 후보지로 거론되고 있습니다.

한편 NASA에서는 앞으로의 우주여행시대를 대비한 여러 가지 연구를 진행하고 있는데, 무엇보다도 달에는 대기가 없고 일사량이 많기 때문에 사람들의 건강을 보호하는 문제가 가장 중요한 과제의 하나로 되어 있다고 합니다.

러시아에서도 새로운 우주왕복선 '클리퍼'가 2005년 8월 16일 모스크바에서 50 km 떨어진 도시 주코프스키에서 열린 'MAKS-2005' 국제 항공우주쇼에서 선보이고 있다고 주코프스키 AFP 연합뉴스가 색다른 그의 모습을 보여주었습니다.

MAKS-2005 국제 항공우주쇼에서 선보이고 있는 러시아의 새로운 우주왕복선 클리퍼의 모습

최근 새로 보도된 자료에 의하면 미 항공우주국 NASA에서는 우주인 4명을 2018년에 달에 보내 우주 전진기지를 건설하기 시작한다는 실제적인 우주탐사계획을 2005년 9월 19일 발표했다고 합니다.

앞으로 13년 동안 1040억 달러(약 104조원)의 막대한 예산이 들어갈 이 계획은 조지 W부시 대통령이 2004년 1월 대통령 선거당시 발표한 우주탐사계획을 보다 구체화한 것인데, 1969년 7월부터 1972년 12월까지 아폴로계획에 따라 6차례에 걸쳐 12명(2명×6회)이 달 착륙에 성공하고 각각 21~75시간씩 체류하면서 모두 385 kg의 월석을 수집해온 이후 46년 만에 재개되는 것입니다.

이 새로운 우주탐사계획은 달에다 전진기지를 건설하고 최장 6개월간 체류하면서, 산소와 로켓 추진체를 만드는 방법을 개발하여 궁극적으로는 화성을 탐사하는 것이 목표라고 합니다.

이날 공개된 탐사계획의 기본개념은 아폴로 프로젝트 때와 비슷하게, 달 주위를 도는 탐사선(CEV)에서 착륙선을 발사하여 우주인을 목적지에 도달하도록 하는 것입니다.

다만 착륙선의 크기가 4배나 되고 탑승인원이 2명에서 4명으로 늘어나기 때문에 NASA에서는 '스테로이드(근육강화제)를 쓴 아폴로계획'이라고 비유하고 있습니다.

그러나 결정적으로 다른 점은 착륙선 등 탐사장비와 우주인들이 각각

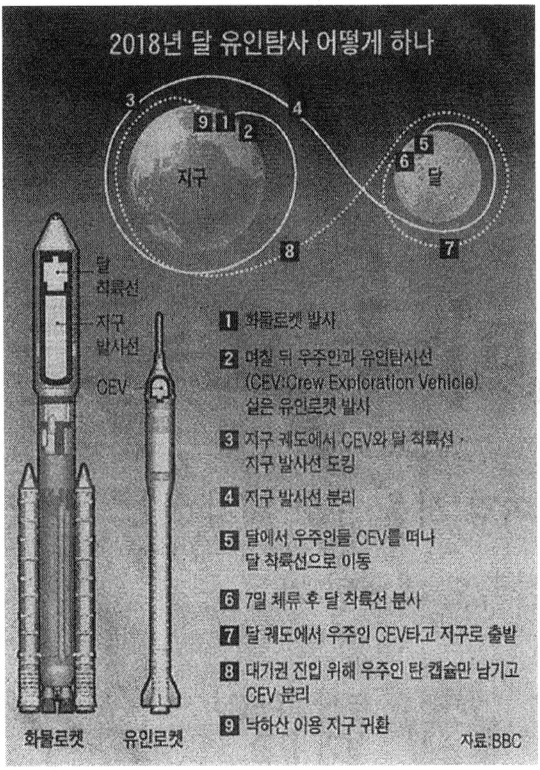

2018년 달 유인탐사 어떻게 하나

NASA가 공개한 우주인 4명이 탑승할 달 착륙선 예상도

따로 발사된다는 것입니다. 즉 대형 '화물로켓'으로 착륙선 등 탐사장비를 먼저 지구 궤도에 쏘아 올린 다음, 4명의 우주인이 탄 '유인로켓'을 나중에 따로 발사하여 지구 궤도상에서 서로 '도킹(결합)'하게 한 뒤 달로 다가간다는 것입니다.

또 다른 점이라면 과거에는 달의 적도부근에 착륙했었으나 이제는 추진 기술의 발전으로 어디든지 가서 내릴 수 있다고 합니다. 따라서 이번 탐사계획의 핵심은 달에 존재하는 얼음에서 산소와 수소를 분리해 내는 것이기 때문에 착륙선을 얼음이 가장 많은 달의 극지방에 내리는 것으로 되어 있습니다.

그리고 거기에다 우선 12명이 장기간 머무를 수 있는 큰 규모의 우주기지를 건설하기 시작한다는 것입니다.

태양계의 탐사사업

우주 불꽃놀이, 실험성공

2005년 7월 4일, 미 항공우주국 NASA에서 개발한 무인 우주선 딥 임팩트(Deep Impact)에서 발사된 무게 372 kg의 충돌체(Impacter)가 시속 3만 7천 km의 속도로 사상 처음 혜성 '템펠 1'에 충돌하여 축구장 크기만한 웅덩이를 만드는 '우주 불꽃놀이'가 이루어졌습니다. 이 딥 임팩트란 이름은 1998년 개봉됐던 미국의 헐리우드 영화 '딥 임팩트'와 같은 이름이라고 합니다.

미국의 독립기념일인 이날 지구로부터 약 1억 3000만 km 거리에서 혜성 템펠 1과 충돌하는데 성공한 것입니다. 7월 3일 이 충돌체가 모선인 딥 임팩트에서 발사된 지 약 24시간, 지난 1월 딥 임팩트가 미 플로리다 주 케이프커내버럴에서 발사된 지 172일 만에 이룩한 쾌거였습니다. 딥 임팩트는 그동안 총 4억 3100 km를 항행했습니다.

인공물체가 우주공간에서 혜성과 충돌한 것은 이번이 처음인데, 2004년 1월 NASA의 우주선 '스타 더스트'가 혜성 '와일드 2'에 237 km까지 다가간 것이 가장 근접했던 기록이라고 합니다.

온 세계 사람들이 TV 중계를 보며 "한편의 공상과학(SF) 영화를 보는

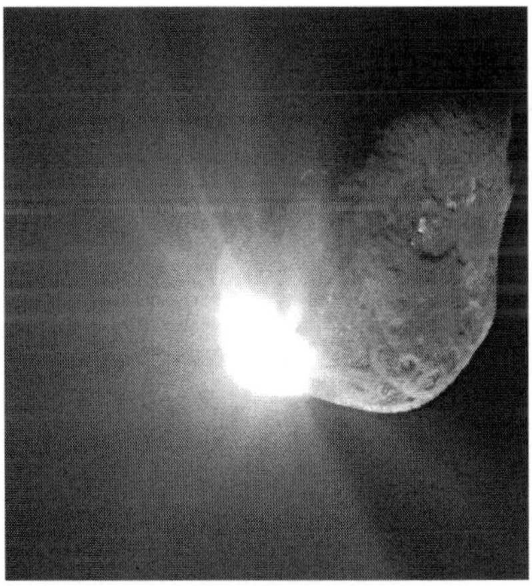

우주 불꽃놀이. 딥 임팩트에서 발사된 충돌체가 혜성 템펠 1과 충돌하여 불꽃이 솟아오르고 있는 모습

것 같다" 또 "날아가는 총알을 총으로 쏴서 맞힌 셈이다."라며 환호하고 흥분을 감추지 못했습니다.

그래서 NASA에서는 인류역사의 새 장을 열게 되었다며, 우주에 대한 새로운 통찰력을 갖게 되어 앞으로 태양계의 생성과 진화의 실마리가 포착될 것이며, 혜성과 소행성의 자원이용, 그리고 당장 유럽 우주국(ESA)에서 2010년까지 목표로 추진하고 있는 혜성 궤도변경 실험인 '돈키호테' 프로젝트에 활용될 것이라고 전망하고 있습니다.

1957년 10월, 러시아에서 최초로 인공위성 스푸트니크 1호 발사를 시작으로 우주탐사의 문이 열리고, 1969년 6월, 인간의 꿈이었던 달 착륙이 미국의 아폴로 11호에 의하여 현실화되면서 우주를 향한 인간의 도전은 계속되어 그간 수많은 여러 가지 용도의 인공위성이 개발, 활용되고 있습니다.

또 지구 궤도 400 km 상공에다 미화 950억 달러가 투자되어 길이 100 m가 넘고 무게가 460톤이나 되는 인류 최대사업 중 하나인 국제우주정거장 ISS 건설사업이 이루어지고 있습니다.

우주개발 사업에서 위성과 같은 우주비행체와 우주환경과의 연관 연구는 매우 중요한 것입니다. 그래서 ISS 사업에서는 탑승 승무원이 우주환경에 대한 적응활동 뿐만 아니라 위험 대응능력까지 향상시키는 연구가 진행되고 있습니다.

그래서 앞으로는 국제협력 사업으로 태양계의 탐사작업이 보다 구체적으로 활발히 전개될 것입니다. 이렇게 보면 앞으로 우리 인간의 생활무대는 지구에서 우주로, 새로운 우주시대를 맞이하게 될 것입니다.

딥 임팩트 실험 성공이후 뒷이야기들이 많이 나오고 있는데 그 중에서 몇 가지 소개하면 다음과 같습니다.

[딥 임팩트 계획은 27년 전의 아이디어]

이번에 성공한 딥 임팩트 계획은 27년 전인 1978년 두 과학기술자의 의문에서 비롯된 것이라고 NASA에서 소개하고 있습니다.

당시 미 애리조나 주 투산의 국립과학천문대에서 근무하고 있던 앨런 델러미어씨와 마이크 벨턴씨는 핼리혜성을 연구하다 그의 표면이 석탄보다도 더 시커먼 이유에 대해 궁금증을 가졌습니다.

의문을 갖게 된 두 연구원은 1996년 인공 충돌체로 파에톤 혜성의 표면을 탐사하는 제안을 NASA에 제출했으나 거부당했고, 그 후 두 연구원은 마이클 어헌 수석연구원과 같이 1998년 템펠 1 혜성과 충돌하는 실험 실시를 다시 제안해 NASA의 동의를 얻어냈다고 합니다. 그래서 착안한지 27년 만에 성공한 것입니다.

[충돌 3분 전까지 혜성사진 송신, 임무완수]

템펠 1 혜성과 충돌하여 산화한 충돌체(Impactor)는 충돌 3분 전까지 혜성의 표면을 찍어 지구로 송신하였다고 합니다.

NASA에서는 충돌체에 장착된 카메라가 혜성을 향해 날아가면서 임무를 제대로 완수했다고 밝혔습니다.

이 영상자료를 통해 분석한 결과 템펠 1의 표면상태는 당초 예상한 '우글쭈글한 오이지' 모양이 아니라 '울퉁불퉁한 감자'와 더 비슷하다고 NASA는 설명했습니다. 또 마이클 어헌 제트추진연구소(JPL) 수석 연구원은 "머핀이나 식빵의 표면과 유사하다"고 말했습니다.

[두 줄기의 분출기둥 높이, 수천 km]

충돌체가 템펠 1과 충돌한 뒤, 두 줄기의 분출기둥이 적어도 수천 km 높이까지 치솟았다고 합니다. NASA에서는 이 충돌장면을 찍은 딥 임팩트가 보내온 자료를 분석한 결과 첫 번째 분출은 좁은 기둥 모양으로, 몇 초 후 두 번째는 벌떼 모양으로 펴져 나왔다고 설명했습니다.

이는 템펠 1의 표면과 내부의 구성 물질이 다르다는 것을 입증하는 것으로, 충돌체가 부드러운 물질로 된 표면에 부딪친 뒤 두껍고 딱딱한 안쪽에 충돌한 것으로 본다고 했습니다.

[러 점성술사의 손배 소송]

러시아의 점성술사 마리나 바이씨는 충돌체가 템펠 1과 부딪친 결과 자신의 천궁도가 뒤틀리고 영적인 권리도 침해당했다며, NASA를 상대로 3억 달러(약 3130억원)의 손해배상 소송을 모스크바 법원에 제기했다고 합니다.

바이씨는 "충돌 이후 템펠 1의 궤도가 분명히 변해, 내가 정상적으로 별점을 치지 못하도록 방해했다."고 주장했답니다. 그녀는 당초 법원에 딥 임팩트의 충돌 자체를 중단하도록 요청했으나 법원이 이를 기각했다고 합니다.

[유럽우주기구(ESA) 과학기술자들의 기쁨과 기대]

딥 임팩트의 성공으로 유럽우주기구(ESA)의 혜성 탐사선 '로제타'에 많은 정보가 제공돼 아주 좋다고 ESA 과학기술자들이 기뻐하고 있다고 합니다.

2004년 3월에 발사된 로제타는 2014년 5월 혜성 67P/추류모프-게라시멘코의 궤도에 진입하고 6개월 후 착륙선을 이 혜성에다 내려 보낼 예정이라고 합니다.

이 로제타 계획을 담당하고 있는 게르하르트 뉴벰 박사는 "딥 임팩트가 보내온 자료로 혜성 핵의 내부구조와 결합 상태, 구성물질의 강도 등을 알게 될 것"이라며 "그 결과는 로제타 착륙선의 시나리오를 완결시키는데 크게 도움이 될 것이다"라며 크게 기대하고 있습니다.

[템펠 1 혜성은 푸석돌]

미 항공우주국(NASA)에서는 '지난 7월 4일 실험에 성공한 템펠 1 혜성은 구멍이 숭숭난 푸석푸석한 구조를 지닌 것으로 드러났다'고 2005년 9월 16일 밝혔습니다.

특히 충돌 후 분출된 입자에서 탄소 성분이 발견돼, 혜성이 지구에다 유기물을 전달했을 것이라는 가설을 뒷받침하기도 했습니다.

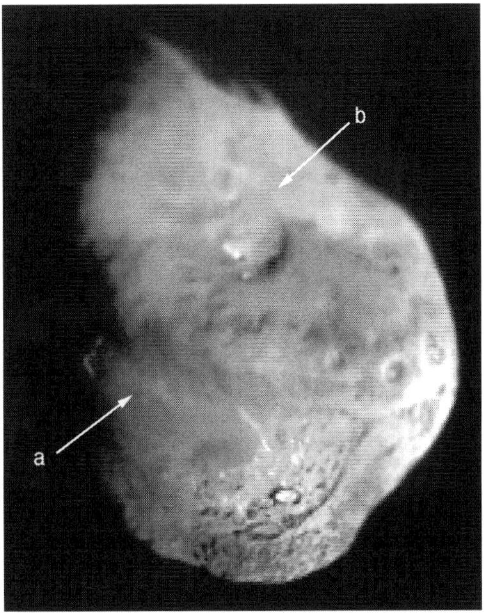

템펠 1 혜성의 모습. a, b는 더 무른 표면, c는 충돌체가 부딪힌 지점, 검은 화살표 부위는 조금 높은 부분

토성의 최대 위성 타이탄의 모습

1997년 10월 15일 카시니호에 실려 지구를 떠난 탐사선 호이겐스가 7년여 간의 긴 여행 끝에 2005년 1월 14일 밤, 토성의 최대 위성인 타이탄에 무사히 착륙하는데 성공하고, 다음 날 새벽까지 모선인 카시니호를 통해 350여장의 사진과 각종 자료를 보내 왔습니다.

모선인 카시니호는 미국의 NASA에서, 탐사선인 호이겐스는 유럽의 ESA에서 각각 제작한 것인데, 원래 계획은 호이겐스호가 타이탄위성 표면에 착륙한 후 2시간 쯤 작동할 예정이었는데 예상외로 5시간 정도나 오랫동안 작동하였다고 합니다.

그러나 전송하는데 필요한 2개의 채널 중 1개가 고장나 풍속 측정 자료와 350장의 사진자료가 사라졌습니다. 호이겐스는 임무를 완수한 뒤 배터리가 소진되면서 수명을 다하고 말았지만 모선인 카시니호는 최장 2008년 7월까지 계속 토성 주위를 돌면서 토성본체와 31개나 되는 위성, 그리고 또 다른 위성이 존재하는지 등에 대한 탐사작업을 계속할 예정이라고 합니다.

호이겐스란 이름은 지난 1655년 타이탄 위성을 처음 발견한 네덜란드의 천문학자인 크리스티안 호이겐스의 이름을 따서 붙인 것이라고 하는데, 이 호이겐스가 보내온 사진을 분석해 본 결과 타이탄 위성 주위에는 오렌지색 대기가 있고, 그 표면에는 물이 흘러간 듯한 홈과 얼음바위 같은 조약돌이 점점이 박혀 있다고 합니다. 사진 분석을 담당한 미국 애리조나대의 마티 토마스코 교수는 "이 사진은 타이탄 표면이 액체 매탄과 얼음으로 구성되어 있을 것이라는 학자들의 주장을 입증하는 것"이라고 하면서 계속 더 분석해 보겠다고 했습니다.

호이겐스의 타이탄 착륙과정

토성의 최대 위성인 타이탄의 표면 모습, 얼음바위 같은 조약돌이 점점이 박혀있다.

[토성에 뜬 보름달]

토성의 31개 위성 중 하나인 '디오네'가 2005년 10월 미국 항공우주국 NASA의 탐사선 카시니호의 카메라에 잡힌 모습이 공개되었습니다.

이 다오네 위성은 얼음으로 된 위성이라고 하는데, 고리의 그림자가 비친 토성을 배경으로 한 아주 신기한 보름달과 같은 모습을 드러내고 있습니다. 카시니호는 현재 토성 둘레를 돌면서 토성과 그 위성들의 모습을 사진을 찍어 보내오고 있습니다.

토성에 뜬 보름달과 같이 보이는 얼음위성 디오네의 신기한 모습

최근에 발사된 화성탐사선과 금성탐사선

[화성 탐사선]

미국의 항공우주국 NASA의 무인 화성탐사선 MRO(Mars Reconnaissance Obiter)가 2005년 8월 12일 오전 7시 43분(현지시간) 플로리다 주 케이프커내버럴의 케네디 우주센터에서 발사되었습니다.

이 MRO는 발사 7개월 후인 2006년 3월 화성에 다가가 11월부터 약 300 km 궤도를 돌면서 기상과 지질 정보를 수집하여 우주선 착륙 후보지를 찾을 예정이라고 합니다. 또 화성의 물 흔적을 찾아 생명체의 존재 여부에 대한 조사도 심도있게 실시할 계획이라고 합니다.

이를 위해 MRO는 대형 망원카메라와 함께 과거의 다른 탐사선보다 10배 이상 더 많은 자료를 전송할 수 있는 능력을 가지고 있답니다. 현재 화성탐사에는 미국의 '마스 글로벌 서베이어'와 '마스 오디세이', 그리고 유럽의 '마스 익스프레스' 등 3개의 탐사선이 활동 중에 있다고 합니다.

이 MRO는 당초 8월 10일 발사될 예정이었으나 발사 로켓의 비행통제 장치에서 결함이 발견되는 등 기술적인 문제로 두 차례나 연기되었고, 이어 11일에는 카운트다운을 4분 앞두고 발사가 또 하루 늦춰져 3일 만인 12일에서야 발사하는데 성공하였습니다.

무인 화성탐사선 MRO의 가상 모습

[화성의 얼음 호수]

영국의 과학 전문지 '네이처'가 2005년 마지막 호에서 '과학계를 놀라게 한 10대 이미지'를 선정 발표했는데, 그 중에 '화성의 얼음 호수'가 하나 들어가 있었습니다.

유럽의 우주기구 ESA의 화성 탐사선 '마스 익스프레스'가 2005년 2월 초 화성 북반구에서 찍은 사진인데, 북위 70.5도에 있는 넓은 평원 '바스티타스 보레알리스'에 위치한 지름 35 km의 충돌 구덩이 안에 있는 원형 얼음의 모습이 아주 인상적입니다.

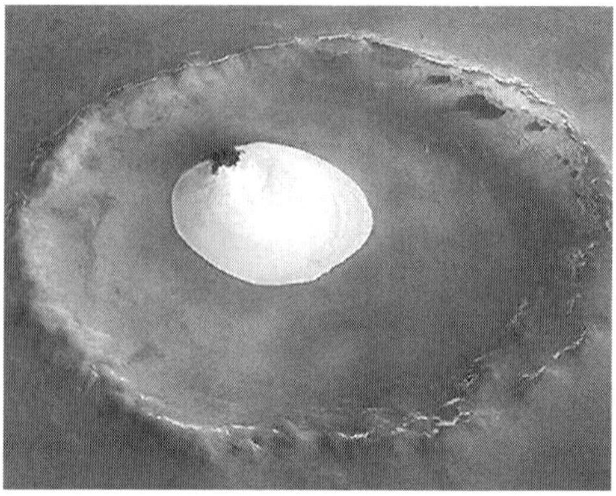

화성에 있는 얼음 호수의 신기한 모습

이 구덩이 가장자리에는 서리의 흔적이 보인다고 하는데, 이 사진자료에서는 가로, 세로 15 m의 큰 물체가 한 점으로 보일 정도라고 합니다.

[금성탐사선]

유럽의 우주개발기구(ESA)에서 개발한 금성 탐사선 '비너스 익스프레스(Venus Express)'가 2005년 11월 9일 카자흐스탄 바이코누르 우주기지에서 러시아 로켓에 실려 발사되었습니다.

금성 탐사위성 비너스 익스프레스 발사 성공, 2005년 11월 9일

이는 2조 4000억원의 많은 예산을 들여 지구와 비슷한 시기에 탄생된 금성의 기후와 지질상태 등을 정밀탐사 하기 위한 것인데, 궁극적인 목적은 금성이 점점 식으면서 지구와 같이 생명체가 살 수 있는 환경이 만들어 질 것인가

를 알아보고자 하는 것이라고 합니다.

163일간 우주를 날아 금성에 도착하게 된다는데 이 비너스 익스프레스는 금성표면의 짙은 구름대를 꽤 뚫어 볼 수 있는 특수한 투시 카메라를 통해 금성이 왜 그렇게 뜨거운지, 지표면에서 화산활동을 하고 있는지, 또 대기는 어떻게 순환하고 있으며, 허리케인과 같은 기상이상현상이 있는지 등을 관찰하게 됩니다.

금성 표면을 면밀히 탐사하고 있는 비너스 익스프레스의 모습, 상상도

과학기술자들의 꿈, 향후 30년간의 계획

우주의 신비를 탐구하려는 과학기술자들의 꿈이 점점 확대되면서 가늠하기 조차 어려운 '137억년 전'의 우주 대폭발(빅뱅) 현상을 확인하고 싶어 하고, 인공위성을 이용하여 지구에 내리는 비의 총량을 측정하려 하기도 한답니다.

미국 나이트리터 그룹의 신문들은 2005년 6월 20일, NASA에서 조사 연구한 '과학기술자들이 앞으로 30년 동안 가장 하고 싶은 연구분야'의 내용을 다음과 같이 소개하였습니다.

[과학기술자들의 꿈]

과학기술자들은 137억년 전의 빅뱅이 어떻게 시작되었는지, 또 우주가 어떻게 탄생하고 진화해 왔는지를 알고 싶어 한다. 이를 위해 탐사선을 띄워 다른 은하계에서 벌어지고 있는 별의 탄생과 소멸과정을 확인하려고 한다.

태양광선으로 동력을 얻는 우주 돛단배 '코스모스 1호'보다 더 발전된 '우주범선'을 태양계 밖으로 내보내길 꿈꾸고 있는 과학기술자들도 많이 있다.

지구와 태양 사이에다 감시초소(Sentinels)를 세워 태양풍을 관찰한다는 것도 구상하고 있다. 태양풍은 지구의 대기에도 영향을 미치고 우주비행사의 안전을 위협한다는 점에서, 우주 탐사를 위한 '일기예보제'를 도입한다는 셈이다.

[NASA의 사업추진 계획]

미국의 NASA에서는 민간 우주산업체와 대학 연구진으로 구성된 '과학기술자문위원회'의 검토를 거쳐, 6가지 분야의 '우주 로드맵'을 마련하였다.

이 계획은 조만간 미 국립과학원 우주연구이사회의 심의를 거쳐 전략과학계획으로 확정되면 2006년부터 예산 지원을 받게 된다. NASA에 배정된 과학탐사 예산이 연간 60억 달러(약 6조원)나 되지만 그것만으로는 한계가 있다. 조지 W 부시 행정부가 추진하고 있는 달, 화성 유인탐사작업에 이미 30억 달러가 배정되었기 때문에 여유가 많지 않다.

NASA의 로드맵은 2015년과 2025년, 그리고 2035년에 끝나는 3단계 10개년 계획에 맞춰 진행될 예정이다. 그 중에서 빅뱅 탐사선 계획과 블랙홀 가장자리에서 무슨 일이 일어나고 있는지를 관찰하기 위한 블랙홀 이미저(Imager) 계획은 2025년 이후에나 실현될 전망이다.

제3단계 로드맵의 정점이 될 것으로 보이는 2035년에는 인간이 레이저 에너지를 이용해 하루 만에 태양계를 여행할 수 있는 우주선을 타고

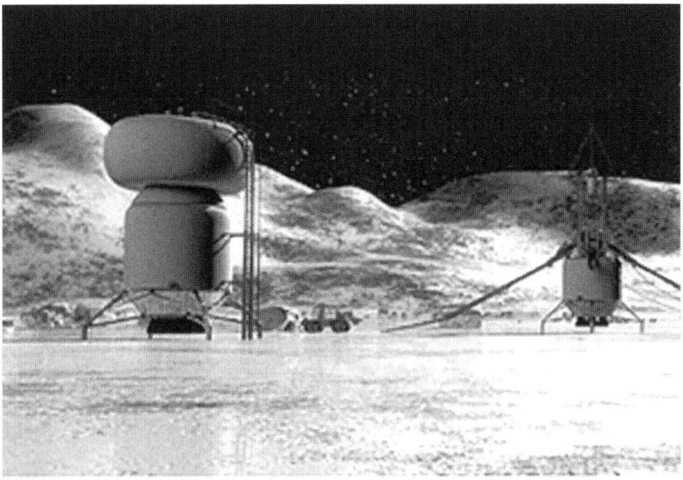

목성의 위성 중 하나인 칼리스토(Callisto)에다 우주기지를 건설한다는 구상

레이저 에너지를 이용해 하루 만에 태양계를 여행할 수 있는 우주선의 모습

인간이 화성에 발을 디딜 수 있게 될 것이다.

이상과 같은 꿈과 계획이 제대로 이루어진다면 우리 인간의 생활무대는 한없이 확대되어 갈 것입니다. 생활양상도 많이 달라지고요.

우주 망원경 이야기

우주개발 사업에서 우주망원경은 아주 필수적인 것입니다. 유명한 허블 우주망원경(Hubble Space Telescope, HST)은 대기권 밖에서 우주관측을 하기 위하여, 미국의 항공우주국(NASA)과 유럽의 우주국(ESA)이 주축이 되어 개발한 것입니다.

우주의 팽창현상을 관측적으로 증명해 낸 미국의 천문학자 에드윈 파웰 허블(Edwin P. Hubble, 1889~1953)의 이름을 따서 허블 망원경이라 명명되어, 1990면 4월 24일 우주왕복선 디스커버리호에 실려 지구 상공 610 km 궤도에 진입하여 우주관측 활동을 하기 시작, 수많은 업적을 남

허블 망원경의 모습

허블 망원경이 보내온 소용돌이 은하 M51의 모습

기고 오늘에 이르고 있습니다. 제작에 소요된 비용은 모두 20억 달러였고 매년 운용비가 2억 달러나 된다고 합니다.

전체 길이 13.3 m, 무게 11.톤으로 크기가 대형버스 정도인 이 망원경에는 렌즈 지름이 2.4 m인 광학 망원경과 적외선 망원경이 설치되어 있는데, 대기의 영향이 없기 때문에 비치는 상의 흐릿함이나 흔들림이 없어서, 팔로마 천문대의 지름 5 m 짜리 반사 망원경보다 그 성능이 더 우수하다고 합니다.

천체로부터 나오는 빛이 반사거울에서 모여 카메라로 보내지고, 분석을 거친 영상은 전파로 바뀌어 지구로 전송되고 있는데, 망원경의 시력이 육안의 100억 배로 1만 600 km 멀리서 반짝이는 반딧불을 탐지할 수 있을 정도라고 합니다.

이 허블 망원경에는 6개의 자이로스코프(회전의)가 부착되어 있는데, 이는 망원경의 중심을 잡아주는 한편, 수십 광년 멀리 떨어져 있는 천체의 모습을 제대로 포착할 수 있도록 초점을 맞춰주는 기능을 가지고 있습니다.

그러나 이 허블 망원경은 발사 처음부터 2.4 m짜리 렌즈의 곡률이 잘못돼 근시상태임이 드러나는 등 문제가 발생하여, 지난 93년과 97년에 이어 99년 12월 말 세 번째 수리를 받았는데, 디스커버리호 승무원들이 우주 유영을 하면서 6개의 자이로스코프와 일부 전자부품을 교체하는 등 수리작업을 마칠 때까지 2개월 동안 활동을 중단하였었다고 합니다. 앞으로도 사용기간이 완료되는 2010년까지 두 번 더 점검작업을 실시할 예정이라고 합니다.

그간 이 허블 망원경이 70만장이 넘는 사진을 찍어 보내왔는데 그 가 남긴 대표적인 업적을 살펴보면 다음과 같습니다.

- 슈메이커 레버 혜성과 목성의 충돌 관측(1994년)
- 은하 중심의 거대한 블랙홀 발견
- 은하 충돌의 흔적 관측과 함께
- 관측을 토대로 추정한 우주내 은하의 수 1200개
- 우주의 나이 130억~150억년
- 가속 팽창하고 있는 우주의 상태

허블 망원경은 이상과 같은 활약에도 불구하고 4~5년 후에는 퇴역할 전망이라, 이후 어떤 망원경이 뒤를 잇게 될지 많은 사람들의 관심이 쏠리고 있습니다.

[차세대용 우주망원경]

보도된 자료에 의하면 차세대용 우주 망원경으로 3대가 각축을 버리고 있는데, 2007년에 유럽 우주국(ESA)의 '허셜 우주 망원경', 2011년에 미 항공우주국(NASA)의 '제임스 웹 우주 망원경', 그리고 2012년에는 일본 우주항공개발국(JAXA)의 '스피카'가 잇따라 발사될 예정이라고 합니다. 스피카 프로젝트에는 우리 한국도 참여하고 있습니다.

이 세 가지 새로운 우주 망원경은 구경이 2.4 m인 허블 망원경보다 훨씬 더 큰데, 유럽의 허셜과 일본의 스피카는 3.5 m이고 미국의 제임스 웹은 6 m나 된다고 합니다. 그리고 이들은 모두 허블이 사용하고 있는 가시광선이 아니라 눈에 보이지 않는 적외선으로 우주를 관측하는 것이라고 합니다.

우주에서 오는 적외선은 지구 대기에 흡수되기 때문에 지구상에서는 관측되지 않지만 우주공간에서는 적외선 우주 망원경이 아주 제격이라고 합니다. 그러나 태양에서 오는 적외선을 차단하고 자체에서 나오는 열을 없애기 위해 영하 193~268도 까지 냉각시켜 가면서 관측하는 것이라고 합니다.

이 적외선 망원경은 허블 망원경보다 더 멀리까지 볼 수 있어 초기 우주의 비밀을 풀어낼 수 있을 것이며, 우주에서 처음 탄생한 별과 은하를 발견할 수 있을 것이라고 합니다.

또 현재의 허블 망원경은 우주의 나이가 수십억 년일 때까지만 살필 수 있지만 스피카나 제임스 웹 망원경은 우주의 나이가 3억~5억년 일 때의 모습까지 관측할 수 있어 우주의 첫 모습을 찾아낼 수 있을 것으로 기대를 모으고 있습니다.

또 이 적외선 망원경은 허블 망원경이 볼 수 없는 성운의 속실도 들춰낼 수 있는데, 보통 별은 먼지와 가스가 모인 성운의 안쪽에서 탄생하는 것이기 때문에 적외선으로 별 탄생의 현장을 생생하게 드러낼 수 있을 것이라고 합니다. ESA의 허셜 망원경이 먼저 별 탄생 영역의 심장부까지 뚫고 들어갈 수 있을 것으로 예상됩니다.

한편 외계 행성을 찾는데도 적외선이 적합하다고 합니다. 태양과 같은 큰 별은 주로 가시광선을 내뿜고 있지만, 지구나 목성 같은 작은 행성은 주로 적외선을 많이 내뿜고 있기 때문에 적외선으로 외계 행성을 직접 발견할 수 있다는 것입니다.

지금까지는 대부분 행성이 큰 별에 미치는 중력효과를 통해 간접적으로 외계행성의 존재를 확인해 왔었습니다. 앞으로 외계행성 탐색에서는 일본의 스피카나 미국의 제임스 웹 망원경이 서로 경쟁할 것으로 보인다고 합니다.

그렇다면 외계에 생명체가 살고 있는 또 다른 지구를 발견할 수 있을지? 그 방법은 지구 대기의 산소나 물이 외계행성에도 있는지 살펴보는 것입니다.

그래서 스피카 위성 망원경은 이를 목표로 개발 중인데, 이에 참여하고 있는 한국 천문연구원에서는 물분자 이외에도 다양한 물질을 발견할 수 있는 '적외선 분광기'를 개발해 스피카에다 장착할 계획이라고 합니다.

현재 개발중에 있는 세 가지 차세대 적외선 우주 망원경의 상상도는 다음과 같습니다.

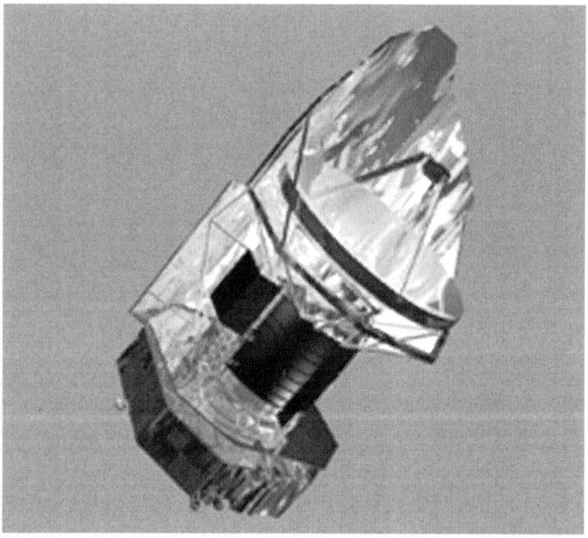

유럽 우주국(ESA)의 허셜 우주 망원경, 2007년 발사예정, 구경 3.5 m

미 항공우주국(NASA)의 제임스 웹 우주 망원경. 2011년 발사예정, 구경 6 m

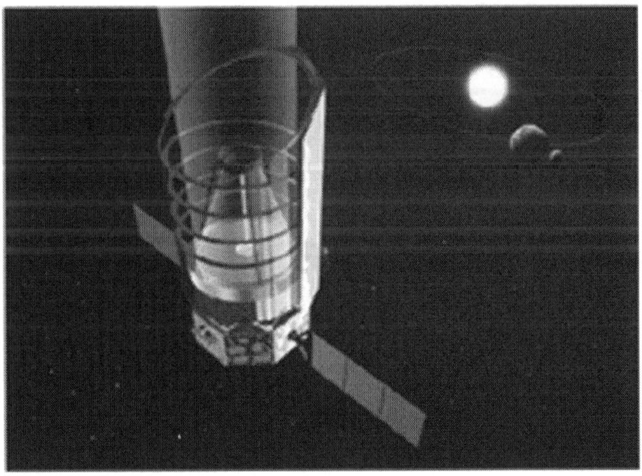

일본 우주항공연구개발국(JAXA)의 스피카 우주 망원경. 2012년 발사예정, 구경 3.5 m

우주 탐사선 '보이저 1호', 28년 동안 날아서 태양계 끝자락까지

우주탐사선 보이저 1호가 '지구의 속삭임'을 태양계 밖의 외계에다 전달할 수 있겠는지? 보이저 1호는 미 항공우주국 NASA에서 1977년 9월 목성과 토성 등 행성을 탐사하기 위해 발사된 우주 탐사선인데, 28년 동안 날아간 끝에 마침내 태양권의 가장자리에 도달했다고 2005년 5월 25일 NASA가 발표했습니다.

태양에서 약 140억 km 떨어진 곳을 비행하고 있는데, 태양풍 경계를 벗어나 태양권 외곽층에 들어섰는데 앞으로 약 10년 뒤에는 태양권을 벗어나 다른 항성계로 진입하게 될 것이라고 합니다.

이 보이저 1호에는 다른 항성계에 살고 있는 외계인이 우리 지구를 이해할 수 있도록 돕기 위한 '지구의 속삭임'이란 이름의 타임캡슐이 장착되어 있는데 55개 언어로 된 인사말과 자연 음향, 그리고 115장의 사진 정보가 담겨져 있다고 합니다.

1972년 3월 발사돼 2003년 1월 122억 km를 날아간 뒤 교신이 끊긴 파이어니어 10호보다 더 멀리 비행하고 있는데, 우리 인간이 만든 비행체 중에서 최장거리 비행을 기록하고 있습니다.

보이저 프로젝트의 수석 책임자인 캘리포니아공대의 에드워드 스톤 박사는 '우리는 완전히 새로운 우주탐사 영역에 들어섰다'며 이는 지구 생성 이후 처음 맞는 기회라고 흥분했습니다.

[스윙바이(Swing-by) 추진력]

보이저 1호는 자체 발전기인 플루토늄 동력원이 고갈되는 2020년까지 가동될 수 있는데, 태양권을 벗어날 수 있는 힘을 목성에서 얻어냈다고 합니다. 목성 같은 큰 행성 곁을 가까이 지나가면 그 행성의 인력에 끌려 들어가다 바깥으로 튕겨져 나가듯 새로운 추진력을 얻게 되는데 이을 '스윙 바이'라고 합니다.

1970년 대 초반까지는 우주선 자체의 추진력에만 의존 했기에 목성

너머까지는 날아가지 못했었습니다. 보이저(Voyager) 1호는 현재 시속 7만 4000 km로 날고 있는데 한 달 먼저 발사된 보이저 2호는 천왕성, 해왕성을 탐사하느라 속도가 좀 느린 상태라고 합니다.

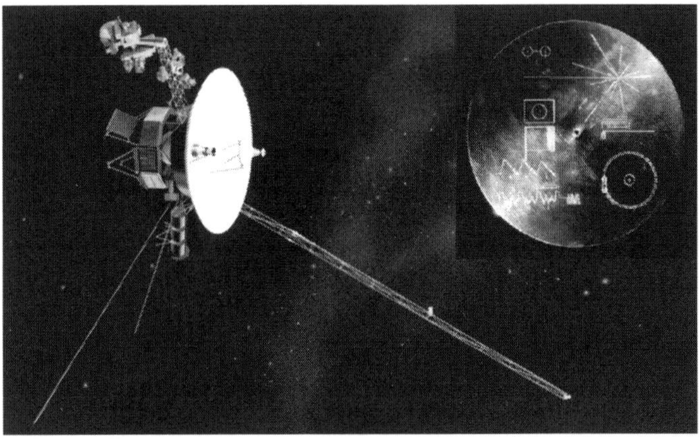

태양권 가장자리를 비행하고 있는 보이저 1호. 오른쪽 위는 보이저 1호에 실린 타임캡슐 CD

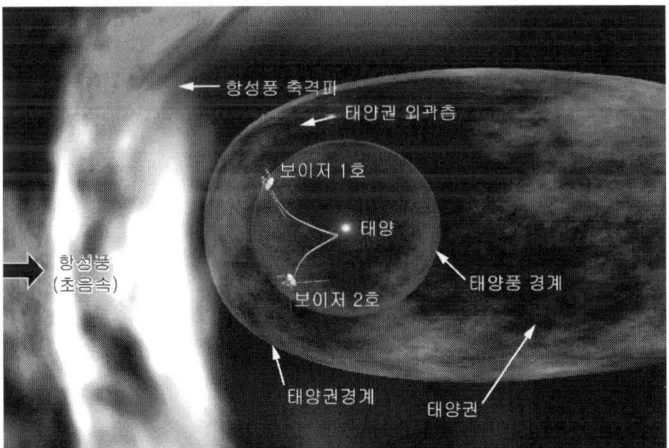

태양풍 경계를 벗어난 보이저 1호의 상상도

1973년 발사된 파이어니어 11호는 스윙 바이 현상을 활용해 1979년 토성에 도달한 첫 우주탐사선이었다고 합니다.

명왕성의 탐사계획

미국의 항공우주국 NASA에서는 2006년 1월 11일, 명왕성의 탐사우주선 '뉴호라이즌스'호를 발사하였습니다. 명왕성은 지구에서 57.6억 km나 멀리 떨어져 있는 태양계의 마지막 9번째 행성인데, 태양 빛이 도달하는데 4시간, 그 크기는 지구의 0.2배 정도로 아주 작은 행성입니다.

이 탐사우주선 뉴호라이즌스 호는 2007년 2월 목성 곁을 지나면서 목성의 인력을 이용하는 '스윙 바이'현상으로 추진력을 보강시켜 비행을 계속하여 2015년 7월 명왕성에 접근할 예정이라고 합니다. 그러니까 지구에서 명왕성 가까이까지 날아가는데 9년 6개월이나 걸린다는 것입니다.

목성을 지나 9,500 km까지 접근하는 동안 이 뉴호라이즌스 호는 7가지 관측장비를 이용하여 명왕성의 실상을 샅샅이 파헤칠 예정입니다. 즉 활동성 미립자 측정기(PEPSS1)로 명왕성 대기의 플라스마 구성과 농도측정, 방사측정계(PEX)로 명왕성 대기의 구조와 기온측정, 태양풍-플라스마 측정기(SWAP)로 태양풍과 명왕성의 상호작용 분석, 자외선 이미지 분석계(Alice)로 명왕성과 카이퍼벨트의 대기분석, 그리고 가시광선-적외선 분광계(Ralph)로 원색의 열지도 작성, 우주먼지측정기(SDC)로 우주먼지 측정, 장거리 망원 카메라(LORRI)에 의한 고해상도 지리정보 확보 등 여러 가지 임무를 수행하고 2014년 가을에는 명왕성 근접 200일 전부터 정기적 모니터링을 시작, 2015년 7월 명왕성 근접비행에 들어갈 것이라고 합니다.

그 후 이 뉴호라이즌스 호는 명왕성을 지난 뒤 2017~2020년까지 '카이퍼벨트'를 통과하면서 태양계의 생성 실마리를 잡아낼 것이라고 하는데, 이 카이퍼벨트는 명왕성 바로 안쪽에 있는 8번째 행성인 해왕성에서 16억 km 떨어져 있는 얼음과 운석의 띠인데, 태양계가 형성될 때 행

뉴호라이즌스 호의 모습

성이 되지 못한 작은 잔해들입니다. 일부 천문학자들은 명왕성도 태양계의 막내 행성이 아니라 이 카이퍼벨트의 한 구성요소라고 하고 있습니다.

이 뉴호라이즌스 호가 명왕성까지 먼 거리를 오랜 기간 비행하기 위해서는 태양열을 동력원으로 활용해야 되는데, 9 kg의 풀루토늄이 태양광선을 받아 자연붕괴 할 때 나오는 열을 전기로 변환시켜 동력으로 사용하는 것이라고 합니다.

앞으로 이 뉴호라이즌스 호의 탐사작업이 성공하게 되면 미국의 항공우주국 NASA는 태양계의 9개 행성마다 모두 탐사선을 보낸 세계 유일한 기관으로 더욱 이름을 날리게 될 것입니다.

[태양계의 행성 탐사 실적]

① 수성탐사

– 1974년 3월 : 메리네 10호 수성표면 첫 촬영(미국)

- 2004년 8월 : 메신저호 발사(미국)

② 금성탐사

- 1967년 10월 : 베레라 4호 금성 대기권 진입(구소련)
  메리네 5호 금성 근접비행(미국)
- 1970년 8월 : 베레라 7호 금성 착륙 성공(구소련)
- 1990년 8월 : 미젤란호 금성궤도 순환(미국)
- 2005년 11월 : 비너스 익스프레스호 발사(EU)

③ 화성탐사

- 1971년 11월 : 메리네 9호 화성궤도 순환(미국)
- 1971년 12월 : 바르스 3호 탐사선 화성착륙 성공(구소련)
- 1976년 7월 : 바이킹 1호 탐사선 화성착륙 성공(미국)
- 1997년 7월 : 마스 패스파인더호 화성 첫 탐사로봇 착륙(미국)
- 2003년 12월 : 마스 익스프레스호 화성착륙(EU)
- 2004년 1월 : 스피릿호와 오퍼튜니티호 화성착륙(미국)

④ 목성탐사

- 1973년 12월 : 파이어니어 10호 목성 근접비행(미국)
- 1974년 12월 : 파이어니어 11호 목성 근접비행(미국)
- 1979년 3월 : 보이저 1호 목성 근접비행(미국)
- 1979년 7월 : 보이저 2호 목성 근접비행(미국)
- 1996년 12월 : 갈릴레오호 목성 대기분석(미국-EU)

⑤ 토성탐사

- 1981년 8월 : 보이저 2호 토성 근접비행(미국)
- 2004년 12월 : 카시니호 토성 근접비행(미국-EU)
- 2005년 1월 : 호이겐스호 토성위성 타이탄에 착륙(미국-EU)

⑥ 천왕성탐사

– 1986년 1월 : 보이저 2호 천왕성 근접비행(미국)

⑦ 해왕성탐사

– 1989년 8월 : 보이저 2호 해왕성 근접비행(미국)

⑧ 명왕성탐사

– 2006년 1일 : 뉴호라이즌스호 발사(미국)
2015년 7월 명왕성 근접 예정

[자료] 미 항공우주국(NASA), 외신종합